石油和化工行业"十四五"规划教材

职业教育创新融合系列教材

职业教育新形态教材

数控机床编程与加工

熊学慧　冯安平　曾　锋◎主　编

邱腾雄　卢伟明　黄　丽◎副主编

熊清平　徐勇军◎主　审

U0220498

SHUKONG JICHUANG BIANCHENG
YU JIAGONG

化学工业出版社

·北京·

内容简介

本书是校企合作开发的一本项目化教材。以数控车床、数控铣床的加工工艺、编程及操作为核心，以典型零件为载体，通过零件的数控加工工艺分析、编程和数控加工过程组织学习内容；以《数控车铣加工职业技能等级标准（中级）》为评价依据，按照数控编程员由生手到熟手的学习规律，安排了"数控加工的初步认识、典型车削件的数控编程与加工、典型铣削件的数控编程与加工、复杂零件的数控宏程序编程"四个项目；设计了"数控机床的认识、简单台阶轴的数控车削编程与加工、凸台件的数控铣削编程与加工"等 11 个学习任务。

每个任务设计有引导问题、工作准备、任务实施、实战演练和评价反馈等环节，所涉及的典型零件均有详细的工艺分析过程和程序注解，便于学习者更好地掌握所学内容，强化数控编程和零件加工的能力培养。为便于读者自学，本书配套了电子课件、习题参考答案（可在 QQ 群 410301985 下载）和相关操作技能的数字资源。

本书可作为职业院校的数控技术专业及机械类相关专业的教材，以及数控车铣加工职业技能等级证书培训教材，也可供从事数控工艺编制、数控编程和操作等相关人员学习、培训或参考使用。

图书在版编目（CIP）数据

数控机床编程与加工/熊学慧，冯安平，曾锋主编. —北京：化学工业出版社，2024.1（2025.1 重印）
ISBN 978-7-122-44409-7

Ⅰ. ①数⋯ Ⅱ. ①熊⋯ ②冯⋯ ③曾⋯ Ⅲ. ①数控机床 - 程序设计②数控机床 - 加工工艺 Ⅳ. ①TG659

中国国家版本馆 CIP 数据核字（2023）第 214591 号

责任编辑：韩庆利   文字编辑：吴开亮
责任校对：杜杏然   装帧设计：王晓宇

出版发行：化学工业出版社
（北京市东城区青年湖南街 13 号　邮政编码 100011）
印　　装：中煤（北京）印务有限公司
787mm×1092mm　1/16　印张 16¾　字数 412 千字
2025 年 1 月北京第 1 版第 2 次印刷

购书咨询：010-64518888　　售后服务：010-64518899
网　　址：http://www.cip.com.cn
凡购买本书，如有缺损质量问题，本社销售中心负责调换。

定　　价：59.00 元

版权所有　违者必究

国产数控系统华中 8 型作为我国自主研发的数控技术代表之作，打破了国外数控系统在高端领域长期的技术垄断，成为众多机械制造企业实现高质量发展的得力助手，有力推动了国内制造业的智能化升级。

本书编写团队充分解读"1+X 数控车铣加工职业技能等级标准"，以华中 8 型作为编程载体，依据高职高专人才培养目标，遵循数控加工职业人的成长规律，结合作者多年企业工作、课程教学与改革实践经验，采用任务驱动方式编写教材，设计了"数控加工的初步认识、典型车削件的数控编程与加工、典型铣削件的数控编程与加工、复杂零件的数控宏程序编程"四个项目，共 11 个工作任务，将"数控车铣加工职业技能等级标准"细化、分解到每个任务中，同时根据任务特点融入敬业、精益、专注、创新等工匠精神，突出课程思政，培育学生的职业素养。

以华中 8 型作为编程载体，还能够让学生在学习过程中感悟到在习近平新时代中国特色社会主义思想的指引下，我国制造业向智能制造转型升级的战略部署，以及在此过程中所取得的辉煌成就。有助于培养学生的家国情怀，增强民族自豪感；引导学生树立正确的国家观，深刻理解国家发展战略与个人成长的紧密联系。

本书采用活页结构，便于实施模块化教学和数控加工技术及工艺的迭代更新。以数控编程员的成长需求为逻辑起点设计任务顺序，按照"【工作准备】→【任务实施】→【实战演练】→【评价反馈】"四个阶段组织每个任务的学习内容。其中，【工作准备】阶段，以"数控学徒工→熟练工→师傅→编程员"的思考方式提出引导问题，学生可以根据已有的知识和技能储备解决问题，达到整合以往经验与知识的目的；还可以参考书中针对每个问题所给的相关知识点、技能点的提示和指引，通过信息检索等方式，查找解决方案，培养信息检索与应用能力。【任务实施】阶段给出了任务的完整解决方案，为后面的实战演练提供必要的参考。【实战演练】阶段设计了与该任务相似的工作任务，以方便学生习得知识与技能。【评价反馈】阶段，由学习者和教师共同对学习过程和学习成果进行评价，总结知识与技能的掌握情况，查找不足，以促进知识和技能的进一步提高。

本书可作为高职高专、职业本科等院校数控技术专业及机电类相关专业的教材，以及数控车铣加工职业技能等级证书培训教材，也可供从事数控工艺编制、数控编程和操作等相关人员培训、学习和参考。本书参考学时 72~80，可根据本校实际情况适当增减。

本书由广东工贸职业技术学院熊学慧、佛山职业技术学院冯安平和广东工贸职业技术学院曾锋主编并统稿；广东工贸职业技术学院邱腾雄、卢伟明、黄丽副主编；由深圳华中数控有限公司熊清平总经理、广东工贸职业技术学院徐勇军教授主审。广东工贸职业技术学院吴秀杰、何显运、王亚芳、陈娟、宋显文，秦皇岛职业技术学院鲁浩胜，深圳华中数控有限公司莫奕举、蔡松明参加了本书的编写。熊学慧、冯安平、卢伟明编写了项目三和项目四，曾锋、邱腾雄和黄丽编写了项目二，何显运和鲁浩胜编写了项目一。吴秀杰、陈娟、宋显文提供了课后习题。加工与数控车铣技能等级考核案例由莫奕举、蔡松明提供，附录及书中部分图片由王亚芳整理。本书在编写过程中得到华中数控、北京发那科机电有限公司、武汉高德信息产业有限公司等企业技术人员的大力支持和帮助，在此表示衷心感谢。

由于编者水平有限，书中难免有不妥之处，敬请读者和专家批评指正。

编　者

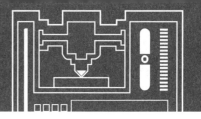

项目一
数控加工的初步认识

【项目概述】

数控机床是数字控制机床（computer numerical control machine tools）的简称，是一种装有程序控制系统的高精度、高效率的自动化机床。工作时，由数控装置发出各种控制信号，控制机床运动部件的动作，按图样要求的形状和尺寸，自动加工出零件。数控机床具有广泛的加工工艺，在复杂、精密、小批量、多品种的零件加工中具有明显的优势。

本项目主要介绍数控机床的基本概念、发展史和发展趋势，以及数控机床主要结构、数控加工行业的基本知识和常识性内容、数控机床坐标系及其相关原则、数控加工工艺文件类型、数控加工通用操作规程和形成文明生产工作素养的要求。

【学习目标】

知识目标

1. 了解数控机床的基本概念、发展史。

2. 熟悉数控机床结构与作用。

3. 掌握数控机床相关坐标系设定原理。

4. 熟悉机械加工相关术语。

5. 熟悉数控加工工艺文件的种类与作用。

技能目标

1. 能指出数控机床各部分结构名称与作用。

2. 能正确判断数控机床坐标轴及其方向。

3. 能识读机械加工工艺过程卡、数控工序卡、程序单和刀具卡。

素质目标

1. 学会获取新知识、新技术的方法。

2. 养成严谨的工作态度。

任务一

数控机床的认识

【任务导入】

某公司机械加工车间接到一批手柄零件订单，共生产4件，图1.1.1为手柄零件图。车间设备主要有普通车床、普通铣床、数控车床和数控铣床。要求车间生产计划员安排合适的机床生产此批手柄。

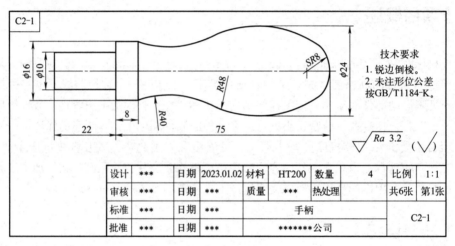

图 1.1.1　手柄零件图

工具/设备/材料

1. 设备：普通车床、普通铣床、数控车床和数控铣床。
2. 刀具：外圆车刀。
3. 量具：游标卡尺、外径千分尺。
4. 工具：卡盘扳手、刀架扳手。
5. 材料：$\phi 28mm \times 100mm$ 铸铁棒料。

任务要求

1. 能说出数控机床结构及其应用场合。
2. 能判断数控机床坐标轴及其方向。

3. 能说出市面主流数控系统。

 【工作准备】

一、数控机床发展史与数控系统

引导问题 1: 数控机床是自动化机床吗? _____

_____

 　　数控机床是一种装有数控系统的自动化机床,其主运动、进给运动与各种辅助运动都是由输入数控装置的数字信号控制的,能够根据已编好的程序使机床动作并加工零件。

引导问题 2: 数控机床是何时产生的? _____

_____

 　　1948 年,美国帕森斯公司接受美国空军委托,研制飞机螺旋桨叶片轮廓样板的加工设备时,首先提出计算机控制机床的设想。1952 年试制成功第一台由大型立式仿形铣床改装而成的三坐标数控铣床。大半个世纪以来,数控机床经历了"两阶段、六代"的发展。

　　(1)数控(NC)阶段(1952 年—1970 年) 第一代数控装置采用电子管元件,体积庞大,价格昂贵,只在航空工业等少数有特殊需要的部门用来加工复杂型面零件。1959 年—1965 年,第二代数控装置采用晶体管元件和印刷电路板,体积缩小,成本下降,使数控机床在机械制造业各部门获得推广。1965 年,第三代数控装置采用集成电路,体积小,功率消耗少,可靠性提高,价格下降,促进了数控机床品种和产量的增加。

　　(2)计算机数控(CNC)阶段(1970 年—) 1970 年,数控装置进入了以小型计算机化为特征的第四代,即计算机数控(CNC)阶段。1974 年,研制成功使用微处理器和半导体存储器的微型计算机数控装置(简称 MNC),这是第五代数控系统。20 世纪 80 年代初,出现了能进行人机对话式自动编制程序的数控装置,可以直接安装在机床上,并具有自动监控刀具破损和自动检测工件等功能。20 世纪 90 年代,PC(个人计算机)的性能已发展到很高阶段,可满足作为数控系统核心部件的要求,从此,数控机床发展到基于 PC 的第六代。

引导问题 3：我国数控机床制造水平如何？

　　我国于 1958 年研制出第一台数控机床。1958 年—1979 年为第一阶段，数控机床研制处于摸索与起步时期。1979 年—1989 年为第二阶段，从国外引进了数控机床先进技术进行合作或合资生产，我国的数控机床开始正式生产和使用。1989 年至今为第三阶段，国家从科技攻关和技术改造两方面对数控机床的研制与生产进行了重点扶持，CAD/CAM 开始应用，开发能力、工艺水平和产品质量大幅度提升，奠定了产业化基础，我国的数控机床进入快速发展期。

引导问题 4：目前国内外比较著名的数控系统厂家有哪些？

　　国外著名的数控系统厂家有日本的发那科（FANUC）公司、德国的西门子（SIEMENS）公司、美国的哈斯（Hass）公司、意大利的菲迪亚（FIDIA）公司等。
　　我国建立了华中数控、沈阳数控、航天数控、广州数控和北京精雕数控等一批国产数控系统产业基地。国产高端数控系统虽然与国外相比在功能、性能和可靠性方面仍存在一定差距，但近年来在多轴联动控制、功能复合化、网络化、智能化和开放性等领域也取得了一定成绩。

引导问题 5：什么是数控技术与数控加工技术？

　　数控技术（numerical control technology）是用数字量与字符发出指令并实现自动控制的技术。计算机辅助设计与制造（CAD/CAM）、柔性制造系统（FMS）、计算机集成制造系统（CIMS）、敏捷制造（AM）和智能制造（IM）等先进制造技术都建立在数控技术的基础上。
　　数控加工技术是指用数控技术高效、优质地实现产品零件特别是复杂零件加工的技术，它是自动化、柔性化、敏捷化和数字化加工的基础与关键技术。

二、数控机床的组成与特点

引导问题 6：从结构上看，数控机床由哪些模块组成？_____

 相关知识点

数控机床通常由输入 / 输出设备、操作面板、数控装置（或称 CNC 单元）、主轴和进给伺服单元及相应的电动机、可编程控制器（PLC）及其接口电路、位置检测装置和机床本体等部分组成，如图 1.1.2 所示。

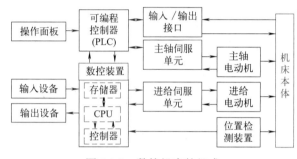

图 1.1.2　数控机床的组成

（1）数控装置　它是数控机床的核心。数控装置主要包括微处理器（CPU）、存储器、控制器、局部总线、外围逻辑电路以及与数控系统其他组成部分联系的各种接口等。它主要实现数字运算、运动控制和与管理有关的功能，如程序编辑、译码、插补运算、位置控制等。

（2）输入 / 输出设备　与数控装置直接交换信息，指令需要经过数控装置的解释才能被执行。输入 / 输出设备包括键盘、磁盘机、串行通信口、显示器等。

（3）操作面板　用于手动输入控制指令，与 PLC 相连，可以通过接口电路直接操作机床电器，如手动进给、换刀、冷却液开 / 关等。

（4）伺服系统　包括主轴伺服单元和进给伺服单元两部分，由伺服单元和伺服电动机组成。伺服系统是数控系统的执行部分，也是数控装置和机床本体的联系环节。主轴伺服单元接收来自 PLC 的转向和转速指令，驱动主轴电动机转动。进给伺服单元在每个插补周期内接收数控装置的位移指令，驱动进给电动机转动，同时完成速度和位置控制功能。进给指令信息为脉冲信号，每个脉冲使机床移动部件产生的位移量叫做脉冲当量。一般常用的脉冲当量为 0.01mm/ 脉冲、0.005mm/ 脉冲、0.001mm/ 脉冲。

伺服系统是数控机床的关键部件，直接影响数控机床加工的速度、位置、精度等。根据接收指令的不同，伺服单元有数字式和模拟式之分。其中，模拟式伺服单元按电源种类又分为直流伺服单元和交流伺服单元。

（5）可编程控制器（PLC）　也称为可编程逻辑控制器（programmable logic controller, PLC）。PLC 主要实现对开关量的控制，如主轴的启动 / 停止、换刀、冷却液开 / 关等，还能接收机床操作面板的指令，直接控制机床的动作。PLC 与数控装置配合共同完成数控机床的控制任务。

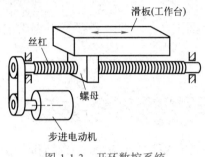

图 1.1.3　开环数控系统

（6）输入/输出接口　PLC 一般不能和机床电器直接连接，中间的过渡部分称为输入/输出接口。

（7）位置检测装置　也称反馈元件，通常安装在机床的工作台或丝杠上。位置检测装置把机床工作台的实际位移转变成电信号反馈给数控装置，供数控装置与指令值比较产生误差信号，以控制机床向消除该误差方向移动。按有无检测装置，数控系统可分为开环数控系统、闭环数控系统与半闭环数控系统，如图 1.1.3～图 1.1.5 所示。

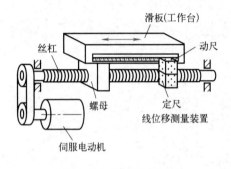

图 1.1.4　闭环数控系统

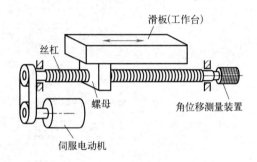

图 1.1.5　半闭环数控系统

① 开环数控系统没有位置检测元件，伺服驱动部件通常为步进电动机，进给脉冲发出后，实际移动值不再反馈回来，如图 1.1.3 所示。该系统的伺服机构比较简单，工作稳定，容易掌握和使用，但精度和速度的提高受到限制，大多用于加工精度要求不高的中小型数控机床，特别是经济型数控机床。

② 闭环数控系统的位置检测器安装在工作台或刀架上，可直接测出工作台或刀架的实际位置。由于把机床运动部件（工作台或刀架）纳入控制环节，故称这类机床为闭环控制数控机床。该系统的反馈精度高，但调试难度较大，常用于高精度和大型数控机床。

③ 半闭环数控系统的位置检测器装在丝杠或伺服电动机的端部，利用丝杠的回转角度间接地测出工作台或刀架的实际位移，然后反馈给数控装置，并对误差进行修正。由于工作台或刀架没有包括在控制回路中，所以称这类机床为半闭环控制数控机床。该伺服机构所能达到的精度、速度和动态特性优于开环伺服机构，因此为大多数中小型数控机床所采用。

（8）机床本体　机床本体是数控机床的机械部分，由基础大件（床身、底座）和各种运动部件（工作台、床鞍、主轴等）组成。数控机床一般采用高性能的主轴和高效的传动部件，如滚珠丝杠副、直线滚动导轨，具有较高的刚度、阻尼精度和耐磨性。

引导问题 7：与普通机床相比，数控机床有哪些优点？_____

提示 从加工方法的适应性和灵活性、加工精度、生产效率、经济效益等方面考虑。

三、数控机床坐标系

引导问题 8：使用数控加工零件，如何确定零件在机床中的位置？＿＿＿＿＿＿＿

 相关知识点

1. 数控机床坐标系

数控机床运动部件（工作台或刀架）的位置是由坐标体现的，因此，必须建立相应的坐标系。数控机床的坐标系和运动方向均已标准化，采用国际通用的标准坐标系（即右手直角笛卡儿坐标系），如图 1.1.6（a）所示。右手的拇指、食指、中指互相垂直，分别代表 $+X$、$+Y$、$+Z$ 轴。围绕 $+X$、$+Y$、$+Z$ 轴的回转运动分别用 $+A$、$+B$、$+C$ 表示，其正向用右手螺旋定则确定。与 $+X$、$+Y$、$+Z$、$+A$、$+B$、$+C$ 相反的方向，用 "–" 表示。

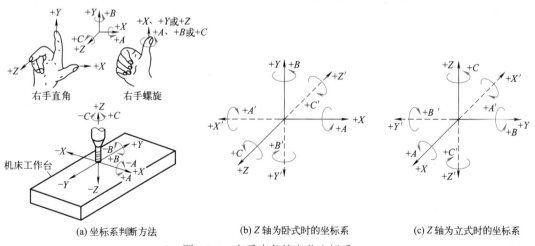

(a) 坐标系判断方法　　　　(b) Z 轴为卧式时的坐标系　　　(c) Z 轴为立式时的坐标系

图 1.1.6　右手直角笛卡儿坐标系

确定数控机床坐标系时，一律假定刀具移动，被加工工件相对静止，并规定刀具远离工件的方向为坐标轴的正方向。机床主轴旋转运动的正方向为右旋螺纹切入工件的方向。

如果把刀具看作相对静止，工件移动，则要在坐标轴符号上加 "′"，如 $+X'$、$+Y'$、$+Z'$、$+A'$、$+B'$、$+C'$ 等，它们与标准坐标系坐标轴的方向相反。如图 1.1.6（b）、（c）所示。

2. 坐标轴的确定方法

一般先确定 Z 轴，再确定 X 轴，最后确定 Y 轴。

（1）Z轴　通常取主轴轴线为Z轴，刀具远离工件的方向为正方向。对于工件旋转的机床（如车床、外圆磨床等），工件转动的轴为Z轴，如图1.1.7所示。对于刀具旋转的机床（如铣床、钻床、镗床等），刀具转动的轴为Z轴，如图1.1.8所示。当机床有多个主轴时，选一个与工件装夹面垂直的主轴为Z轴；当机床无主轴时，选与工件装夹面垂直的方向为Z坐标方向。

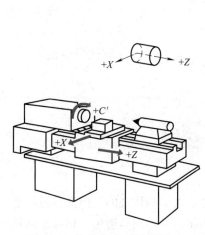 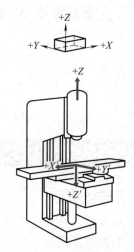

图1.1.7　数控车床坐标系图　　　　　　图1.1.8　立式数控铣床坐标系

（2）X轴　一般平行于工件的装夹表面，并与Z轴垂直。对于工件做旋转切削运动的机床（如车床、外圆磨床等），X坐标的方向沿工件径向，且平行于横滑座。对于安装在横滑座刀架上的刀具，离开工件旋转中心的方向是X坐标的正方向，如图1.1.7所示。

对于刀具做旋转切削运动的机床（如铣床、钻床、镗床等），以单立柱机床为例，当Z坐标垂直时，面对主轴向立柱看，+X运动的方向指向右方，如图1.1.8所示；当Z坐标水平时，从主轴向工件看，+X运动的方向指向右方。

（3）Y轴　根据X和Z坐标的运动方向，按照右手直角笛卡儿坐标系来确定+Y方向。

（4）旋转轴A、B、C　正向的A、B、C，相应地表示在X、Y、Z轴正方向上按照右旋螺纹前进的方向，如图1.1.6所示。

（5）机床的附加坐标轴　如果在X、Y和Z轴主要直线运动外另有第二组平行于它们的坐标，可分别指定为U、V和W轴。如还有第三组运动，则分别指定为P、Q和R轴。如果在X、Y、Z轴主要直线运动之外存在不平行或可以不平行于X、Y、Z轴的直线运动，亦可相应地指定为U、V、W、P、Q、R轴。

3.机床原点和参考点

数控机床坐标系的原点又称为机床原点或机械原点，是由机床设计者设定在机床上的一个固定点，是其他所有坐标（如机床参考点、工件坐标系）的基准点，也是制造和调整机床的基础，一般不允许用户改变。

机床参考点（或机床零点）与机床原点之间有一确定的相对位置，机床原点通过机床参考点间接确定。参考点一般设置在刀具相对运动的X、Y、Z轴正向最大极限位置，用户不能随意更动。如果数控系统采用相对位置检测元件，机床通电后需做手动返回参考点（或回零）操作，以建立机床坐标系。另外，通过返回参考点（或回零）操作重新核定基准，可消除多种原因产生的基准偏差。图 1.1.9 所示为数控车床和数控铣床的机床原点、参考点和工件原点的位置示意图。

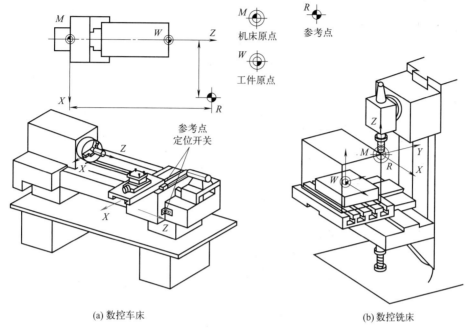

(a) 数控车床　　　　　　　　　　　　　　(b) 数控铣床

图 1.1.9　数控机床的机床原点、参考点、工件原点的位置示意图

4. 工件坐标系与工件原点

　　工件坐标系又称编程坐标系或工作坐标系，是编程时用来定义工件形状和刀具相对工件运动的坐标系的。为保证编程与机床加工的一致性，工件装夹到机床上时，应使工件坐标系与机床坐标系的坐标轴方向保持一致。

　　工件坐标系原点也称编程原点或工件原点或工件零点，其位置由编程者确定，如图 1.1.9 所示的 W 点。确定工件原点的位置一般应遵循下列原则。

　　① 工件原点与设计基准或装配基准重合，以利于编程。

　　② 工件原点尽量选在尺寸精度高、表面粗糙度值小的工件表面上。

　　③ 便于测量和检验。

【任务实施】

一、手柄结构分析

　　图 1.1.1 所示手柄左侧是 $\phi10\text{mm}\times22\text{mm}$、$\phi16\text{mm}\times8\text{mm}$ 两段圆柱；右侧是半径 $SR8\text{mm}$ 的球体，以及与之相切、最大直径为 $\phi24\text{mm}$ 的凸圆弧曲面（该凸圆弧曲面由半径为 $R48\text{mm}$ 的圆弧绕轴线旋转形成）；左端圆柱面与右侧曲面之间通过半径 $R40\text{mm}$ 的凹圆弧形成的曲面连接在一起。可见，手柄的整体结构为回转体，适合用车削方法加工。

二、手柄加工设备选择

本任务中，车间现有车削加工设备为普通车床和数控车床，它们均可用于手柄的加工。因此，需通过比较两者之间加工特点，选择最优方案。表 1.1.1 列出了普通机床与数控机床在加工对象、生产批量、对操作者的技术要求等方面的比较结果。

表 1.1.1   普通机床与数控机床加工特点比较

比较项目	普通机床	数控机床
加工对象	适合加工形状、结构简单的零件，对复杂曲面的加工难度较大，且存在较大的离散误差	适合加工结构、形状复杂的零件，对复杂曲面的加工更能凸显其优势
对操作者的技术要求	要求操作者有一定的实践经验	操作者在较短时间内可以掌握通用的操作技能
	产品精度取决于操作者的技术水平，加工过程更多依赖操作者的直觉和技巧	产品精度主要由机床本身保证，质量稳定，较少依赖操作者
工艺标准化程度	加工过程由操作者控制，加工方式多样，较难实现加工工艺的标准化	加工过程由程序控制，易于实现加工工艺的标准化和刀具管理规范化
量化生产	无特殊工艺装备（如专用夹具）条件下，适合于单件、小批量生产	既适合单件、小批量生产，也适应大批量生产，易实现柔性制造
工序内容	加工不同型面时，需进行多次装夹，位置精度较难保证	适用于工序集中，一次装夹可完成多个、多种类型面加工，可获得很高的位置精度
生产效率	由操作者根据工艺内容确定加工方式；自动化程度低；一般只能单人单机操作，生产效率低	加工前需要预留编程时间；适用于计算机辅助生产控制；可实现单人多机操作和加工自动化；生产效率高
应用前景	是实现自动化加工前必不可少的准备环节，如材料的预去除及定位基准的预加工等	广泛应用于各类产品的半精加工与精加工；智能化生产的主要加工设备

根据手柄结构特点，对照表 1.1.1 可知，宜选用数控车床加工手柄。

手柄的曲面精度虽然无过高要求，但其形状较为复杂，如果采用普通车床加工，一方面需要具有较高技术等级的操作者加工；另一方面，其球面与圆弧曲面的形状主要依赖操作者的手感，尺寸和形状很难符合图纸要求，且极易造成每个手柄形状与尺寸的不一致误差。而采用数控车床加工时，曲面加工由程序控制，因此，具有数控车削初等技能等级的操作工就可胜任，且能保证每个手柄尺寸与形状一致。

【实战演练】

　　图 1.1.10 为鼠标 3D 模型图，分析零件结构特点，并依据本任务所给加工车间的设备情况，为其选择合适的加工机床。

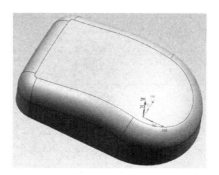

图 1.1.10　鼠标 3D 模型图

【评价反馈】

数控机床的认识自评表

班级：   姓名：   学号：

项目一 数控加工的初步认识   任务一 数控机床的认识

序号	评价项目	评价标准	配分／分	得分／分
1	信息获取能力	是否能利用教材、网络等查找信息，并将其有效转换到工作中	20	
2	数控机床认识	是否清楚数控机床与普通机床在结构与使用方面的联系与区别	20	
3	数控机床坐标系判断	是否能正确判断数控车床、数控铣床坐标系	20	
4	任务完成情况	是否能独立规划零件的加工方法	20	
5	材料上交情况	是否按时按量提交作业、讨论等资料	20	

数控机床的认识评分表

班级：   姓名：   学号：

项目一 数控加工的初步认识   任务一 数控机床的认识

序号	评价项目	评价标准	配分／分	得分／分
1	数控机床发展史与现状	能说清数控机床的起源，数控、数控技术和数控机床的概念，国内外比较著名的数控系统生产厂家	10	
2	数控机床的组成	能说出数控机床的组成与各部分主要的作用	10	
3	数控机床坐标系	能说清坐标系及坐标轴的确定方法；清楚机床原点与机床参考点的关系；清楚工件坐标系的作用	30	
4	数控机床的选用	能说出数控机床的加工范围；能根据零件特点，为其选择合适的加工机床	50	

任务二
数控加工工艺文件的识读

【任务导入】

手柄零件（图 1.1.1）经安排在数控车床上完成主要加工，由工艺及编程部门制定了手柄的机械加工工艺过程卡（表 1.2.1）、刀具卡（表 1.2.2）、数控车削工序卡（表 1.2.3）、程序单（表 1.2.4）。要求车间生产计划员按工艺文件落实手柄的生产，机床操作员按工艺文件进行加工。

表 1.2.1　手柄机械加工工艺过程卡

零件名称		手柄	机械加工工艺过程卡	毛坯种类	棒料	共 1 页
				材料	HT200	第 1 页
工序号	工序名称	工序内容			设备	工艺装备
10	备料	按 ϕ28mm×100mm 下料				
20	数车	车端面见平；粗车、精车左端 ϕ10mm×22mm 圆柱到尺寸，ϕ16mm 圆台外径车到尺寸，长 19mm			CAK6140	三爪自定心卡盘
30	数车	夹左端 ϕ10mm 外圆，粗车、精车右端曲面部分到图样要求			CAK6140	三爪自定心卡盘
40	检查	按图样要求检查				
编制	***	日期	******	审核	***	日期	******

表 1.2.2　手柄数控一夹工序刀具卡

零件名称		手柄		数控加工刀具卡		工序号		20	
工序名称		数车		设备名称		数控车床	设备型号	CAK6140	
工步号	刀具号	刀具名称	刀具材料	刀柄型号	刀具			补偿量/mm
					刀尖半径/mm	直径/mm	刀长/mm	
1	T01	95°外圆刀	YG6	25×25				
2	T03	93°菱形外圆刀	YG6	25×25				
编制	***	审核	***	批准	***	共 1 页	第 1 页	

表 1.2.3   手柄数控一夹工序卡

零件名称	手柄	机械加工工序卡		工序号		20	工序名称	数车	共 1 页
									第 1 页
材料	HT200	毛坯状态	铸件	机床设备		CAK6140	夹具名称		三爪自定心卡盘

工序简图：

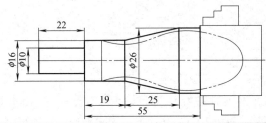

工步号	工步内容	刀具编号	刀具名称	量具名称	主轴转速/(r/min)	进给速度/(mm/min)	背吃刀量/mm
1	车端面	T01	90°外圆刀	游标卡尺	1000	100	1
2	粗车 $\phi16$mm 外圆	T01	90°外圆刀	游标卡尺	1000	150	1
3	车 $\phi26$mm 圆锥面	T01	90°外圆刀	游标卡尺	1000	150	1
4	粗车 $\phi10$mm 外圆	T01	90°外圆刀	游标卡尺	1000	150	1
5	精车 $\phi10$mm 外圆	T01	90°外圆刀	游标卡尺	1200	120	0.2
6	精车 $\phi16$mm 外圆	T01	90°外圆刀	游标卡尺	1200	120	0.2
编制	***	日期	******	审核	***	日期	******

表 1.2.4   手柄数控一夹工序程序单

数控加工程序单		产品名称		—	零件名称		手柄	共 1 页
		工序号		20	工序名称		数车	第 1 页
序号	程序编号	工序内容		刀具	切削深度（相对最高点）/mm	备注		
1	0001	按工序简图粗车左侧圆柱、圆锥部分		T01	17.8	直径量		
2	0002	精车 $\phi10$mm、$\phi16$mm 外圆		T01	16.2	直径量		

装夹示意图：

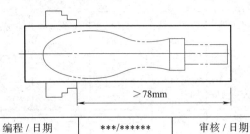

装夹说明：
毛坯伸出卡盘长度大于78mm

编程 / 日期	***/******	审核 / 日期	***/******

工具 / 设备 / 材料

1. 设备：数控车床。
2. 刀具：95° 外圆刀、93° 菱形外圆刀。
3. 量具：游标卡尺。
4. 工具：卡盘扳手、刀架扳手。
5. 材料：ϕ 28mm × 100mm 铸铁棒料。

任务要求

1. 指出常用数控加工工艺卡类型。
2. 读懂机械加工工艺卡、刀具卡和数控工序卡。
3. 分析数控加工工序。

 【工作准备】

一、机械加工工艺相关术语

引导问题 1：数控加工属于机械加工吗？ _____

_____

 提示　　零件的机械加工主要指利用材料去除或材料成形等工艺方法形成所需零件形状的制造过程。从本质上说，目前常用的数控车、铣、磨等工艺方法均属于机械加工。

引导问题 2：实际生产中，描述机械加工工艺过程常用到哪些技术术语？

_____

 相关知识点

1. 机械加工工艺过程

在生产过程中，采用机械加工方法直接改变生产对象的形状、尺寸、相对位置和性能，使其成为成品或半成品的过程，称为机械加工工艺过程，它由若干个工序组成。工序又可细分为安装、工位、工步和走刀（进给）。

（1）工序   一个或一组加工人员，在一个工作地点对同一个工件或同时对几个工件进行加工所连续完成的那部分工艺过程。对于一个工件而言，划分工序的主要依据是工作地点是否变动和加工是否连续。例如，表 1.2.1 中列出了"备料、数车、数车、检查"四道工序及其主要内容。

工序是组成机械加工工艺过程的基本部分，是生产计划的基本单元。

（2）工序的组成   工序由安装、工位、工步、走刀（进给）几个部分组成。

① 安装。加工前使工件在机床或夹具中占有正确位置的过程称为定位。工件定位后将其固定，使其在加工过程中保持定位位置不变的操作称为夹紧。将工件在机床或夹具中定位、夹紧的过程称为装夹。工件经一次装夹后所完成的那部分工序内容称为安装。在一道工序中，工件可能被安装一次或多次。工件在加工中应尽量减少装夹次数，多一次装夹不仅会增加装夹时间，还会增加装夹误差。

② 工位。工件一次安装后，工件与夹具或设备的可动部分一起相对刀具或设备的固定部分所占据的每一个位置称为工位。

③ 工步。工序又可分成若干工步。加工表面不变、切削刀具不变、切削用量中的进给量和切削速度基本保持不变的情况下所连续完成的那部分工序内容，称为工步。以上三个不变因素中只要有一个因素改变，即成为新的工步。一道工序包括一个或几个工步。例如，表 1.2.3 中数车一夹工序有 6 个工步。

④ 走刀（进给）。在一个工步中，若需切去的金属层很厚，需要分为几次切削。每进行一次切削，就是一次走刀（进给）。一个工步可以包括一次或几次走刀。

2. 生产纲领

生产纲领是指企业在计划期内的产品产量和进度计划。计划期通常为 1 年，所以生产纲领也称为年产量。

3. 生产类型

生产类型是指企业生产专业化程度的分类。同一产品（或零件）每批投入生产的数量称为批量。按照产品的生产纲领、投入生产的批量，可将生产分为单件生产、批量生产和大量生产三种类型。根据批量的大小又分为大批量生产、中批量生产和小批量生产。小批量生产的工艺特征接近单件生产，大批量生产的工艺特征接近大量生产。

引导问题 3：数控加工中常用到哪些技术性的工艺文件？_____

_____

相关知识点

1. 机械加工工艺规程的定义

机械加工工艺规程是在具体生产条件下，规定产品或零、部件制造工艺过程和操作方法，并按规定的形式书写，经逐级审批后用来指导生产的工艺文件。

工艺规程是组织车间生产的主要技术文件，是生产准备和计划调度的主要依据，是新建或扩建工厂、车间、生产线、生产单元的基本技术文件，也是工厂生产中必须遵守的工艺纪律，有关人员必须严格执行。但工艺规程也不是一成不变的，随着科学技术的进步和生产的发展，工艺规程会出现某些不适应的问题，因而工艺规程应定期调整，及时吸取合理化建议、技术革新成果、新技术和新工艺，使工艺规程更加完善和合理。

2. 机械加工工艺规程的种类

不同企业、不同的加工方法，其机械加工工艺文件的种类及所包含的内容也有所不同。本书主要采用"1+X数控车铣加工职业技能等级证书考核"用各类工艺文件。

（1）机械加工工艺过程卡　是以工序为单位列出零件加工所经过的整个路线，简要说明产品或零、部件的加工过程的一种工艺文件（表1.2.1）。机械加工工艺过程卡主要用于指导生产，一般不用来直接指导加工操作。如果需用它来指导生产，则工艺过程卡中需要编写较为详细的加工内容。

（2）机械加工工序卡　是在机械加工工艺过程卡的基础上，按每道工序内容编制的一种工艺文件。机械加工工序卡是用来具体指导加工操作、最为详细的工艺文件，一般要画出工序简图，并详细说明该工序中每个工步的加工内容、工艺参数、操作要求以及所用设备和工艺装备等。其中，工序简图的要求如下。

① 用粗实线表示本工序的各加工表面，其他部位用细实线表示。

② 加工表面上应标注加工表面的表面粗糙度符号。

③ 工序简图应标出本工序结束时应达到的尺寸、偏差及形状、位置公差。与本工序加工无关的技术要求一律不写。

④ 工序简图上应标明定位位置，以及定位和夹紧符号。

⑤ 工序简图以适当的比例、最少的视图，标示出工件在加工中所处的位置状态，与本工序加工无关的部位不应标示。

⑥ 工序简图中的中间工序尺寸按"偏差入体原则"标注成单向偏差。即：外圆或外表面尺寸应标注成单向负的下偏差；孔或内表面尺寸应标注成单向正的上偏差；中心距或其他位置尺寸应标注双向对称偏差。中间工序尺寸的公差可依据加工经济精度表给出。对于最后工序的工序尺寸，应按图样要求标注。

（3）数控加工程序单　可以清晰地给出各程序所加工的内容、采用的加工方法和刀具等。如表1.2.4所示，由2个程序完成了6个工步的加工，便于操作者控制工件的加工过程。

（4）数控加工刀具卡　是针对工件数控加工程序给出的刀具列表，如表1.2.2所示。

（5）数控加工走刀路线图　用来反映刀具进刀路线，该图应准确描述刀具从起刀点开始，直到加工结束返回终点的轨迹。走刀路线图对于手工编程尤为重要，它是程序编制的基本依据，也便于机床操作者了解刀具运动路线，例如从哪里进刀、在哪里抬刀，预计夹紧位置及控制夹紧元件的高度，以避免碰撞事故发生。走刀路线图的具体画法详见数控车削部分。

二、数控加工工艺文件制定

引导问题4：如何规划零件的数控加工过程？_____

 **相关知识点**

　　正确编制和使用数控加工工艺文件是保证数控加工质量和效率的前提。数控加工通常是零件机械加工工艺过程中的一个或几个工序。无论手工编程还是自动编程，编程者在编程之前，首先需要熟悉零件的整个加工工艺过程与内容；了解本道数控工序在整个机械加工过程中的位置，分析本道工序之前工件的加工状态，最好绘制本道数控工序之前工件的工序简图；熟悉本道工序所加工的表面和应达到的技术要求。如果有热处理工序，还应清楚热处理工序与本道工序的关系。在此基础上，拟订数控加工工艺方案，确定工艺路线，以及处理一些工艺问题。一般包含定位基准选择、加工阶段划分、工序内容安排方式、加工顺序确定、夹具选用，以及相关工艺参数的确定等内容。

1. 数控加工工序制定原则和方法

　　数控加工工序的制定原则既符合一般机械加工工序制定原则，也有其自身特点。

　　（1）工序集中原则　数控加工大多采用工序集中原则，利于减少零件的装夹次数，保证零件的位置精度要求。

　　（2）先粗后精原则　编制加工工序时，需要根据零件的形状、尺寸精度以及变形等因素，按粗、精加工分开的原则（先粗加工，后精加工）安排工序内容。当数控机床的精度能满足工件的设计要求时，可将粗、精加工一次完成。对于刚性较差的工件，可在粗、精加工之间，稍松开工件一段时间以释放粗加工产生的应力，再进行精加工。

　　（3）基准先行原则　首先安排定位基准面或基准孔等基准面的加工。当零件重新装夹后，应考虑精修基准面或基准孔。

　　（4）先面后孔原则　工件上既有面加工又有孔加工时，一般采用先加工面、后加工孔的原则安排工序内容，以提高孔的加工精度。

　　（5）刀具集中原则　以同一把刀具加工的内容安排工序内容。

　　（6）按部位加工原则　对于加工内容很多的工件，按其结构特点将加工部位分成几个部分，如内形、外形、曲面或平面等。一般原则是：先加工简单的几何形状，再加工复杂的几何形状；先加工精度要求较低的部位，再加工精度要求较高的部位。

　　综上所述，在安排数控加工工序内容时，一定要综合考虑零件的工艺性、机床的功能、工件数控加工内容的多少、安装次数，以及本单位生产组织状况等因素，根据具体情况综合安排。

2. 加工路线的确定

　　在数控加工中，刀具刀位点相对于工件运动的轨迹即为加工路线。加工路线不仅包括加工内容，也反映出加工顺序，是编程的重要依据。确定加工路线的原则如下。

　　① 应保证被加工工件的精度和表面粗糙度。

　　② 在满足工件加工质量的前提下，能够提高生产效率。

　　③ 手工编程时，应尽量简化数值计算，减少编程工作量。

　　④ 对于重复使用的路线，应使用复合编程指令或子程序。

　　有关加工路线设计的具体方法，详见数控车、数控铣的相关章节。

3. 切削参数的确定

　　切削参数包括切削深度或宽度、主轴速度、进给速度等。各参数具体数值应根据数控机床编程说明书的规定和要求，以及刀具耐用度和工件材料特性，参照相关手册，结合实践经验确定。

对于数控加工，切削深度必须在刀具轨迹生成前确定，而进给速度与切削速度则可以在其后进行调节。因此，切削参数中应首先确定切削深度，然后再依据机床、刀具的承受能力选择进给速度等参数。

4. 装夹方案的确定

① 定位基准的选择　定位基准应尽量与设计基准重合，以减少定位误差对尺寸精度的影响。对于薄板件，选择的定位基准应有利于提高工件的刚性，以减小切削变形。

② 夹具的选择　在中小批量生产中，应首先考虑采用通用夹具，其次考虑选用组合夹具。大批量生产时则应考虑选用专用夹具。

【任务实施】

一、手柄机械加工工艺过程卡识读

由手柄机械加工工艺过程卡可知，先车削左端圆柱面部分，再调头车削右端曲面部分。备料工序主要说明毛坯件类型、大小及下料方式。手柄外形为回转体结构，最大外圆处的直径为 $\phi24mm$，毛坯可采用 $\phi28mm$ 的灰铸铁圆棒料。手柄单件长 97mm，若端面各留 1.5mm 加工余量，则单件毛坯长度为

$$97+2 \times 1.5=100（mm）$$

手柄毛坯采用锯床下料，由备料工段提供。

① 数车（一夹）工序。以坯料外圆为粗基准，采用卧式数控车床依次加工 4 件手柄的左端面、$\phi10mm$ 和 $\phi16mm$ 两段外圆柱面。

② 数车（二夹）工序。以已加工的 $\phi10mm$ 圆柱面为精基准，逐一完成各件（共 4 件）右端曲面部分的加工。

③ 检查工序。按图样要求对手柄逐一进行检查。

通过以上分析，可以了解到手柄所属的产品名称、工件材料、所用设备、加工表面、加工方法等信息，为生产准备、计划调度、工件加工等生产活动提供依据。

二、手柄数控车削刀具卡识读

表 1.2.2 给出了加工手柄所需的刀具型号、刀片形状、刀具材料以及刀具所加工的工件表面。手柄零件曲面部分包含凸、凹圆弧，车削时易出现车刀后面与工件曲面发生干涉的情况，因此，精加工时选用了带圆角的 93° 菱形外圆车刀。此外，每把刀具还需命名刀具号，它是数控程序中刀具调用的代码，包含了刀具在刀库（刀架）中的位置、刀具补偿等多种信息。刀具号命名方式详见后续章节。

三、手柄数控工序卡识读

　　手柄数控（一夹）工序卡列出了手柄由毛坯到半成品件的各工步加工内容；给出了各工步所用的刀具以及所用的切削参数；绘出了数车 20（一夹）工序结束时手柄被加工部分的形状（手柄粗实线部分）和尺寸，以及加工时的定位与装夹方式，此图即为数车 20（一夹）工序的工序简图。此工序中，工步 1 精车左端面见平，端面去除量不超过 1.5mm；工步 2 粗车 ϕ10mm 和 ϕ16mm 两处外圆至 ϕ16.4mm；工步 3 将手柄曲面 R40mm、R48mm 两段圆弧部分粗车为 ϕ26mm 的锥面，目的是去除大量多余金属，为后续的精加工作准备；工步 4 粗车 ϕ10mm 外圆到 ϕ10.4mm；工步 5 和工步 6 为精车 ϕ10mm 和 ϕ16mm 两处外圆到图样要求。以上内容完成后卸下该工件，重复以上各工步内容，完成其他半成品件的加工。在实际加工中，工步 2、3、4 可以采用复合循环指令在一个工步中完成。此道工序完成的内容较多，符合"以一次安装所能加工的内容安排工序内容"的数控加工工序内容安排法。

四、手柄程序单识读

　　手柄数控（一夹）程序单列出了一夹工序的两个程序编号及其加工内容和刀具号。切削深（厚）度是指每个程序中刀具需要进入工件的总深（厚）度，以确定刀杆的最小伸出长度。程序 O001 中，ϕ10mm 为最小直径处，是切削最大的区域。加工时由毛坯 ϕ28mm 分层切削至 ϕ10.2mm，刀具切入的总深度（直径量）为 17.8mm。程序 O002 中，车削前最大外圆为 ϕ26.2mm，车削后最小外圆为 ϕ10mm，则刀具切入的总深度（直径量）为 16.2mm。由两个程序的切削深度并考虑平端面加工，T01 刀安装时其伸出长度应大于 14mm。

【实战演练】

根据手柄图样及工艺卡要求，识读手柄数控 30（二夹）工序的工序卡和程序单。

手柄数控二夹工序卡

零件名称	手柄	机械加工工序卡		工序号		30	工序名称	数车	共 1 页
									第 1 页
材料	HT200	毛坯状态	铸件	机床设备		CAK6140	夹具名称		三爪自定心卡盘

工序简图：

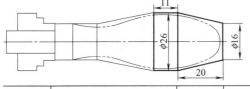 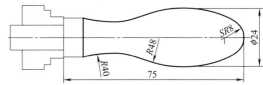

工步号	工步内容	刀具编号	刀具名称	量具名称	主轴转速 /（r/min）	进给速度 /（mm/min）	背吃刀量 /mm
1	车端面	T01	90°外圆刀	游标卡尺	1000	100	1
2	车 ϕ16mm 锥面	T01	90°外圆刀	游标卡尺	1000	150	1
3	车 ϕ26mm 外圆	T01	90°外圆刀	游标卡尺	1000	150	1
4	精车右端曲面	T03	93°菱形外圆刀	游标卡尺	1200	120	0.2
编制	***	日期	******	审核	***	日期	******

手柄数控二夹工序程序单

数控加工程序单		产品名称	—	零件名称		手柄	共 1 页
		工序号	30	工序名称		数车	第 1 页
序号	程序编号	工序内容	刀具	切削深度（相对最高点）/mm		备注	
1	0001	按工序简图粗车右端圆柱、圆锥部分	T01	11.8		直径量	
2	0002	精车右端曲面部分	T03	26		直径量	

装夹示意图：

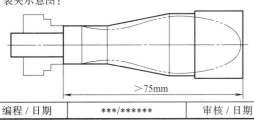

>75mm

装夹说明：

毛坯伸出卡盘长度大于75mm

编程 / 日期	***/******	审核 / 日期	***/******

1. 数控二夹工序卡分析。

_____

_____

_____

2. 数控二夹程序单分析。

_____

_____

_____

【评价反馈】

数控加工工艺文件识读自评表

班级：   姓名：   学号：

项目一   数控加工的初步认识   任务二   数控加工工艺文件识读

序号	评价项目	评价标准	配分/分	得分/分
1	信息获取能力	是否能利用教材、网络等查找信息，并将其有效转换到工作中	20	
2	工艺规程文件	是否清楚数控加工工艺规程文件类型及其作用	20	
3	工序简图	是否能根据工序内容正确绘制工序简图	20	
4	任务完成情况	是否能独立分析手柄数控加工工序内容	20	
5	材料上交情况	是否按时按量提交作业、讨论等资料	20	

数控机床的认识评分表

班级：   姓名：   学号：

项目一   数控加工的初步认识   任务二   数控加工工艺文件识读

序号	评价项目	评价标准	配分/分	得分/分
1	工艺过程的组成	能分清工序、工步、工位和安装之间的关系	10	
2	数控加工常用的工艺规程文件	能说出常用机械加工工艺文件种类及作用、数控加工常用工艺文件种类及作用，以及与机械加工工艺文件的关系	10	
3	数控加工工序制定的原则	能理解数控加工工艺所涉及的常用术语和数控加工所采用的定位原则	30	
4	数控工艺卡片的识读	能说清机械加工工艺过程卡、数控加工工序卡、刀具卡、程序单中各项目的要求；能读懂工序图	50	

【课后习题】

一、选择题

1. 数控机床是由（　　　）首先研制的。

A. 美国　　　　　B. 英国　　　　　C. 德国　　　　　D. 日本

2. 下列（　　　）数控系统是我国数控系统厂家的产品。

A. FANUC　　　　B. SIEMENS　　　C. FIDIA　　　　D. HNC

3. 计算机数控的简称为（　　　）。

A. NC　　　　　　B. CNC　　　　　C. DNC　　　　　D. MC

4. （　　　）是数控系统的执行部分。

A. 输出设备　　　B. 数控系统　　　C. 伺服单元　　　D. 测量装置

5. 确定机床坐标系时，应先确定（　　　）。

A. X轴　　　　　B. Y轴　　　　　C. Z轴　　　　　D. 任意轴

6. （　　　）是组成机械加工工艺过程的基本部分，是生产计划的基本单元。

A. 工序　　　　　B. 工步　　　　　C. 工位　　　　　D. 安装

7. 零件的生产类型与（　　　）有关。

A. 生产计划　　　B. 生产步骤　　　C. 生产纲领　　　D. 生产时间

8. 按每道工序编制的工艺文件称为（　　　）。

A. 工艺过程卡　　B. 工艺卡　　　　C. 工序卡　　　　D. 工步卡

9. 在以下工艺文件中，（　　　）是数控加工特有的工艺文件。

A. 工艺卡　　　　B. 工序卡　　　　C. 工序图　　　　D. 走刀路线图

10. 对于加工表面类型很多的零件，宜采用（　　　）安排数控加工工序内容。

A. 以一次安装所能加工的内容　　　　B. 以同一把刀具加工的内容

C. 以加工部位　　　　　　　　　　　D. 以编程者喜好

二、判断题

1. 所有数控机床的机床参考点均与机床原点重合。　　　　　　　　　（　　　）

2. 数控机床因为效率高，所以不宜用于单件、小批量生产。　　　　　（　　　）

3. 数控机床坐标系，采用国际通用的右手直角笛卡儿坐标系。　　　　（　　　）

4. 闭环控制数控机床的精度较开环数控机床高。　　　　　　　　　　（　　　）

5. 通用数控铣床大多为直线控制数控机床。　　　　　　　　　　　　（　　　）

6. 数控机床与普通机床相比，可以在一次装夹中完成多个或多类型型面的加工。

（　　　）

7. 工步是组成机械加工工艺过程的基本部分，是生产计划的基本单元。（　　　）

8. 数控加工一般为零件机械加工过程中的某一道或几道工序。　　　　（　　　）

9. 数控加工程序清单是记录数控加工工艺过程、工艺参数、位移数据的清单。（　　　）

10. 只要能在一次安装加工的表面，无论表面多少，全都应该在一道工序中完成加工。

（　　　）

11. 数控加工中，一般先加工复杂几何形状的表面，再加工简单几何形状的表面。

（　　　）

12. 数控机床与普通机床相比，数控机床适合采用工序集中的方法。　　　　（　　）

三、填空题

1. 数控机床由_____、_____、_____、_____、_____及电气控制装置、辅助装置、机床本体及测量装置组成。除机床本体之外的部分，统称为_____。

2. 数控装置按所能实现的控制运动轨迹分为_____、_____、_____三类。

3. _____是数控系统在处理编程数据时的坐标系。

4. 不论数控机床的具体结构是工件静止、刀具运动，还是工件运动、刀具静止，都一律假定_____移动，而_____相对静止不动。同时规定，_____的方向为坐标轴的正方向。机床主轴旋转运动的正方向是按照_____切入工件的方向。

5. 机床参考点与机床原点之间有一确定的相对位置，一般设置在刀具相对运动的 X、Y、Z 轴_____位置，用户不能_____。一般情况下，机床通电后，需手动返回_____操作，以建立_____。

6. 采用数控机床加工，选择定位基准时，应充分发挥数控机床的优势，注意_____装夹次数。

7. 中小批量生产中应首先考虑采用_____夹具，其次考虑选用_____；大批量生产时则应考虑选用_____。

8. 数控加工时，切削参数中应首先确定_____，然后再依据机床、刀具的承受能力选择_____。

9. 在安排工序内容时，应首先安排工件粗、精加工时要用到的_____或_____等基准面的加工。当工件重新装夹后，应考虑精修_____，也可采用已加工表面作为新的定位基准面。

10. 数控加工程序清单是记录数控加工_____、_____、_____的清单，可以帮助操作员正确理解加工程序内容。

四、简答题

1. 简述数控机床的特点和应用范围。

2. 叙述确定数控机床坐标系的步骤与方法。

3. 简述设置工件原点一般应遵循的原则。

4. 数控加工时常见的工艺文件有哪些？

5. 叙述编程员在编程之前应做的准备工作。

6. 简述数控加工工序制定原则，以及安排工序内容的方法。

【项目总结】

项目一主要介绍了数控机床的基本概念及发展史、数控机床的组成和分类、数控技术行业的基本知识和常识性内容、数控机床相关坐标系的设定、数控加工工艺文件种类和编制方法等知识。

任务一，阐述了数控机床的发展史、组成和特点。数控机床由输入/输出设备、数控装置（或称 CNC 单元）、伺服单元、驱动装置（或称执行机构）、可编程控制器（PLC）及电气控制装置、辅助装置、机床本体及测量装置组成。数控机床的种类很多，一般按照加工工艺方法、控制原理、功能和组成等进行分类。数控机床的坐标系和运动方向均已标准化，国际通用的标准坐标系为右手直角笛卡儿坐标系。数控机床运动部件（工作台或刀架）的位置由数控机床坐标系来体现。确定机床坐标轴时，一般先确定 Z 轴，再确定 X 轴，最后确定 Y 轴。

任务二，以手柄加工工艺为例，说明了数控加工一般是零件机械加工过程中的某一道或几道工序，其工艺文件主要用来指导零件的数控加工。常用的数控加工工艺文件有数控工序卡、程序单、刀具卡、走刀路线图等。制定数控加工工艺时，除遵循机械加工工艺相关原则外，还要考虑数控机床的特点，尽量采用工序集中的方法制定工序内容。

通过本项目的学习，能够了解到数控机床是一种自动化程度较高、结构较复杂的先进加工设备，特别适用于结构复杂零件的加工。

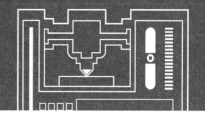

项目二
典型车削件的数控编程与加工

 【项目概述】

数控车床是一种高精度、高效率的自动化机床，可加工圆柱面、圆锥面、圆弧和各种螺纹型面等回转类表面，尤其对高精度或复杂回转体零件的车削加工比普通车床具有明显的优势。

数控车削加工是回转类零件重要的加工方法之一，车削后工件的尺寸精度等级可达 IT11 ～ IT6，表面粗糙度 Ra 值可达 12.5 ～ 0.8μm。因此，对高精度或形状具有复杂回转面的零件，一般采用数控车削方法进行粗加工、半精加工和精加工，或为后续的精加工做准备。

本项目主要介绍典型零件数控车削工艺性的分析方法、车削工艺流程和走刀路线、车削加工工艺参数、常用车削指令，以及数控车床的基本操作方法。

【学习目标】

知识目标

1. 掌握数控车削进给路线、切削用量的确定方法。
2. 熟悉 G、M、F、S、T 代码的含义和程序组成。
3. 掌握快速定位指令、直线插补指令、圆弧插补指令的含义和编程方法。
4. 掌握车削循环指令的种类、功能和编程方法。
5. 掌握螺纹车削相关指令的含义与用法。
6. 掌握刀具磨损量与精度的调整方法。
7. 熟悉刀尖圆弧半径补偿功能。

技能目标

1. 能制定典型车削件的数控车削加工工艺文件。
2. 能编写典型车削件的数控车削程序。
3. 能独立完成多把车刀的对刀操作与对刀参数的设置。
4. 能通过调整刀具磨损量来控制零件的尺寸精度。
5. 能熟练操作数控车床，完成典型车削件的数控车削加工。

素质目标

1. 培养严谨的工作态度。

2. 培养专业精神。

3. 培养良好的 6S 习惯。

4. 培养工程意识和工程思维。

任务一

简单台阶轴的数控车削编程与加工

【任务导入】

某机械加工车间需加工如图 2.1.1 所示的小台阶轴，共生产 20 件，其机械加工工艺过程卡见表 2.1.1。要求编程员编写数车工序的数控加工程序、工序卡、刀具卡、程序单，生产部按工艺要求完成小台阶轴零件的加工。

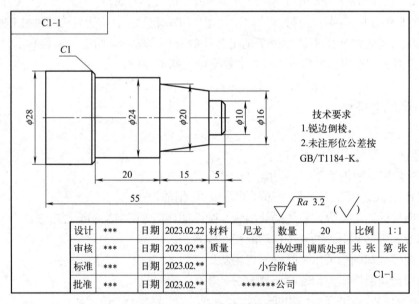

图 2.1.1　小台阶轴零件图

表 2.1.1　小台阶轴机械加工工艺过程卡

零件名称		小台阶轴	机械加工工艺过程卡	毛坯种类	棒料	共 1 页
				材料	尼龙	第 1 页
工序号	工序名称	工序内容			设 备	工艺装备
1	备料	ϕ30mm 棒料				

续表

工序号	工序名称	工序内容				设 备	工艺装备
2	数车	车端面见平；粗车、精车外轮廓到尺寸；切断				CAK6140	三爪自定心卡盘
3	检查	按图样要求检查					
编制	***	日期	******	审核	***	日期	******

工具 / 设备 / 材料

1. 设备：数控车床 CAK6140。
2. 刀具：90°偏刀、4mm 切断刀。
3. 量具：游标卡尺。
4. 工具：卡盘扳手、刀架扳手。
5. 材料：ϕ30mm 尼龙棒。

任务要求

1. 编写小台阶轴的工序卡、刀具卡、程序单。
2. 编制小台阶轴的数控车削加工程序。
3. 完成小台阶轴的数控车削加工。

 【工作准备】

一、数控车床的加工特点

引导问题 1：与普通车床相比，数控车床有哪些特点？ _____

_____

 提示　　数控车床具有直线和圆弧插补功能，在加工过程中可以自动变速。数控车床除了可以完成普通车床能够完成的轴类和盘套类零件加工外，还可以加工各种形状复杂的回转体零件，如复杂曲面、各种螺距甚至变螺距的螺纹等。与普通车床相比，数控车床具有工艺范围宽、精度高、生产效率高、柔性化程度高等特点。

二、数控车削加工工艺的制定

引导问题 2：编制零件的数控车削程序前，需要进行哪些工艺方面的准备？ _____

_____

相关知识点

　　数控车削加工工艺的制定包括零件图样的工艺性分析、工序划分、加工顺序安排、基准选择、走刀路线确定，以及选择刀具和夹具、确定切削用量等几个步骤。

1. 零件的数控车削加工工艺性分析

　　零件的加工工艺性涉及从零件结构设计到形成产品的整个过程，主要包括以下几个方面。

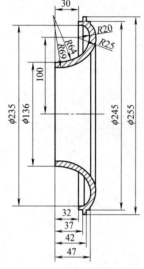

图 2.1.2　叶轮罩

　　（1）结构工艺性分析　某些回转体零件的部分结构用普通车床可能难以加工，但用数控车床可以轻而易举地加工。因此，编制零件加工工艺时，应根据数控车床的加工特点对零件的结构工艺性进行评价。

　　图 2.1.2 所示的叶轮罩，曲面造型多、壁薄、结构复杂，这样的结构可以充分发挥数控车床的加工优势。图 2.1.3 所示的三类槽型，如果用普通车床切削方式进行工艺性判断，则 a 型的工艺性最好，b 型次之，c 型最差。若改用数控车床加工（图 2.1.4），则 c 型工艺性最好，b 型次之，a 型最差。因为 a 型槽在数控车床上加工时仍要用成形槽刀切割，不能充分利用数控加工的走刀特点，b 型槽和 c 型槽则可用通用的外圆车刀加工，用程序控制即可加工成形。

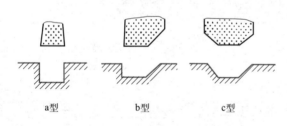

| a 型 | b 型 | c 型 |

图 2.1.3　普通车床加工沟槽方式

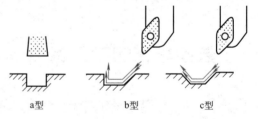

| a 型 | b 型 | c 型 |

图 2.1.4　数控车床加工沟槽方式

　　图 2.1.5 是一个端面形状比较复杂的盘类零件，在普通车床上很难精确加工。但是，在数控车床上，利用 45° 菱形刀片可以一次完成整个型面的切削加工，并且数控加工工艺性良好。此外，进行零件结构工艺性分析时，还应注意数控加工的走刀特点，看是否可以用普通刀具一次走刀完成。

　　（2）零件轮廓几何要素分析　数控编程前，需检查零件轮廓的完整性和正确性。主要检查零件视图表达是否直观、清晰、准确、充分；尺寸是否合理、齐全。只有有正确、完整的轮廓，清晰、准确的尺寸，才能保证手工编程时正确计算出每个基点坐标，自动编程时对构成轮廓的所有要素进行正确定义。

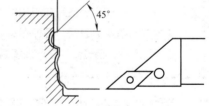

图 2.1.5　复杂端面轮廓用数控车床加工

　　（3）技术要求分析　零件的技术要求包括零件加工表面的尺寸精度、形状精度、位置精度、表面粗糙度、表面微观质量以及热处理等内容。对于有位置精度要求的表面，应尽量安排一次装夹完成加工；对于表面粗糙度要求较高的表面，应采用恒线速切削功能进行加工。分析零件的这些技术要求，在保证使用性能的前提下，以评定加工方案是否经济、合理。

2. 工序划分的方法

数控机床加工一般按照工序集中原则进行工序的划分，即一次装夹尽可能完成大部分甚至全部表面的加工。数控车削加工时，对于同一方向的外圆或内圆，应尽量一次装夹完成，避免频繁更换刀具。

3. 进给路线的确定

进给路线泛指刀具从起刀点开始运动，直到加工程序结束所经过的路径，包括加工路径与刀具切入、切出等非切削空行程。刀具的切入、切出，通常沿刀具与工件接触点切线方向或工件轮廓的延长线方向。条件不允许时，也可以沿加工面的法线方向垂直切入或切出。对于精车工序，其进给路线大多沿着工件轮廓顺序进行。因此，确定数控车削进给路线的重点，是确定粗加工与空行程的进给路线。确定原则是：在保证加工质量的前提下，尽量缩短进给路线，缩短空刀时间，以提高加工效率。确定轴向移动尺寸时，应考虑刀具的引入和越程距离。实际生产中，手动编程时常用以下几种方法确定车削进给路线。

（1）最短的空行程路线　图 2.1.6（a）所示的切削路径，按三刀粗车一刀精车安排进给路线，又考虑到精车加工过程中需要方便换刀，设定起刀点与换刀点（A）的位置重合。图 2.1.6（b）将起刀点设于 B 点。加工时，刀具先由 A 到 B，再进行三次粗车走刀，显然，图 2.1.6（b）所示的空行程路线最短。

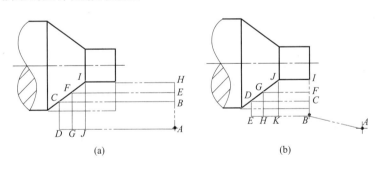

图 2.1.6　进刀路线比较示意图

（2）最短的切削进给路线　切削进给路线最短，可以有效地提高生产效率，降低刀具的耗损。图 2.1.7 为粗车某外圆轮廓时几种不同切削进给路线安排示意图。经分析判断，

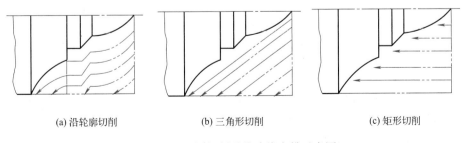

(a) 沿轮廓切削　　　(b) 三角形切削　　　(c) 矩形切削

图 2.1.7　不同切削进给路线安排示意图

图 2.1.7（c）的进给路线最短，因此，在同等条件下，其切削所需时间最短，刀具的损耗最低。

（3）完整轮廓的连续切削进给路线　安排精加工路线时，零件的完整轮廓应由最后一刀连续加工而成。这时，加工刀具的进、退刀位置要考虑妥当，尽量不要在连续的轮廓加工中安排切入、切出或换刀与停顿，以免因切削力突然变化而造成弹性变形，致使光滑连续轮廓上产生表面划伤、形状突变或滞留刀痕等缺陷。

4. 切削用量的确定

数控车削主要切削用量为背吃刀量（切削深度）a_p、切削速度 v_c 或主轴转速 n、进给速度 v_f 或进给量 f。粗车时一般优先选择尽可能大的切削深度 a_p，其次选择较大的进给量 f，最后根据刀具耐用度要求，确定合理的切削速度 v_c。精加工时一般选用较小的进给量 f 和切削深度 a_p，而尽可能选用较高的切削速度 v_c。半精车的切削用量则介于粗车与精车之间。

（1）背吃刀量的选择　背吃刀量一般根据工件的加工余量来确定。粗加工时，除留下精加工余量外，尽可能在一到两次走刀中切除全部余量。半精车和精车的加工余量一般较小，可一次切除，但有时为了保证工件的加工精度和表面质量，也可采用两次走刀。多次走刀时，应尽量将第一次走刀的背吃刀量取大些，一般为总加工余量的 2/3 ～ 3/4。半精加工的背吃刀量一般取 0.5 ～ 2mm，精加工的背吃刀量取 0.1 ～ 0.4mm。

（2）进给量（进给速度）的选择　粗加工时，进给量主要根据机床进给机构的强度和刚性、刀杆的强度和刚性、刀具材料、刀杆和工件尺寸以及切削深度等因素选取。半精加工和精加工时，最大进给量主要受加工表面粗糙度限制。一般粗车进给量取 0.3 ～ 0.8mm/r，精车进给量取 0.1 ～ 0.3mm/r，切断时进给量取 0.05 ～ 0.2mm/r。车削加工的进给速度与进给量之间的关系为

$$v_f = fn$$

式中　v_f——进给速度，mm/min；

　　　f——进给量，mm/r；

　　　n——主轴转速，r/min。

（3）切削速度的选择　a_p 和 f 选定后，在保证刀具合理耐用度的条件下，确定切削速度。一般在粗车或工件材料切削性能较差的情况下，选择较低的切削速度；在精加工或工件材料切削性能较好的情况下，选择较高的切削速度。此外，刀具材料的切削性能越好，切削速度可选得越高。

切削速度与主轴转速之间的关系为

$$v_c = \pi d n / 1000$$

式中　v_c——切削速度，m/min；

　　　d——工件待加工表面的直径，mm；

　　　n——主轴转速，r/min。

以上是车削加工时切削参数的一般选择原则。实际生产中，切削用量应依据机床说明书、切削用量手册等相关资料，并结合经验而确定。表 2.1.2 与表 2.1.3 是根据相关机械制造工艺手册整理的部分常用材料的车削参数，仅供参考。

表 2.1.2 常用材料内外径车削用量推荐表

工件材料	刀具材料	v_c/（m/min）	a_p/mm	f/（mm/r）
低碳钢	高速钢	30～40	0.3～5	0.1～0.5
	硬质合金（YT、YW）	90～180	0.3～10	0.08～1
中碳钢	高速钢	20～30	0.5～5	0.1～0.5
	硬质合金（YT、YW）	60～160	0.3～8	0.08～1
合金钢	高速钢	15～25	0.3～5	0.1～0.5
	硬质合金（YT、YW）	40～130	0.3～5	0.08～1
灰铸铁	硬质合金（YG）	40～120	0.3～8	0.1～0.8
铝和铝合金	高速钢	40～70	0.1～10	0.1～0.5
	硬质合金（YG、YW）	150～300	0.1～10	0.1～0.5
淬火钢	硬质合金（YG、YS）	30～75	0.1～2	0.08～0.3

注：1. 表中刀具材料：YT—钨钛钴硬质合金；YG—钨钴类硬质合金；YS—超细硬质合金；YW—通用硬质合金。

2. 参数选择说明：粗车时选用低的切削速度，大的切削深度和进给量；精车时选用高的切削速度，小的切削深度和进给量。采用高速钢刀具车削低、中碳钢时，需避开易产生积屑瘤的切削速度区间。

表 2.1.3 切断刀与切槽刀的进给量

工件直径 /mm	切刀宽度 /mm	钢及铸钢 σ_b/MPa		铸铁、铜合金、铝合金
		＜ 800	＞ 800	
		进给量 f/（mm/r）		
≤ 20	3	0.08～0.10	0.06～0.08	0.11～0.14
20～30	3	0.10～0.12	0.08～0.10	0.13～0.16
30～40	3～4	0.12～0.14	0.10～0.12	0.16～0.19
40～60	4～5	0.15～0.18	0.13～0.16	0.20～0.22
60～80	5～6	0.18～0.20	0.16～0.18	0.22～0.25
80～100	6～7	0.20～0.25	0.18～0.20	0.25～0.30
100～125	7～8	0.25～0.30	0.20～0.22	0.30～0.35
125～150	8～10	0.30～0.35	0.22～0.25	0.35～0.40

三、车刀的选择

引导问题 3：数控车削宜选用何种车刀？ _____

🔧 **相关知识点**

车削时，一般要根据工件材料的性能、加工内容、切削用量以及机床的加工能力，合理选择刀具的类型、结构和几何参数。

1. 常用车刀类型

按所加工的部位，车刀分为外圆车刀、端面车刀、内孔车刀、切断刀、切槽刀、螺纹车刀等，如图 2.1.8 所示。按车刀结构，车刀可分为整体式车刀、焊接式车刀、机械夹固式车刀和机夹可转位式车刀等，如图 2.1.9 所示。按车刀所用的材料，车刀可分为高速钢刀具、硬质合金刀具、陶瓷刀具、立方氮化硼刀具等。

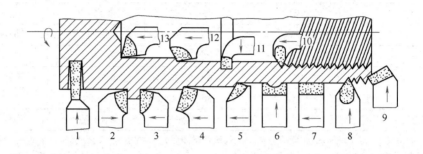

图 2.1.8   车刀类型

1—切断刀；2—90°左偏刀；3—90°右偏刀；4—弯头车刀；5—直头车刀；6—成形车刀；7—宽刃精车刀；
8—外螺纹车刀；9—端面车刀；10—内螺纹车刀；11—内槽车刀；12—通孔车刀；13—盲孔车刀

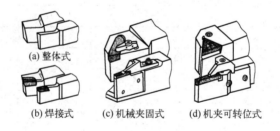

图 2.1.9   车刀结构

2. 数控车床刀具的选择

数控车床的刀具选择原则为：安装、调整方便，刚性好，刀具耐用度和精度高；在满足加工要求的前提下，尽量选择较短的刀柄，以提高刀具刚性。

（1）车刀刀头形状的选择   车刀刀头形状有直头和偏头两种，见表 2.1.4。其中，偏头（弯头）车刀既可加工圆柱面、圆锥面，还可加工端面和倒棱，加工范围较广，但刀杆制造比直头麻烦。

（2）车刀类型的选择   车刀一般分为尖形车刀、圆弧形车刀和成形车刀三类。尖形车刀是以直线形切削刃为特征的车刀，如 90° 内外圆车刀、90° 端面车刀、切槽（断）刀等。车削时，工件的轮廓形状主要由刀尖位移得到。圆弧形车刀是以一圆弧形切削刃为特征的车刀，可用于加工内、外表面，尤其适合车削各种光滑连接的成形面。成形车刀的特征是刀的形状、尺寸与被加工工件的轮廓形状一致。

（3）刀片的选择   数控车刀大多采用机夹可转位刀具，普遍采用硬质合金刀片和涂层硬质合金刀片，如图 2.1.10 所示。其中，四边形刀片常用于制作 45°、75° 外圆车刀和 75°

表 2.1.4　车刀刀头形状

代号	头部形式		代号	头部形式	
A		90°直头外圆车刀	M		50°直头外圆车刀
B		75°直头外圆车刀	N		63°直头外圆车刀
C		90°直头端面车刀	R		75°偏头外圆车刀
D		45°直头外圆车刀	S		45°偏头外圆车刀
E		60°直头外圆车刀	T		60°偏头外圆车刀
F		90°偏头端面车刀	U		93°偏头端面车刀
G		90°偏头外圆车刀	V		72.5°直头外圆车刀
J		93°偏头外圆车刀	W		60°偏头端面车刀
K		75°偏头端面车刀	Y		85°偏头端面车刀
L		95°偏头外圆（端面）车刀			

端面车刀；正三边形刀片既可用于车削外圆，又可用于车削端面与仿形车削；35°、55°菱形刀片和圆形刀片常用于仿形车削。

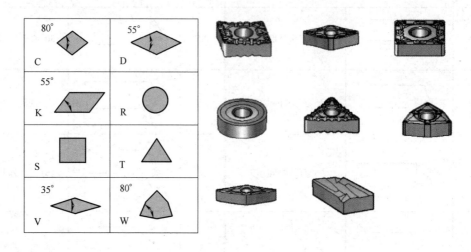

图 2.1.10   车刀刀片形状

四、数控车床编程代码与程序格式

引导问题 4：数控车床编程代码有哪几类？_____

_____

相关知识点

　　编程代码又称编程指令，在数控加工程序中主要有准备功能 G 代码、辅助功能 M 代码、进给功能 F 代码、主轴转速功能 S 代码和刀具功能 T 代码。数控系统种类较多，其编程代码的功能在内容和格式上会有差别，实际编程时需参照机床制造厂的编程说明书。本书所涉及的数控车床均采用华中数控 HNC-8-T 系统，详见附录 I。

1. 准备功能（G 代码）

　　准备功能 G 代码由 G 和后面一位或两位数字组成，用来规定刀具与工件之间的相对运动轨迹（如 G01）、坐标系设定（如 G92）等多种操作方式。G 代码按功能类别分为若干组，00 组为非模态 G 代码，其他组均为模态 G 代码。其中，模态 G 代码具有连续性，执行一次后由 CNC 系统存储，在后续程序段中只要同组其他 G 代码未出现便一直有效，直到后面程序段中出现同组另一代码或被其他代码取消时才失效。编写程序时，与上段相同的模态代码可省略不写。非模态 G 代码只在所出现的程序段有效。在同一程序段中可以指定多个不同组的 G 代码，不影响其续效。若在同一程序段中指定了多个同组代码，只有最后指定的代码有效。

【例1】

N10　G91 G01 X20 Y20 Z-5 F150 M03 S1000；

N20　X35；

N30　G90 G00 X0 Y0 Z100；

上例中，N10段出现两个模态G代码，即G91和G01，因它们不同组而均续效。其中，G91功能延续到N30段出现同组的G90时才失效；G01功能在N20段继续有效，至N30段出现同组的G00时才失效。

2. 辅助功能（M代码）

M代码给出机床的辅助动作指令，指定主轴启动、主轴停止、程序结束等，由地址码"M"和后面的两位数字组成。M代码也有模态与非模态之分。常用的几类M代码的功能分析如下。

① M00：程序暂停指令。执行到M00指令时，暂停执行当前程序。暂停时，全部现存的模态信息保持不变，重按操作面板上的"循环启动"键，继续执行后续程序。M00为非模态、后作用的M功能。

② M01：选择停指令。该指令仅在机床操作面板上的"选择停"键激活时才有效。激活后，其功能及操作方法与M00相同。如果没有激活该键，执行到M01指令时，程序继续向下执行。

③ M02：程序结束指令。在主程序的最后一个程序段中，表示主程序的结尾。执行到M02指令时，机床的主轴、进给、冷却液全部停止，加工结束。使用M02的程序结束后，若要重新执行该程序，需要重新调用该程序，或在自动加工子菜单下按"重运行"键，然后再按机床操作面板上的"启动"键。M02为非模态、后作用M功能。

④ M30：程序结束指令。使用M30的程序结束后，若要重新执行该程序，只需再次按机床操作面板上的"启动"键。

⑤ M03、M04和M05：主轴控制指令。M03启动主轴以顺时针方向旋转，M04启动主轴以逆时针方向旋转，M05停止主轴旋转。

⑥ M08、M09：冷却液开、关指令。

3. F、S、T功能

F：进给功能代码，用来指定车刀车削表面时的进给速度。F代码为模态指令。

S：机床主轴转速功能代码，用来指定车床的主轴速度。S代码为模态指令。

T：刀具功能代码，用来指定加工中所用的刀具号及其所调用的刀具补偿号。格式为T××××。

说明：

① 前2位表示刀具序号（00～99），后2位表示刀具补偿号（01～64），如T0101。

② 刀具序号与刀盘或刀架上的刀位号相对应。

③ 刀具补偿包括刀具形状补偿和刀具磨损补偿。

④ 刀具序号和刀具补偿号不必相同，但为了方便通常使它们一致。

⑤ 取消刀具补偿的编程格式为T00或T××00。

引导问题 5：数控车削加工程序由哪些元素组成？_____

 相关知识点

一个完整的数控加工程序由程序名、若干个程序段和程序结束指令组成，如图 2.1.11 所示。

1. 程序名

程序名由开始符（也称为程序号地址）和程序的编号组成，用来区分每个程序。程序名位于程序的开始部分且独占一行，它从程序的第一行、第一格开始。程序号必须放在程序的开头，所以也称为程序头。数控系统在读程序内容时，必须找到开始部分的程序名，才能继续向下调用程序主体进行加工。不同数控系统的程序号地址也有所差别，华中数控系统规定程序名由"%"开始，后接 4 位阿拉伯数字，如图 2.1.12 所示。

2. 程序段

程序段是数控加工程序的主体，程序段的格式分为地址格式、固定程序段格式和可变程序段格式等，它们必须遵循数控系统所规定的结构、句法和格式规则。每个程序段由若干个指令字组成，一个"字"由地址符和数字组成，如图 2.1.13 所示。

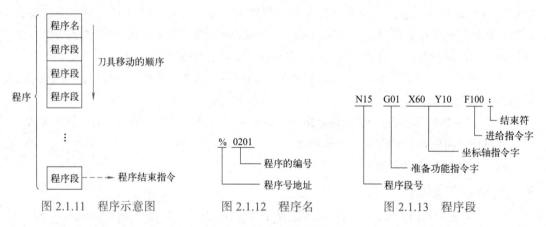

图 2.1.11　程序示意图　　　图 2.1.12　程序名　　　图 2.1.13　程序段

N：程序段号。由地址码 N 和后面的若干阿拉伯数字组成。因程序有修改、补充的需求，建议程序段编号不要连续排列，以便于以后插入程序。一个零件的程序是按程序段的输入顺序执行，而不是按程序段编号执行。程序段编号不是程序的必写项，可以省略。

X、Y、Z：坐标轴指令字。由地址码"X、Y、Z""+""-"和阿拉伯数字构成零件的尺寸字。地址码还有"U""W""R""T""K"等。

"；"为程序段结束符号。一般写在各程序段之后，表示该程序段结束。华中数控系统的程序没有结束符，输入完一段程序后直接按"Enter"键即可。

3. 程序结束指令

程序的最后一个程序段为程序结束指令。一般采用 M02 或 M30 指令，表示主程序结束，同时机床停止自动运行，CNC 装置复位。

引导问题 6：手工编程一般需要考虑哪些问题？＿＿＿＿＿＿＿＿＿＿＿＿＿＿＿

＿＿＿＿＿＿＿＿＿＿＿＿＿＿＿＿＿＿＿＿＿＿＿＿＿＿＿＿＿＿＿＿＿＿＿＿＿＿

提示　　编程就是把零件的全部加工工艺过程及其他辅助动作，按动作顺序用数控系统规定的指令、格式，编成加工程序。图 2.1.14 为数控编程的一般流程。

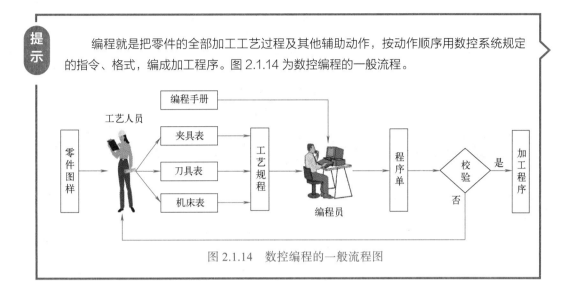

图 2.1.14　数控编程的一般流程图

（1）确定工艺过程　编程员在编程前拿到的原始资料主要有零件图、工艺过程卡等文件。首先要根据零件图和工艺过程卡分析本道工序之前零件的形状、尺寸与相关精度，以及本道工序完成后零件的形状、尺寸、精度、表面粗糙度等要求；明确数控加工内容，从而选择合适的数控机床、刀具和夹具。然后拟定数控加工工艺方案，即确定定位夹紧装置、加工方法、加工顺序、进给路线、切削用量等。

（2）确定基点坐标　手动编程时，编程员根据零件图样和相关工艺文件计算出每个工步的基点坐标。对于由直线、圆弧组成的平面零件，只需计算出零件轮廓线上各几何元素的起点、终点等基点坐标。对于一些简单的非圆曲线，可以采用直线、圆弧逼近方法计算出曲线上各节点的坐标值；对于复杂的刀具轨迹，则需要借助绘图软件进行计算。

（3）编写加工程序　依据加工顺序，按照指定数控系统的功能代码与程序段格式，逐段编写加工程序。

（4）程序校验和首件试切　通过仿真软件或数控机床自带的图像模拟功能，或采用空运转校验，检查刀具轨迹是否正确。若批量生产，还应进行首件试切。若发现试切工件不符合要求，应及时修改程序或通过刀具尺寸补偿来保证零件的加工精度。

五、坐标系设定指令

引导问题 7：如何在程序中设置如图 2.1.15 所示的工件坐标系？＿＿＿＿＿＿＿＿＿

＿＿＿＿＿＿＿＿＿＿＿＿＿＿＿＿＿＿＿＿＿＿＿＿＿＿＿＿＿＿＿＿＿＿＿＿＿＿

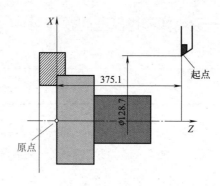

图 2.1.15　工件坐标系原点设定

 相关知识点

1. 坐标系设定指令 G92

【格式】　G92 X_ Z_

　　执行此指令时，使当前刀具上的一个点（如刀尖点）拥有指定的坐标值，此点也称为刀位点。如图 2.1.15 所示原点可通过"G92 X128.7 Z375.1"设置。此方法实质上是以工件坐标系原点确定刀具起始点的坐标值。G92 指令只设定程序原点的位置，程序执行时刀具与工件之间并不产生运动。

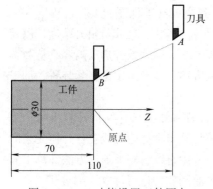

图 2.1.16　T 功能设置工件原点

2. 利用刀具功能设置工件坐标系

　　工件坐标系也可以利用刀具补偿功能，通过对刀方式设置。例如，要设置如图 2.1.16 所示的编程原点，若加工时所用车刀位于 1 号刀位，则在程序中可用"T0101"指令来设置工件坐标系。车削前通过对刀设置 1 号刀的刀补，使该刀的刀尖位于右端面中心时其相对坐标为（0，0），即建立了 1 号刀的工件坐标系。利用刀具功能设置工件坐标系原点在数控车削加工程序中较为普遍，具体操作方法详见对刀部分内容。

六、坐标单位、主轴转速与进给量等相关指令

引导问题 8：华中数控系统如何指定主轴转速和进给量的单位？_____

_____

相关知识点

1. 公 / 英制单位设定

【格式】　G20　// 英制输入指令（单位 in）

【格式】 G21 // 公制输入指令（单位 mm，华中数控系统的默认状态为 G21）

2. 直径编程与半径编程

数控车削加工程序中 X 轴的坐标值取零件图中的直径值即为直径编程（图 2.1.17），取半径值即为半径编程（图 2.1.18）。通常，数控车床一般习惯采用直径编程。

【格式】 G36 // 直径编程方式（华中数控系统的默认状态为 G36）

【格式】 G37 // 半径编程方式

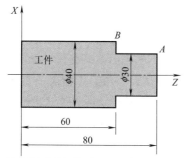

A 点和 B 点的坐标值 A(30.0,80.0)，B(40.0,60.0)

图 2.1.17　直径编程方式

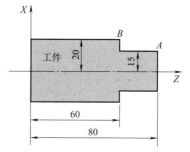

A 点和 B 点的坐标值 A(15.0,80.0)，B(20.0,60.0)

图 2.1.18　半径编程方式

3. 主轴速度功能设定指令

主轴转速功能有恒线速控制和恒转速控制两种指令方式。

（1）主轴恒线速设定指令 G96　G96 用于车削端面或工件直径变化较大的场合。G96 可保证工件直径变化较大时主轴的线速度不变，利于满足各加工表面粗糙度一致性的要求，从而提高工件表面加工质量。

【格式】 G96 S_

式中　S——主轴线速度，m/min。

【例2】 G96 S150　// 设定主轴线速度恒定，切削速度为 150m/min

（2）主轴恒转速设定指令 G97　采用此功能，可设定主轴转速并取消恒线速控制。华中数控车床系统的默认状态为 G97。如果程序中未用到 G96，则编程时可省略 G97。

【格式】 G97 S_

式中　S——主轴转速，r/min。

【例3】 G97 S300　// 取消恒线速设定功能，主轴恒转速为 300r/min

4. 进给速度功能设定指令

华中数控系统的默认状态为 G94（每分钟进给量），如果程序中未用到 G95（每转进给量），则编程时可省略 G94。

【格式】 G94 // 该指令后的进给量单位为 mm/min

　　　　 G95 // 该指令后的进给量单位为 mm/r

七、直线插补指令 G01 与快速定位指令 G00

引导问题 9：数控车削中，车刀快速空运行与直线切削是同一个指令吗？＿＿＿＿＿＿

相关知识点

1. 直线插补指令 G01

【功能】 使刀具以给定的进给速度，从所在点出发沿直线以进给速度移动到终点。G01是模态代码，可由同组的 G00、G02、G03 代码注销。

【格式】 G01 X/U_ Z/W_ F_

式中   X、Z——绝对坐标方式编程时的终点坐标；

U、W——增量坐标方式编程时的终点坐标；

F——进给速度（加工时可通过机床操作面板上的进给修调旋钮进行调整）。

（1）直线插补与非直线插补 宏观上看，直线插补是刀具由起点沿着一直线移动到终点。而非直线插补刀具分别对各轴定位，刀具由起点到终点的路径一般不是直线。如图 2.1.19 所示。

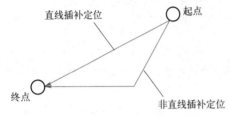

图 2.1.19 直线插补与非直线插补的区别

（2）绝对坐标方式编程与增量坐标方式编程 也称为绝对值编程方式和增量值编程方式。绝对坐标方式编程是以坐标值指定刀具的位置。增量坐标方式编程是指以刀具由上一位置到下一位置沿 X、Z 轴移动的有向距离指定刀具的位置。

【格式】 G90 // 绝对坐标方式。各程序段的 X、Z 值均表示绝对坐标值。

【格式】 G91 // 增量坐标方式。各程序段的 X、Z 值均表示为 X 轴、Z 轴的增量值，直至遇到 G90。

【格式】 U_ W_ // 增量坐标方式。在 G90 模式下，用 U、W 表示 X 轴、Z 轴的增量值。

华中数控系统默认状态为 G90。数控车削使用增量坐标方式编程时，普遍采用 U、W方式，较少采用 G91 指令。

例如，车削如图 2.1.20 所示的圆柱面，刀具从 A 点切削到 B 点，G01 需给出终点 B 的坐标值。由于起点 A 与终点 B 的 X 坐标相同，因此，程序段中只需给出 B 点的 Z 坐标值。程序段的坐标值表达方式有以下几种。

绝对坐标方式编程：G01 Z-80 F100

增量坐标方式编程：G01 W-80 F100

车削圆锥面时，需要在 G01 程序段中给出终点的 X 坐标值和 Z 坐标值。如车削如图 2.1.21 所示的外圆锥面，刀具从 A 点移动到 B 点，程序段的坐标值表达方式有以下几种。

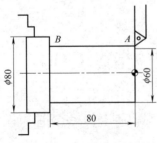

图 2.1.20 G01 指令车外圆柱

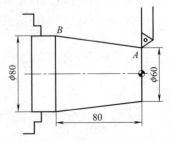

图 2.1.21 G01 指令车外圆锥

绝对坐标方式编程：G01 X80 Z-80 F100

增量坐标方式编程：G01 U20 W-80 F100

混合坐标方式编程：G01 X80 W-80 F100 或 G01 U20 Z-80 F100

（3）G01 的倒角、倒圆功能 华中数控系统的 G01 指令，可以在两相邻直线程序段之间插入 45°圆角或 45°直线倒角。

【格式】 G01 X_ Z_ C/R_ F_

式中 X、Z——假想未倒角前两相邻直线交点的坐标值，如图 2.1.22 中的 G 点；

C——倒斜角的距离；

R——倒角圆弧的半径。

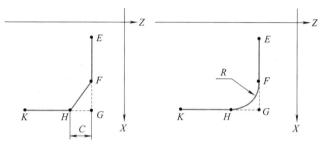

图 2.1.22 G01 倒角、倒圆功能示意图

2. 快速定位指令 G00

【功能】 使刀具以点位控制方式，从刀具所在点快速移动到终点。G00 是模态代码，可由同组的 G01、G02、G03 代码注销。

【格式】 G00 X/U_ Z/W_

式中 X、Z——绝对坐标方式编程时的终点坐标；

U、W——增量坐标方式编程时的终点坐标。

（1）G00 的运动轨迹 G00 是非插补指令，执行 G00 时各坐标轴独立运动。在图 2.1.23 中，从 A 点到 B 点的路径可能走直线 $A \rightarrow B$，也可能走折线 $A \rightarrow C \rightarrow B$ 或 $A \rightarrow D \rightarrow B$，具体路线取决于各坐标轴的脉冲当量。因此，从安全角度出发，使用 G00 指令最好沿单个坐标轴方向编程，以保证其有确定的运动方向。

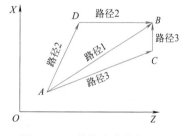

图 2.1.23 数控车床执行 G00 时可能的运动轨迹

（2）G00 的运动速度 由系统设定，加工时可通过机床操作面板上的快速修调旋钮进行调整。

（3）G00 的应用 G00 一般用于加工前快速定位和加工后的快速退刀。例如，精车如图 2.1.20 所示工件的外圆柱面，其完整的数控程序如下。

%2120	// 程序名
T0101 S1200 M03	// 调 1 号刀，建立坐标系；主轴正转，转速 1200r/min
G00 X60	// 快移车刀到 $X60$ 点
Z2	// 快移车刀到（$X60$，$Z2$）点
G01 Z-80 F100	// 车削到 B 点；进给速度 100mm/min
G00 X65	// 快速退刀至（65，-80）点

　　X90 Z50　　　　　　　// 快移车刀到（90，50）点
　　M30　　　　　　　　 // 程序结束

八、单一固定循环指令 G80 与 G81

引导问题 10：若图 2.1.20 所示零件的毛坯直径为 ϕ 80mm，粗车背吃刀量为 1.5mm，精车余量为 0.3mm。粗车需要分层多次走刀加工，如何简化粗车程序？

相关知识点

　　零件的车削加工一般分为粗车、半精车和精车三个阶段。其中，粗车阶段需要经多刀切除大量材料，且基本为重复刀路。为此，大多数数控车削系统都设有循环加工指令，以简化粗加工程序。

　　加工单一圆柱面或圆锥面时，可利用华中数控系统提供的两个单一固定循环指令——内（外）径切削循环指令 G80 和端面切削循环指令 G81，简化粗车程序。G80 和 G81 均为模态指令，在后续程序段中遇到 G00 或 G01 时终止执行。

1. 内（外）径切削循环指令 G80

　　【功能】　适用于零件的内（外）圆柱面或圆锥面的切削。通常用 G80 进行简单轴类零件精车前的粗车，以去除大部分的毛坯余量，如图 2.1.24 所示。

　　（1）圆柱面内（外）径切削循环　G80 指令用于圆柱面内（外）径切削循环时格式如下。

　　【格式】　G80 X/U_ Z/W_ F_　　// 刀具轨迹为 $A \to B \to C \to D \to A$

式中　X、Z——绝对坐标方式编程时，切削终点 C 的坐标；

　　　U、W——增量坐标方式编程时，切削终点 C 相对于循环起点 A 的有向距离；

　　　F——切削起点 B 与退刀点 D 之间（2F、3F 段）切削加工的进给速度。

　　G80 指令由 4 个动作组成，按以下顺序执行。

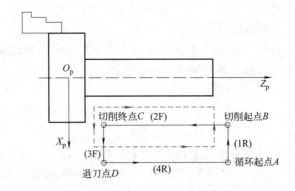

图 2.1.24　G80 用于圆柱面切削示意图

① $A \rightarrow B$：以 G00 速度将刀具快速从循环起点 A 移动到切削起点 B。

② $B \rightarrow C$：在切削方式下，以程序段中所给的 F 速度从切削起点 B 加工至切削终点 C。

③ $C \rightarrow D$：在切削方式下，以程序段中所给的 F 速度从切削终点 C 移动至退刀点 D。

④ $D \rightarrow A$：以 G00 速度将刀具快速从退刀点 D 移动到循环起点 A。

以上动作使刀具从循环起点 A 走矩形轨迹再回到 A 点，完成圆柱面的一次车削。以此类推，最终完成圆柱面车削。

【例 4】 采用 G80 指令编写如图 2.1.25 所示零件的车削程序。

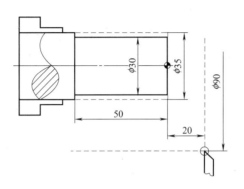

图 2.1.25 例 4 零件图

① 确定切削深度、循环次数。

粗车时单边切削深度取 2mm，则粗车一次走刀后直径为 $\phi31$mm。单边余量为 0.5mm，可一次精车完成。按以上分析，采用两次循环即可完成外圆柱面的车削。

② 具体的加工程序如下。

%2125	// 程序名
T0101 S1000 M03	// 调用 1 号刀，建立坐标系；主轴正转、转速为 1000r/min
G00 X90 Z20	// 车刀快移至起刀点
G00 X38	// 沿 X 轴快速进刀 X38
Z2	// 沿 X 轴快速进刀至循环起点（38，2）
G80 X31 Z-50 F100	// 第一次车削循环完成（车削终点坐标 X31，Z-50），车刀回到循环起点
X30 Z-50	// 第二次车削循环完成（车削终点坐标 X30，Z-50），车刀回到循环起点
G00 X90	// 沿 X 轴快速退刀
Z20	// 沿 Z 轴快速退刀
M30	// 程序结束

（2）圆锥面切削循环 G80 用于圆锥面切削循环时格式如下。

【格式】 G80 X/U_ Z/W_ I_ F_ // 刀具轨迹为 $A \rightarrow B \rightarrow C \rightarrow D \rightarrow A$

式中 X、Z，U、W——与圆柱面切削的含义相同；

I——切削起点 B 与切削终点 C 的半径差（图 2.1.26），即 $R_B - R_C$；

F——进给速度，mm/min。

圆锥面内（外）径切削循环的刀具路径由 4 个动作组成，第一个动作中需要考虑锥度的起点位置；第二个动作中刀具轨迹为斜线。之后的动作与圆柱面内（外）径切削循环的动作相同。

【例 5】 采用 G80 指令编写如图 2.1.27 所示零件的粗车、精车程序。

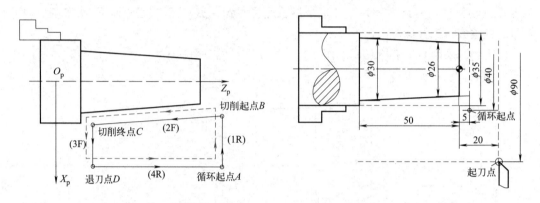

图 2.1.26　G80 用于圆锥面切削示意图　　　　图 2.1.27　例 5 零件图

%2127	// 程序名
T0202 M03 S800	// 调用 2 号刀，建立工件坐标系；主轴正转，转速为 800r/min
G00 X90 Z20	// 快移至起刀点
X40 Z5	// 快移到循环起点
G80 X31 Z-50 I-2.2 F100	// 粗车圆锥面，进给速度为 100mm/min，完成第一次车削循环，车刀至循环起点
X30 Z-50 I-2.2 F80	// 精车圆锥面，进给速度为 80mm/min，完成第二次车削循环，车刀至循环起点
G00 X90	// 径向退刀
Z20	// 轴向退刀
M05	// 主轴停转
M30	// 程序结束

2. 端面切削循环指令 G81

G81 指令可进行圆柱端面切削和圆锥端面切削。

（1）圆柱端面切削循环　G81 指令用于圆柱端面切削循环时格式如下。

【格式】 G81 X/U_ Z/W_ F_　　// 刀具轨迹为 $A \rightarrow B \rightarrow C \rightarrow D \rightarrow A$

式中　X、Z——绝对坐标方式编程时，为切削终点 C 的坐标（见图 2.1.28，以下同此图）；

U、W——增量坐标方式编程时，为切削终点 C 相对于循环起点 A 的有向距离；

F——切削起点 B 与退刀点 D 之间两段切削加工的进给速度，mm/min。

G81 指令由 4 个动作组成，按以下顺序执行。

① $A \rightarrow B$：以 G00 速度将刀具从循环起点 A 快移到切削起点 B；

② $B \rightarrow C$：在切削方式下，以程序段中所给的 F 速度从切削起点 B 加工至切削终点 C；

③ $C \rightarrow D$：在切削方式下，以程序段中所给的 F 速度从切削终点 C 移动至退刀点 D；

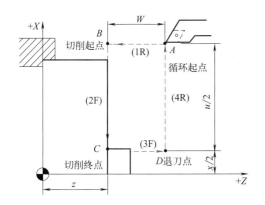

图 2.1.28　G81 用于圆柱端面切削循环

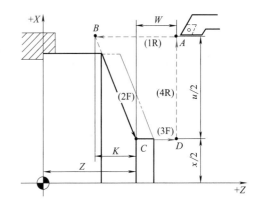

图 2.1.29　G81 用于圆锥端面切削循环

④ $D \rightarrow A$：以 G00 速度将刀具从退刀点 D 快移到循环起点 A。

以上动作使刀具从循环起点 A 走矩形轨迹再回到 A 点，完成端面的一次车削循环。以此类推，最终完成端面车削。

（2）圆锥端面切削　G81 指令用于圆锥端面切削时格式如下。

【格式】　G81 X/U_ Z/W_ K_ F_

式中　K——为切削起点 B 相对于切削终点 C 的 Z 向有向距离（图 2.1.29），即 $K = Z_B - Z_C$。

其他参数同圆柱端面。

【例 6】　用 G81 指令编程加工如图 2.1.30 所示工件，图中双点画线代表毛坯轮廓。

本例中零件需要车削的部位为右端的圆柱面和圆锥面，由于 Z 向距离较短，宜采用端面循环指令 G81 进行编程。

① 确定循环次数。每次走刀的背吃刀量取 2mm，则循环次数为 8/2=4（次）。

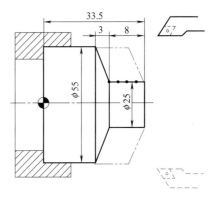

图 2.1.30　例 6 零件图

② 确定 K 值。循环起点取（58，45），经计算可得 K 值为 -3.3mm。

③ 编写切削加工程序。

%2130	//程序名
N1 T0101	//设立坐标系，调用 1 号刀
N2 G00 X58 Z45	//移到循环起点的位置
N3 M03 S600	//主轴正转，转速为 600r/min
N4 G81 X25 Z31.5 K-3.3 F100	//第一次循环加工，背吃刀量取 2mm，K 值为 -3.3 mm
N5 X25 Z29.5 K-3.3	//第二次循环加工
N6 X25 Z27.5 K-3.3	//第三次循环加工
N7 X25 Z25.5 K-3.3	//第四次循环加工
N8 M05	//主轴停转
N9 M30	//主程序结束并复位

【任务实施】

一、小台阶轴数控加工工艺文件的制定

1. 小台阶轴数控加工工艺分析及工艺路线

小台阶轴由外圆柱面和圆锥面构成，总长55mm，毛坯直径φ30mm，属于短轴类零件。零件表面粗糙度为 $Ra3.2\mu m$，无其他特殊技术要求。该件车削加工时，可采用三爪自定心卡盘装夹，端面和外轮廓车削达到图样要求后，使用切断刀在车床上直接切断即可。

根据小台阶轴机械加工工艺过程卡，其数控车削的加工工艺路线为：车端面→粗车外圆各段→精车外圆各段→切断。

2. 选择刀具和切削用量

小台阶轴材料为尼龙棒，切削性能良好，可选用高速钢车刀或YT类硬质合金车刀。为减少换刀次数和空运行时间，同时考虑刀具的刚性，选用一把90°偏头外圆车刀进行端面与外圆的车削。切断时采用宽4mm的切断刀。

小台阶轴毛坯直径为φ30mm，成品最大直径处为φ28mm，最小直径处为φ10mm，若直径方向留精车余量0.4mm，粗车需切除的最大余量（直径量）为17.6mm，需要采用多刀分层粗车。参考表2.1.2、表2.1.3确定小台阶轴粗车、精车时的切削用量，见表2.1.5。

表2.1.5　小台阶轴切削用量

刀具材料	工步	v_c/（m/min）	a_p/mm	f/（mm/r）
硬质合金（YT）	粗车	100	2	0.2
	精车	110	0.2	0.1
	切断	50	10	0.1

3. 小台阶轴数控车削工艺文件的制定

（1）确定主轴转速　根据表2.1.5所示的切削速度，计算出各工步车削最大直径时的主轴转速。

粗车：$n=1000v_c/\pi d=1000\times100/30\pi\approx1061$（r/min）

精车：$n=1000v_c/\pi d=1000\times110/28\pi\approx1251$（r/min）

切断：$n=1000v_c/\pi d=1000\times50/30\pi\approx530$（r/min）

取外圆粗车时的主轴转速为1000r/min，精车时的主轴转速为1200r/min，切断时主轴转速为500r/min。

（2）确定进给速度　粗车：$v_f=fn=0.2\times1000=200$（mm/min）

精车：$v_f=fn=0.1\times1200=120$（mm/min）

切断：$v_f=fn=0.1\times500=50$（mm/min）

（3）计算工件伸出长度　工件粗车、精车的总长应包含零件总长55mm、端面切除量1mm、槽刀宽度4mm。同时考虑到加工的安全性，切断刀与三爪自定心卡盘端面之间预留2mm间隙，工件伸出长度为

$$55+1+4+2=62（mm）$$

即工件至少应伸出卡盘外 62mm。

（4）绘制小台阶轴数车加工走刀路线图　外圆粗车走刀路线与循环起点、终点坐标如图 2.1.31～图 2.1.33 所示；精车外圆沿轮廓走刀一次切出，精车切削路线与基点坐标如图 2.1.34。

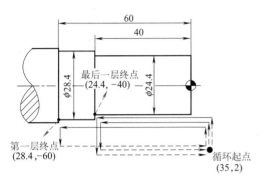

图 2.1.31　G80 粗车外圆走刀路线

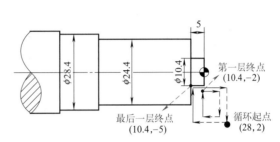

图 2.1.32　G81 粗车端面外圆走刀路线

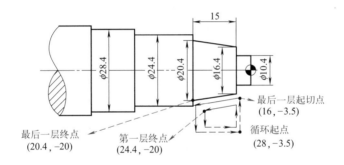

图 2.1.33　G80 粗车外圆锥走刀路线

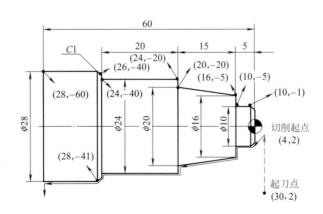

图 2.1.34　小台阶轴精车路线与基点坐标

（5）编写小台阶轴数控加工工艺卡　依据小台阶轴机械加工工艺过程卡和数车工艺路线，编制其数控车削刀具卡（表 2.1.6）、工序卡（表 2.1.7）、程序单（表 2.1.8）。

表 2.1.6　小台阶轴数控工序刀具卡

零件名称	小台阶轴		数控加工刀具卡		工序号		2
工序名称	数车		设备名称	数控车床	设备型号		CAK6140
工步号	刀具号	刀具名称	刀具材料	刀柄型号	刀具		补偿量/mm
					刀尖半径/mm	直径/mm　刀长/mm	
1	T01	90°外圆偏刀	硬质合金	25mm×25mm			
2	T03	4mm 切断刀	硬质合金	25mm×25mm			
编制	***	审核	***	批准	***	共1页	第1页

表 2.1.7　小台阶轴数控工序卡

零件名称	小台阶轴	数控加工工序卡	工序号	2	工序名称	数车	共1页
							第1页
材料	尼龙	毛坯状态	棒料	机床设备	CAK6140	夹具名称	三爪自定心卡盘

工序简图：

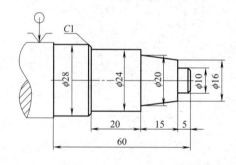

工步号	工步内容	刀具编号	刀具名称	量具名称	主轴转速/(r/min)	进给速度/(mm/min)	背吃刀量/mm
1	手动车端面	T01	外圆刀	游标卡尺	1000	200	1
2	粗车 φ28mm、φ24mm 外圆，留 0.4mm 精车余量	T01	外圆刀	游标卡尺	1000	200	1
3	粗车 φ10mm 外圆，留 0.4mm 精车余量	T01	外圆刀	游标卡尺	1000	200	1
4	粗车圆锥面，留 0.4mm 精车余量	T01	外圆刀	游标卡尺	1000	200	1
5	精车外圆轮廓	T01	外圆刀	游标卡尺	1200	120	0.2
6	切断	T03	切断刀	游标卡尺	500	50	5
编制	***	日期	******	审核	***	日期	******

表 2.1.8　小台阶轴数控工序程序单

数控加工程序单		产品名称	—	零件名称	小台阶轴	共 1 页
		工序号	2	工序名称	数车	第 1 页
序号	程序编号	工序内容	刀具	切削深度（相对最高点）	备注	
1	0001	按工序简图粗车、精车外圆轮廓；切断	T01、T03	15mm	半径量	

装夹示意图：

> 62mm

装夹说明：
毛坯伸出卡盘长度大于 62mm

编程 / 日期	***/******	审核 / 日期	***/******	

二、小台阶轴数控车削程序的编制

依据小台阶轴外圆轮廓的粗车、精车走刀路线图，对照华中数控系统指令代码表，该件车削过程涉及快速定位 G00、直线插补 G01、内外径切削循环 G80、端面切削循环 G81，以及主轴正转 M03、主轴速度 S、进给速度 F 和刀具功能 T 等指令。

实际加工中，右端面一般在对刀时手动车平，还需要考虑换刀点、起刀点、切削起点与终点的位置。从对刀方便与加工安全角度出发，编程原点通常取工件右端面圆心点，换刀点距右端面 80 ～ 200mm，切削起点距离外径 3 ～ 5mm，距离工件端面 1 ～ 2mm，切削终点根据实际切削情况确定。基于以上思考，编制小台阶轴外圆车削工序的加工程序清单见表 2.1.9。

表 2.1.9　小台阶轴数控车削程序清单

程序	程序注解	加工内容与简图

%0001；
T0101 M03 S1000
 	
G00 X35
Z2
G80 X28.4 Z-60 F200
X26 Z-40
X24.4 Z-40
	// 程序名
	// 调 1 号刀，建立工件坐标系；主轴正转，转速为 1000r/min
	// 沿 X 轴快移车刀至 X35
	// 沿 Z 轴快移车刀至循环起点（35，2）
	// 完成第一次车削循环（粗车 ϕ28mm 外圆）
	// 完成第二次车削循环（粗车 ϕ24mm 外圆）
	// 完成第三次车削循环（粗车 ϕ24mm 外圆）
		
		粗车 ϕ28mm、ϕ24mm 外圆

G01 X28 Z2 F400
G81 X10.4 Z-2 F200
X10.4 Z-4
X10.4 Z-5
	// 移刀至端面循环起点（28，2）
	// 完成第一次端面车削循环（粗车 ϕ10mm 外圆）
	// 完成第二次端面车削循环（粗车 ϕ10mm 外圆）
	// 完成第三次端面车削循环（粗车 ϕ10mm 外圆、端面）
		
		粗车 ϕ10mm 外圆

程序	程序注解	加工内容与简图
G01 X28 Z-3.5 F400	// 移刀至圆锥面车削循环起点（28，-3.5）	
G80 X24.4 Z-20 I-2.2 F200	// 完成第一次圆锥面车削循环（粗车外圆锥面）	
X22.4 Z-20 I-2.2	// 完成第二次圆锥面车削循环（粗车外圆锥面）	粗车圆锥面
X20.4 Z-20 I-2.2	// 完成第三次圆锥面车削循环（粗车外圆锥面）	
G01 X30 Z2 F400	// 移刀至（30，2）点，准备精车外轮廓	
S1200	// 主轴转速为 1200r/min	
G00 X4	// 沿 X 轴快移车刀至起切点	
G01 X10 Z-1 F120	// 精车右端 C1mm 倒角	
Z-5	// 精车 φ10mm 外圆	
X16	// 精车台阶面	
X20 W-15	// 精车圆锥面	
X24	// 精车台阶面	
W-20	// 精车 φ24mm 外圆	
X26	// 精车台阶面	
X28 W-1	// 精车 C1mm 倒角	精车外圆轮廓
Z-60	// 精车 φ28mm 外圆	
X30	// 沿 X 轴退刀	
G00 X100	// 沿 X 轴快速退刀	
Z100	// 沿 Z 轴快速退刀至换刀点	
T0303 S500	// 调 3 号切断刀，主轴转速为 500r/min	
G00X35	// 沿 X 轴快速移刀至 X35	
Z-59	// 沿 Z 轴快速移刀至左侧切断点	
G01 X30 F200	// 沿 X 轴进刀	
X20 F50	// 沿 X 轴进刀，切深 5mm	
X30	// 沿 X 轴退刀	
X10	// 沿 X 轴进刀，切深 5mm	
X20	// 沿 X 轴退刀	
X0	// 沿 X 轴进刀，切至 X0	
G00 X35	// 沿 X 轴快速退刀	切断
G00 X100 Z100	// 快移车刀至换刀点	
M30	// 程序结束	

三、小台阶轴的数控车削加工

1. 数控车床基本操作

（1）数控车床操作面板　图 2.1.35 是华中 HNC-8A 系列车床的操作面板，由显示器、NC 键盘和机床控制面板组成。

数控车床安全操作

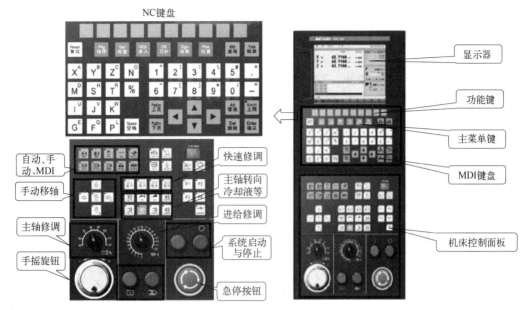

图 2.1.35　HNC-8A 系列车床的操作面板

NC 键盘包括 MDI 键盘、六个主菜单键（程序、设置、MDI、刀补、诊断、位置）和十个功能键，主要用于零件程序的编制、参数输入、MDI 与系统管理操作等。十个功能键与软件菜单的十个菜单按钮一一对应。机床控制面板用于直接控制机床动作或加工过程。图 2.1.36 为 HNC-808/818 数控系统软件的操作界面，由 8 个区域组成。

数控车床
手动操作 1

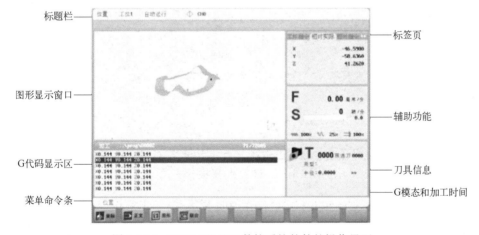

图 2.1.36　HNC-808/818 数控系统软件的操作界面

以上操作面板（界面）上各键或各区域的功能详见机床操作说明书。本书仅列出部分主要功能。

（2）数控车床的开机与关机

步骤 1：检查"急停"按钮是否处于按下状态，如果没有，需先按下"急停"按钮。

步骤 2：打开车床总电源开关。该开关一般在车床侧面或后面。

步骤 3：按"启动"键，数控系统上电，系统进行自检。自检结束后进入待机状态，屏

幕显示 "EMG"。

步骤4：按旋转方向转动并拔起 "急停" 按钮，接通伺服电源。

数控车床关机时，应先按下 "急停" 按钮，然后关闭系统电源，最后关闭车床总电源。

（3）数控车床回参考点操作　对于增量式位置控制的数控车床，开机后所有轴应先回参考点，以建立机床坐标系。

步骤1：按 "回参考点" 键，系统处于 "回零" 方式。

步骤2：按下 "X" 和 "Z" 方向键，使刀架返回参考点。到参考点后，"X" 和 "Z" 按键内的指示灯亮。

对于华中 HNC-8A 系列数控车床，每次电源接通后都必须先完成各轴的返回参考点操作。

数控车床手
动操作2

（4）数控车床的手动操作

① 手动移动坐标轴（刀架）。在 "手动" 模式下，通过机床控制面板上的 "手动移轴" 键移动；也可在 "增量" 模式下，通过手摇旋钮或手持单元移动。各方式下刀架的移动速度分别由 "进给修调""快速修调""增量倍率" 等按键调节。

② 手动数据输入与运行（MDI）。按 "MDI" 键进入 "手动数据输入" 方式（图 2.1.37），可手动输入指令段，输入结束后按下 "输入" 键，再按下 "启动" 键即可运行。需要注意的是：从 MDI 切换到非程序界面时仍处于 MDI 状态。程序自动运行过程中不能进入 MDI 方式，但可在进给保持后进入。MDI 状态下，按 "复位" 键，退出 MDI 程序。

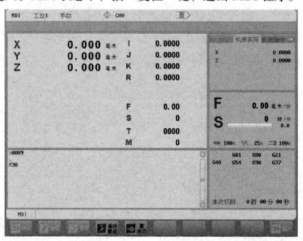

图 2.1.37　进入 MDI 状态显示

其他手动操作方式可查阅相关车床的操作说明书。

2. 数控车床对刀操作

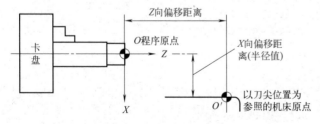

图 2.1.38　程序原点与机床原点关系示意图

零件的编程坐标系原点是程序员在零件图样中选定的，加工时只有将编程坐标系与机床坐标系建立联系后，刀具才能正确执行程序。图 2.1.38 中，O 是程序原点，O' 是机床回零后以刀尖位置为参照的机床原点。

由于刀尖的初始位置（机床原

点）与程序原点存在 X 向偏移距离和 Z 向偏移距离，使得实际的刀尖位置与程序指令的位置有同样的偏移距离。因此，必须将该距离测量出来并设置进数控系统，使系统据此调整刀尖的运动轨迹。数控加工时，程序原点与机床原点之间的偏移一般通过对刀操作来确定。程序原点在机床的位置确定后，实际上也就确定了工件在机床坐标系中的位置。

所谓对刀，其实质就是测量程序原点与机床原点之间的偏移距离，并设置程序原点在以刀尖为参照的机床坐标系中的坐标。简言之，对刀就是通过刀具的刀位点确定工件在机床坐标系中的位置，即确定工件坐标系与机床坐标系之间的关系。

对刀的方法有很多种，按是否采用对刀仪，可分为手动对刀和自动对刀；按是否采用基准刀，可分为绝对对刀和相对对刀等。但是，所有的对刀方法都离不开试切对刀，试切法是最根本的对刀方法。本书主要采用试切法对刀建立工件坐标系。

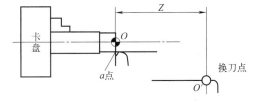

图 2.1.39　试切法对刀示意图

车床的试切法对刀是通过试切，由试切直径和试切长度来计算刀具偏置值，并通过刀具补偿值建立正确的工件坐标系。对刀前，数控车床必须完成回参考点操作。

（1）外圆刀对刀　图 2.1.39 是以工件右端面中心为工件原点，利用刀具补偿功能进行对刀的方法。其操作步骤如下。

①Z 方向对刀。具体步骤如下。

步骤 1：在手动方式下选择程序中所用的刀具。启动主轴，在手摇方式下，用所选刀具切削加工工件端面。

步骤 2：沿 X 轴退刀，此时不能有 Z 方向的移动。

步骤 3：按"刀补"主菜单键，显示窗口（图 2.1.40）将出现刀补数据。

外圆车刀试
切法对刀

图 2.1.40　刀具补偿窗口

步骤 4：用"▲"和"▼"方向键将光标移动到要设置的刀具号（刀偏号）。

步骤 5：按下"试切长度"按键，在 Z 偏置的设置中输入"0"，完成该刀具在 Z 方向的对刀。

②X 向对刀。具体步骤如下。

步骤 1：启动主轴，将工件外圆表面试切一刀，沿 Z 向退刀，保持刀具在 X 向的位置不变，主轴停转。

步骤 2：测量工件试切后的直径。

步骤 3：重复 Z 向对刀中的步骤 3、4。

步骤 4：按下"试切直径"按键，输入测量的试切直径值，完成该刀具在 X 方向的对刀。

若加工时需用多把刀具，则在第一把刀对好后，刀架回换刀点位选择其他刀具号，手动换刀。重复上述步骤，即可完成其他刀具的对刀。

以上对刀方法实质上是把工件坐标系零点建立在试切端面的中心处。

（2）切槽刀试切法对刀　图 2.1.41 所示的切槽刀有左、右两个刀尖点，数控加工时均可作为刀位点进行编程。依据加工习惯，一般选择左侧刀尖点为编程刀位点。采用试切法对刀时，切槽刀 X 偏值的设置方法与外圆刀相同。设置 Z 偏值时，需用左侧刀尖车削工件端面，然后在"刀补"界面的"试切长度"中输入"0"。

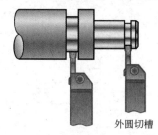
图 2.1.41　切槽刀工作示意图

数控车床多把刀
试切法对刀

对刀后，执行程序每调用一把刀具，就相当于重新设定一个以此刀具刀位点建立的坐标系。例如，在数控车削程序中执行"T0101"指令，也就是建立了以 T01 号刀位点为原点的工件坐标系，直到被下一次调用的刀具所建的坐标系取代。目前，数控车床工件坐标系大多采用此方法建立。

3. 程序校验

运行程序加工工件之前，应检查所编程序是否正确。对有图像模拟功能的数控机床，可进行图形模拟加工，检查刀具轨迹是否正确。对无此功能的数控机床，可通过空运转校验和观察坐标轴显示位置变化进行程序测试。进行空运行检查时，移走工件只检查刀具的移动轨迹是否正确。位置显示观察法是在机床锁住，即机床的辅助功能（如主轴旋转、刀具更换、冷却液开 / 关）全部失效的情况下，运行程序，观察显示位置的变化。以上工作由于只能查出刀具运动轨迹的正确性，验不出对刀误差和因某些计算误差引起的加工误差，所以还要进行首件试切。试切后若发现工件不符合要求，可通过修改程序或设置刀具尺寸补偿来保证零件的加工精度。

数控车床运
行控制

4. 小台阶轴的车削加工

（1）安装工件与刀具

① 工件装夹与找正。将棒料毛坯以外圆在三爪自定心卡盘中定位并夹牢，毛坯伸出卡盘不小于 62mm。

② 刀具装夹与找正（注意刀具装夹牢固可靠）。切断刀伸出长度不小于 15mm，但也不宜伸出过长；其中心线应与工件中心线垂直，以保证两个副偏角对称；主刀刃对工件中心的高度控制在（0±0.2）mm 范围内，刀片与工件中心尽量等高。

③ 对刀。先检查各刀号与程序中的刀号名称是否一致，若不一致，根据实际刀号修改程序中的刀号。用试切法先进行外圆刀对刀，再进行切断刀对刀，切断刀的刀位点取左侧刀尖。

（2）车削加工

① 程序输入与校验。建议用 U 盘或在线传输方式输入程序，首件试切时需通过刀路轨迹校验和空运行对程序进行校验。

② 自动加工。加工时必须遵守车间的安全规程，按数控车床的操作规程要求完成工作。

【**实战演练**】

加工 2 件如图 2.1.42 所示的锥头小轴，要求按照所给的加工工艺过程卡（表 2.1.10）编写数车工序的刀具卡、工序卡、程序单和数控加工程序，并操作数控车床加工出成品。实训上交成果如下。

① 刀具卡、工序卡、程序单。

② 锥头小轴完整的数控车削程序。

③ 数车后的锥头小轴成品。

④ 零件自检表。

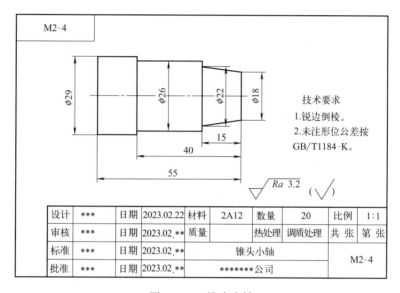

图 2.1.42 锥头小轴

表 2.1.10 锥头小轴机械加工工艺卡

工序号	工序名称	工序内容	设备
10	备料	ϕ30mm 铝棒料	
20	数车	车一端面见平；粗车、精车外轮廓到尺寸；切断	CAK6140
30	检查	按图样要求检查	

班级：		姓名：		学号：				
零件名称	锥头小轴		数控加工刀具卡		工序号		20	
工序名称		数车	设备名称		设备型号			
工步号	刀具号	刀具名称	刀具材料	刀柄型号	刀具			补偿量/mm
					刀尖半径/mm	直径/mm	刀长/mm	
编制		审核		批准		共 页	第 页	

班级：　　　　　　　　姓名：　　　　　　　　　　学号：

零件名称	锥头小轴	数控加工工序卡	工序号	20	工序名称	数车	共　页
							第　页
材料		毛坯状态		机床设备		夹具名称	

工序简图：

工步号	工步内容	刀具编号	刀具名称	量具名称	主轴转速/（r/min）	进给速度/（mm/min）	背吃刀量/mm

编制		日期		审核		日期	

班级：　　　　　　　　姓名：　　　　　　　　　　学号：

数控加工程序单	产品名称		零件名称	锥头小轴	共　页
	工序号	20	工序名称	数车	第　页

序号	程序编号	工序内容	刀具	切削深度（相对最高点）	备注

装夹示意图：　　　　　　　　　　　　　　　　装夹说明：

编程／日期		审核／日期	

班级：		姓名：			学号：		
数控加工程序清单	产品名称			零件名称	锥头小轴	共 页	
	工序号	20		工序名称	数车	第 页	
程序内容					说明		

数控车削加工零件自检表

班级：			姓名：				学号：	
零件名称		锥头小轴			允许读数误差		±0.007mm	
序号	项目	尺寸要求	使用的量具	测量结果				项目判定
				NO.1	NO.2	NO.3	平均值	
1	外径	$\phi 26$mm						合 否
2	外径	$\phi 29$mm						合 否
3	长度	55mm						合 否
结论（对上述三个测量尺寸进行评价）				合格品　　　次品　　　废品				
处理意见								

【评价反馈】

零件名称			锥头小轴				
班级：			姓名：			学号：	

机械加工工艺过程考核评分表

序号	总配分 / 分	考核内容与要求		完成情况	配分 / 分	得分 / 分	评分标准
1	6	数控加工工序卡	表头信息	□正确 □不正确或不完整	1		1. 工序卡表头信息，1分。根据填写状况分别评分为1分、0.5分和0分
			工步编制	□完整 □缺工步__个	2.5		2. 根据机械加工工艺过程卡编制工序卡工步，缺一个工步扣0.5分，共2.5分
			工步参数	□合理 □不合理__项	2.5		3. 工序卡工步切削参数合理，一项不合理扣0.5分，共2.5分
			小计得分 / 分				
2	3	数控加工刀具卡	表头信息	□正确 □不正确或不完整	0.5		1. 数控加工刀具卡表头信息，0.5分
			刀具参数	□合理 □不合理__项	2.5		2. 每个工步刀具参数合理，一项不合理扣0.5分，共2.5分
			小计得分 / 分				
3	6	数控加工程序单	表头信息	□正确 □不正确或不完整	0.5		1. 数控加工程序单表头信息，0.5分
			程序内容	□合理 □不合理__项	3		2. 每个程序对应的内容正确，一项不合理扣0.5分，共2分
			装夹图示	□正确 □未完成	2.5		3. 装夹示意图与安装说明，0.5分
			小计得分 / 分				
4	35	数控加工程序	与工序卡、刀具卡、程序单的对应度	□合理 □不合理__项			1. 刀具、切削参数、程序内容等对应的内容正确，一项不合理扣2分，共10分，扣完为止
			指令应用	□正确 □不正确或不完整			2. 指令格式正确与否。共25分，每错一类指令按平均分扣除
			小计得分 / 分				
总配分数 / 分		50		合计得分 / 分			

零件名称	锥头小轴		
班级：	姓名：	学号：	

自检记录评分表

序号	测量项目	配分 / 分	评分标准	自检与检测对比	得分 / 分
1	尺寸测量	3	每错一处扣 0.5 分，扣完为止	□正确　错误__处	
2	项目判定	0.6	全部正确得分	□正确　□错误	
3	结论判定	0.6	判断正确得分	□正确　□错误	
4	处理意见	0.8	处理正确得分	□正确　□错误	
总配分数 / 分		5	合计得分 / 分		

数控车削加工零件完整度评分表

班级：	姓名：	学号：	

零件名称	锥头小轴		零件编号	

评价项目	考核内容	配分 / 分	评分标准	检测结果	得分 / 分	备注
锥头小轴加工特征完整度	外圆锥大径 φ22mm	2	未完成不得分	□完成 □未完成		
	外圆 φ26mm	2	未完成不得分	□完成 □未完成		
	外圆 φ29mm	2	未完成不得分	□完成 □未完成		
	外圆锥	4	未完成不得分	□完成 □未完成		
	小计 / 分	10				
总配分 / 分		10	总得分 / 分			

数控车削加工零件评分表

班级：	姓名：	学号：	

零件名称	锥头小轴		零件编号	

检测评分记录（由检测员填写）

序号	配分 / 分	尺寸类型	公称尺寸 /mm	上偏差 /mm	下偏差 /mm	上极限尺寸 /mm	下极限尺寸 /mm	实际尺寸 /mm	得分 / 分	评分标准
A—主要尺寸（共 15 分）										
1	2	ϕ	22	0.1	-0.1	22.1	21.9			超差全扣
2	3	ϕ	26	0.1	-0.1	26.1	25.9			超差全扣
3	3	ϕ	29	0.1	-0.1	29.1	28.9			超差全扣
4	2	L	15	0.1	-0.1	63.1	62.9			超差全扣
5	2	L	40	0.1	-0.1	40.1	39.9			超差全扣
6	3	L	55	0.1	-0.1	55.1	54.9			超差全扣
B—形位公差（共 6 分）										
7	6	同轴度 /mm	0.05	0	0.00	0.02	0.00			超差全扣
C—表面粗糙度（共 4 分）										
8	4	表面质量 /μm	Ra3.2	0	0	1.6	0			超差全扣
总配分数 / 分		25	合计得分 / 分							

检查员签字：	教师签字：

数控车削加工素质评分表

零件名称			锥头小轴			
序号	配分/分	考核内容与要求	完成情况	得分/分	评分标准	
职业素养与操作规范						
1	2	按正确的顺序开关机床并作检查，关机时车床刀架停放正确的位置，1分	□正确 □错误		完成并正确	
2		检查与保养机床润滑系统，0.5分	□完成 □未完成		完成并正确	
3		正确操作机床与排除机床软故障（机床超程、程序传输、正确启动主轴等），0.5分	□正确 □错误		完成并正确	
4	3	正确使用三爪自定心卡盘扳手、加力杆安装车床工件，0.5分	□正确 □错误		完成并正确	
5		正确安装和校准卡盘等夹具，0.5分	□正确 □错误		完成并正确	
6		正确安装车床刀具，刀具伸出长度合理，校准中心高，禁止使用加力杆，1分	□正确 □错误		完成并正确	
7		正确使用量具、检具进行零件精度测量，1分	□正确 □错误		完成并正确	
8	5	按要求穿戴安全防护用品（工作服、防砸鞋、护目镜等），1分	□符合 □不符合		完成并正确	
9		完成加工之后，及时清扫数控车床及其周边，1.5分	□完成 □未完成		完成并正确	
10		工具、量具、刀具按规定位置正确摆放，1.5分	□完成 □未完成		完成并正确	
11		完成加工之后，及时清除数控机床和计算机中自编程序与数据，1分	□完成 □未完成		完成并正确	
配分数/分		10	小计得分/分			
安全生产与文明生产（此项为扣分，扣完10分为止）						
1	扣分	机床加工过程中工件掉落，2分	工件掉落___次		扣完10分为止	
2	扣分	加工中不关闭安全门，1分	未关安全门___次		扣完10分为止	
3	扣分	刀具非正常损坏，每次1分	刀具损坏___把		扣完10分为止	
4	扣分	发生轻微机床碰撞事故，6分	碰撞事故___次		扣完10分为止	
5	扣分	发生重大事故（人身和设备安全事故等）、严重违反工艺原则和情节严重的野蛮操作、违反车间规定等行为			立即退出加工，取消全部成绩	
小计扣分/分						
总配分数/分		10	合计得分/分		得分－扣分	

任务二

球头台阶轴的数控车削编程与加工

【任务导入】

图 2.2.1 为球头台阶轴零件图，生产 4 件，机械加工工艺过程卡见表 2.2.1。要求规划数控车削工序的加工工艺方案、确定工艺参数、编写数控加工程序。熟练操控数控车床，按工序要求完成零件的加工和检测。

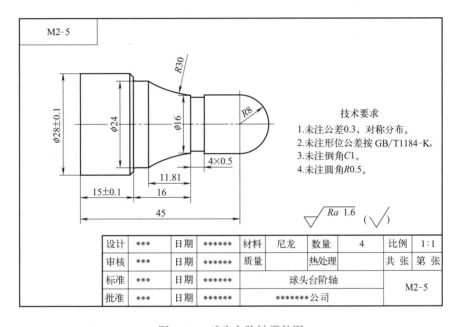

图 2.2.1　球头台阶轴零件图

表 2.2.1　球头台阶轴机械加工工艺过程卡

零件名称		球头台阶轴	机械加工工艺过程卡		毛坯种类	棒料	共 1 页
					材料	尼龙	第 1 页
工序号	工序名称	工序内容			设备	工艺装备	
1	备料	ϕ30mm 尼龙棒料			锯床		
2	数车	按图加工轮廓、车槽，切断			CAK6140	三爪自定心卡盘	
3	检查	按图样要求检查					
编制	***	日期	******	审核	***	日期	******

工具 / 设备 / 材料

1. 设备：数控车床 CA6140。
2. 刀具：90° 偏头刀（R0.2）、3mm 切断刀。
3. 量具：游标卡尺、外卡钳。
4 工具：卡盘扳手、刀架扳手。
5. 材料：ϕ30mm 尼龙棒料。

任务要求

1. 编写球头台阶轴的工序卡、刀具卡、程序单。
2. 编制球头台阶轴的数控车削加工程序。
3. 完成球头台阶轴的数控车削加工。

 【工作准备】

一、圆弧插补指令 G02 与 G03

引导问题 1：精车如图 2.2.2 所示零件的球头部分，使用什么编程指令？＿＿＿＿

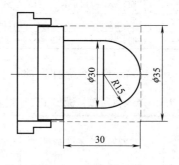

图 2.2.2　球头件零件图

 相关知识点

　　圆弧插补指令是使刀具以所给的进给速度从圆弧起点沿圆弧移动到圆弧终点。顺时针圆弧插补指令为 G02，逆时针圆弧插补指令为 G03。数控车床 G02 与 G03 指令的判断方法如图 2.2.3 所示。以 ZX 平面内的圆弧为例，面对第三轴（Y 轴）正方向观察，若刀具在平面内顺时针移动即采用 G02 指令，反之采用 G03 指令。对于零件上的同一段圆弧，无论采用前置刀架加工还是后置刀架加工，其圆弧方向是一致的。

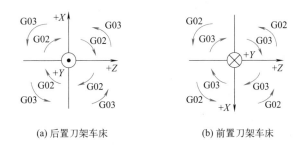

(a) 后置刀架车床　　　　　　　　(b) 前置刀架车床

图 2.2.3　G02、G03 方向判断示意图

【格式 1 】　G02/G03　X/U_ Z/W_ I_ K_ F_

【格式 2 】　G02/G03　X/U_ Z/W_ R_ F_

式中　X、Z——圆弧终点坐标；

　　　U、W——圆弧终点相对于圆弧起点的有向距离；

　　　　　F——被编程的两个轴的合成进给速度；

　　I、K——用于指定圆弧中心的位置（是圆心相对于圆弧起点的位置，其值等于圆心的坐标减去圆弧起点的坐标，具体表示方法如图 2.2.4 所示）；

　　　　R——圆弧半径（对于中心角小于或等于 180° 的圆弧，半径用正值表示；对于中心角大于 180° 的圆弧，半径用负值表示，如图 2.2.5 所示）；

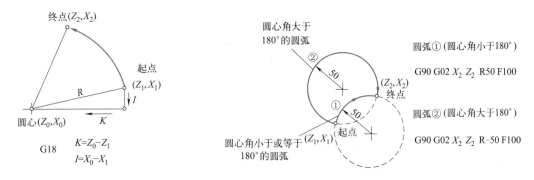

图 2.2.4　I、K 值计算方法　　　　　　　图 2.2.5　圆弧半径表示方法

　　如果在非整圆圆弧插补指令中同时指定 I、K 和 R，则以 R 指定的圆弧有效。整圆的插补加工须采用 I、K 方式，或使用 R 分段编程。

　　【例 1 】　图 2.2.2 所示球头件已完成前期的粗车加工，需编制精车外形的数控车削加工程序。

　　解：编程原点设在右端圆弧顶点，起点坐标如图 2.2.6 所示。为方便比较，本例采用绝对坐标和增量坐标两种方式编程，见表 2.2.2。

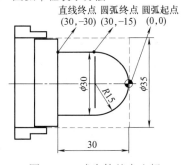

图 2.2.6　球头件基点坐标

表 2.2.2　两种编程方式

绝对坐标编程方式	增量坐标编程方式
%2206	%2206
N1 T0101 // 调 1 号刀，建立工件坐标系	N1 T0101
N2 M03 S800	N2 M03 S800
N3 G00 X40 Z3	N3 G00 X40 Z3
N4 X0	N4 X0
N5 G01 Z0 F200 // 进刀至圆弧起点	N5 G01 W-3 F200 // 进刀至圆弧起点
N6 G03 X30 Z-15 R15 // 车削圆弧至圆弧终点 （或 N6 G03 X30 Z-15 I0 K-15）	N6 G03 U30 W-15 R15 // 车削圆弧至圆弧终点 （或 N6 G03 U30 W-15 I0 K-15）
N7 G01 Z-30 // 车削圆柱面至终点	N7 G01 W-15// 车削圆柱面至终点
N8 X36	N8 X36
N9 G00 X90 Z20	N9 G00 X90 Z20
N10 M05	N10 M05
N11 M30	N11 M30

二、刀尖圆弧半径补偿指令 G41 与 G42

引导问题 2：使用如图 2.2.7 所示的圆弧车刀精车如图 2.2.6 所示的球头台阶轴，以何处作为刀位点编程？

图 2.2.7　圆弧车刀

相关知识点

数控程序一般针对刀位点按工件轮廓尺寸编制，车刀的刀位点是刀尖或刀尖圆弧中心。采用圆弧刀具车削时，为确保工件轮廓形状，加工时不允许刀尖圆弧的圆心运动轨迹与被加工工件轮廓重合，两者之间存在一个偏移量（即刀具半径）。在车削圆锥面、圆弧面或倒角时，会因刀尖圆弧半径而产生过切或少切的问题，如图 2.2.8 所示。这种加工误差可用刀尖圆弧半径补偿功能来消除，编程时只要按工件轮廓进行编程，再通过系统补偿一个刀尖圆弧半径即可。

1. 假想刀尖与刀尖圆弧半径

理想状态下，将尖形车刀的刀位点假想成一个点，该点即为假想刀尖，如图 2.2.9（a）中的 A 点，对刀时也是以假想的刀尖对刀。实际加工中的车刀，由于工艺或其他要求，刀尖往往不是一个理想的点，而是一段圆弧，如图 2.2.9（b）中的 *BC* 圆弧。

所谓刀尖圆弧半径是指由车刀刀尖圆弧构成的假想圆半径，如图 2.2.9（b）中的 *r*。实际加工中，所有车刀均有大小不等或近似的刀尖圆弧，假想刀尖在实际加工中是不存在的。

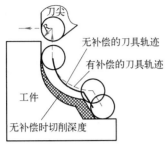

图 2.2.8 圆弧车刀切削

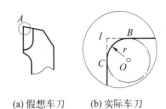

(a) 假想车刀 (b) 实际车刀

图 2.2.9 假想刀尖和刀尖圆弧半径

2. 刀尖圆弧半径补偿方向

刀尖圆弧半径补偿分为左补偿和右补偿。具体判别方法是：面对第三轴（*ZX* 平面内的第三轴为 *Y* 轴）的正方向，沿着刀具移动的方向看，若刀具处在工件加工轮廓的左侧，称为刀尖圆弧半径左补偿，其代码为 G41；若刀具处在工件加工轮廓的右侧，称为刀尖圆弧半径右补偿，其代码为 G42。图 2.2.10（a）、（b）分别是后置刀架数控车床和前置刀架数控车床的刀尖圆弧半径补偿方向判别方法。从图中可以看出，实际编程时无须考虑刀架位置。

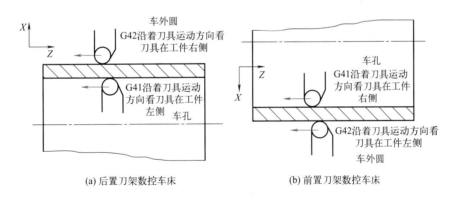

(a) 后置刀架数控车床 (b) 前置刀架数控车床

图 2.2.10 刀尖圆弧半径补偿方向的判别

3. 刀尖圆弧半径补偿指令格式

【格式】 G41 G01/G00 X_ Z_ //刀尖圆弧半径左补偿
G42 G01/G00 X_ Z_ //刀尖圆弧半径右补偿
G40 G01/G00 X_ Z_ //取消刀尖圆弧半径补偿

（1）刀尖圆弧半径补偿的过程

① 刀补建立。刀具从起刀点接近工件，车刀圆弧刃的圆心从与编程轨迹重合过渡到与编程轨迹偏离一个偏置量。该过程必须与 G00 或 G01 功能在一起才能实现。图 2.2.11 中的起刀程路线为 *A* → *B*，其程序段为 G00 G42 X0 Z0。

② 刀补进行。在 G41 或 G42 程序段后，程序进入补偿模式，此时车刀圆弧刃的圆心与

编程轨迹始终相距一个偏置量，直到刀补取消。图 2.2.11 所示的 $B \rightarrow C \rightarrow D \rightarrow E$ 为刀补进行阶段。

③ 刀补取消。执行 G40 后，刀具离开工件，车刀圆弧刃的圆心轨迹过渡到与编程轨迹重合的过程称为刀补取消。图 2.2.11 的刀补取消段为 $E \rightarrow F$，其程序段为 G00 G40 X85 Z10。

（2）刀具半径补偿时的注意事项

① G40 必须与 G41 或 G42 成对使用，并且 G40、G41、G42 都是模态代码，可相互注销。

② 刀具半径补偿模式的建立与取消程序段只能在 G00 或 G01 移动指令模式下才生效。不得使用 G02 或 G03。

③ 数控车削的 G41、G42 指令不带参数，其补偿值由 T 指令指定。该刀尖圆弧半径补偿号与刀具偏置补偿号对应。

④ 为了防止在刀具半径补偿建立与取消过程中刀具产生过切现象，在建立与取消补偿时，程序段的起始位置与终点位置最好在补偿方向的同一侧。

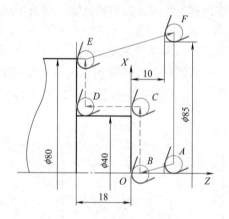

图 2.2.11　刀尖圆弧半径补偿

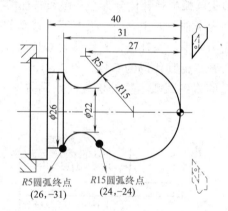

图 2.2.12　球柄零件图

【例 2】 采用圆弧车刀精车如图 2.2.12 所示球柄零件，编写其加工程序。

解：坐标原点取零件最右端，基点坐标见零件图。加工程序如下。

%2212	// 程序名
N1 T0101	// 调 1 号刀，建立坐标系
N2 M03 S1000	// 主轴以 1000r/min 正转
N3 G00 X40 Z5	// 车刀快移到起点
N4 G42 X0	// 车刀快移到轴线并加入刀尖圆弧半径右补偿
N5 G01 Z0 F100	// 轴向进刀到原点，进给速度为 100mm/min
N6 G03 U24 W-24 R15	// 车削 R15mm 圆弧段
N7 G02 X26 Z-31 R5	// 车削 R5mm 圆弧段
N8 G01 Z-40	// 车削 ϕ26mm 外圆
N9 G00 X32	// 径向退刀
N10 G40 X40 Z5	// 取消半径补偿，返回起点
N11 M30	// 主轴停转，主程序结束并复位

三、复合循环指令 G71 ～ G73

引导问题 3：粗车如图 2.2.12 所示球柄零件，可以用 G80 或 G81 指令简化编程吗？ _____

_____

相关知识点

对于具有圆弧、圆锥面等复杂结构的零件，宜使用复合循环指令进行粗车加工。该类指令实质上是用精加工的轮廓数据描述粗加工的刀具轨迹。运用复合循环指令时，只需指定精车路线和粗车的吃刀量，系统会自动计算粗车路线和走刀次数，可大大简化编程。华中 HNC-8A 系列数控车床提供有内（外）径粗车复合循环指令 G71、端面粗车复合循环指令 G72 和封闭轮廓复合循环指令 G73 三个指令。

1. 内（外）径粗车复合循环指令 G71

G71 适用于内、外圆柱面需多次走刀才能完成的粗加工，切削方向平行于 Z 轴。根据加工件轮廓特点，又分为无凹槽内（外）径粗车复合循环和有凹槽内（外）径粗车复合循环两种。

（1）无凹槽内（外）径粗车复合循环　G71 指令用于无凹槽内（外）径粗车复合循环时格式如下。

【格式】　G71 U（Δd）、R（r）_P（ns）_Q（nf）_X（Δx）_Z（Δz）_F（f）_S（s）_T（t）_

式中　Δd——背吃刀量（半径值），指定时不加符号，方向由矢量 AA' 决定（图 2.2.13）；

　　　r——每次退刀量（半径值），指定时不加符号；

　　　ns——精加工路线开始程序段的顺序号（图中径向进刀的 AA' 段）；

　　　nf——精加工路线最后程序段的顺序号（图中径向退刀的 B 段）；

　　　Δx——X 方向精加工余量（直径量），外径车削时取"+"，内径车削时取"-"；

　　　Δz——Z 方向精加工余量；

f、s、t——粗加工的进给量、主轴转速和刀具号。

执行 G71 指令粗车外圆时，车刀沿 X 轴切入，分层沿 Z 轴方向进给，进行粗车循环加工。粗车路线按精加工路线 $A \rightarrow A' \rightarrow B$ 的轨迹分层循序执行（图 2.2.13）。

说明：

① G71 指令必须带有 P、Q 地址，否则不能进行循环加工。

② 地址 P 指定的程序段应有且只能有 G00 或 G01 指令的 X 方向移动，进行由 A

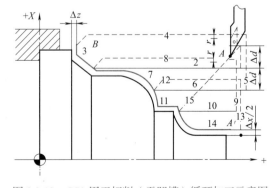

图 2.2.13　G71 用于切削（无凹槽）循环加工示意图

到 *A'* 的动作。

③ 由 P、Q 指定顺序号的程序段之间，不能包含子程序相关指令。

④ 执行完 G71 程序段（即粗车循环完成后），程序自动顺次向下执行各程序段。

⑤ 车削外径时，不可以加工比循环起点高的位置；车削内径时，不可以加工比循环起点低的位置。

【例3】　图 2.2.14 所示零件的毛坯直径为 $\phi44$mm，其中双点画线部分为工件毛坯。编写该零件由毛坯到成品的车削加工程序。循环起始点 *A* 的位置为（46，3），背吃刀量为 1.5mm，退刀量为 1mm，*X* 方向精加工余量为 0.2mm，*Z* 方向精加工余量为 0.2mm。

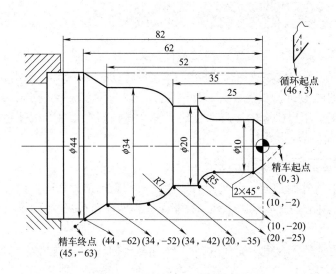

图 2.2.14　例 3 零件图

解：编程原点设在右端面，基点坐标见零件图。车削程序如下。

%2214	// 程序名
S800　M03　T0101	// 调 1 号刀，建立工件坐标系；主轴正转，转速为 800r/min
G00　X46　Z3	// 快移车刀至循环起点
G71 U1.5 R1 P40 Q50 X0.2 Z0.2 F140	// 外径粗车循环，进给速度为 140mm/min，完成粗车加工
N40　G00　X0	// 精车轮廓开始段
G01　X10　Z-2 F100	// 精车 2×45° 倒角，进给速度为 100mm/min
Z-20	// 精车 $\phi10$mm 外圆
G02　X20　W-5　R5	// 精车 R5mm 圆弧
G01　Z-35	// 精车 $\phi20$mm 外圆
G03　X34　W-7　R7	// 精车 R7mm 圆弧
G01　Z-52	// 精车 $\phi34$mm 外圆
X45　Z-63	// 精车外圆锥
N50　G00　X45	// 退刀，精车轮廓结束段

G00 X80 Z80	// 快速退刀
M05	// 主轴停转
M30	// 主程序结束并复位

（2）有凹槽内（外）径粗车复合循环　对于沿轴向有低洼处的轴类零件（图2.2.15），其精加工路线为$A \rightarrow A' \rightarrow B' \rightarrow B$，也可使用G71实现粗车和精车加工。

【格式】　G71 U(Δd)_R(r)_P(ns)_Q(nf)_E(e)_F(f)_S(s)_T$(t)_

式中　e——精加工余量，其值为X方向的等高距离（外径切削时为正，内径切削时为负）。

其他参数同无凹槽的G71。

2. 端面粗车复合循环指令 G72

G72循环指令与G71类似，只是切削方向平行于X轴，适用于圆柱毛坯端面方向的粗车。车外圆时，G72执行图2.2.16所示的粗加工和精加工路线，其走刀路线是从外径方向往轴心方向进行端面车削。其中，精加工路线为$A \rightarrow A' \rightarrow B' \rightarrow B$。

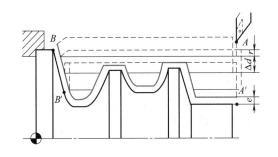

图 2.2.15　有凹槽的 G71 切削循环　　　图 2.2.16　G72 切削加工示意图

【格式】　G72 W(Δd)_R(r)_P(ns)_Q(nf)_X(Δx)_Z(Δz)_F(f)_S(s)_T$(t)_

式中　Δd——背吃刀量，永远为正，方向由矢量AA'决定；

r——每次退刀量；

ns——精加工路径开始程序段的顺序号（图中轴向进刀的AA'段）；

nf——精加工路径最后程序段的顺序号（图中轴向退刀的BB'段）；

Δx——X方向精加工余量，车外径时取"+"，车内径时取"-"；

Δz——Z方向精加工余量；

f、s、t——粗加工时的进给量、主轴转速和刀具号。

说明：

① G72指令必须带有P、Q地址，否则不能进行循环加工。

② ns与nf的程序段中只能用G00或G01指令，进行由A到A'的动作，且该程序段中不允许有X向移动指令。

③ 在顺序号为ns到顺序号为nf之间的程序段中，不能包含子程序。

④ 执行完G72所在的程序段（即粗车循环完成后），程序自动顺次向下执行各程序段。

【例4】　用G72指令编写图2.2.17所示零件的粗车、精车加工程序。要求循环起始点的位置为（80，1），背吃刀量为1.2mm，退刀量为1mm，X方向精加工余量为0.2mm，Z方向精加工余量为0.4mm。毛坯直径$\phi74$mm。

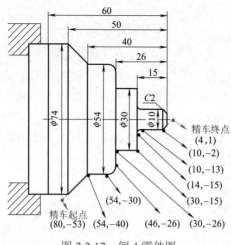

图 2.2.17　例 4 零件图

解：该零件的直径大于长度，适合使用 G72 粗车。编程原点设在右端面中心，基点坐标见零件图，程序如下。

%2217	// 程序名
S800　M03　T0101	// 调 1 号刀，建立工件坐标系；主轴正转，转速为 800r/min
G00　X80　Z1	// 快移车刀至循环起点
G72　W1.2　R1　P80　Q180　X0.2　Z0.4　F150	// 端面粗车循环加工，进给速度为 150mm/min，完成粗车加工
G00　X100　Z80	// 粗加工结束后，快移车刀至换刀点
M05	// 主轴停转
M00	// 程序暂停（工序间检测后手动启动）
T0202　M03　S1000	// 调 2 号刀，建立工件坐标系；主轴正转，转速为 1000r/min
G00　G42　X80　Z1	// 加入刀尖圆弧半径右补偿，快移车刀到循环起点
N80　G00　Z-53	// 精车轮廓开始
G01　X54　Z-40　F100	// 精车圆锥面，进给速度为 100mm/min
Z-30	// 精车 φ54mm 外圆
G02　U-8　W4　R4	// 精车 R4mm 圆弧
G01　X30	// 精车 Z26mm 处台阶面
Z-15	// 精车 φ30mm 外圆
X14	// 精车 Z15mm 处台阶面
G03　U-4　W2　R2	// 精车 R2mm 圆弧
G01　Z-2	// 精车 φ10 mm 外圆
U-6　W3	// 倒 2×45°角
N180　G00　X50	// 退刀，精加工结束
G40　X100　Z80	// 取消半径补偿，快移车刀至换刀点
M30	// 程序结束

3. 封闭轮廓复合循环指令 G73

G73 适用于毛坯轮廓与零件轮廓形状基本接近时的粗加工，特别是对铸造、锻造或粗加工后已初步成形的工件，可以进行高效率切削。G73 分为无凹槽封闭轮廓复合循环和有凹槽封闭轮廓复合循环。

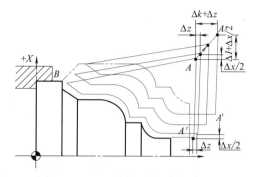

图 2.2.18　无凹槽封闭轮廓复合循环
G73 切削路径

（1）无凹槽封闭轮廓复合循环指令 G73　切削工件时刀具轨迹为图 2.2.18 所示的封闭回路，刀具逐渐进给，使封闭切削回路逐渐向零件最终形状靠近，最终切削成所需的形状，其精加工路线为 $A \rightarrow A' \rightarrow B \rightarrow A$。

【格式】　$G73U(\Delta I)\_W(\Delta k)\_R(r)\_P(ns)\_Q(nf)\_X(\Delta x)\_Z(\Delta z)\_F(f)\_S(s)\_T(t)\_$

式中　ΔI——X 方向的粗加工总余量；

　　　Δk——Z 方向的粗加工总余量；

　　　r——粗切削次数；

　　　ns　精加工路径开始程序段的顺序号（即图中进刀的 AA' 段）；

　　　nf——精加工路径最后程序段的顺序号（图中 B 处退刀段）；

　　　Δx——X 方向精加工余量；

　　　Δz——Z 方向精加工余量；

f、s、t——粗加工时的进给量、主轴转速和刀具号。

说明：

① ΔI 和 Δk 表示粗加工时总的切削量，粗加工次数为 r，则每次 X、Z 方向的切削量分别为 $\Delta I/r$ 与 $\Delta k/r$。

② 按 G73 段中的 P 和 Q 指令值实现循环加工，要注意 Δx 和 Δz、ΔI 和 Δk 的正负号。

（2）有凹槽封闭轮廓复合循环指令 G73　该功能在切削工件时刀具轨迹为如图 2.2.19 所示的闭合回路，刀具逐渐进给，使闭合切削回路逐渐向零件最终形状靠近，最终切削成所需的形状，其精加工路线为 $A \rightarrow A' \rightarrow B \rightarrow A$。

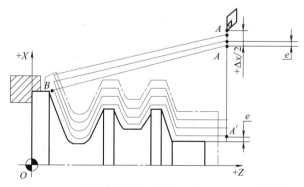

图 2.2.19　有凹槽封闭轮廓复合循环 G73 切削路径

【格式】　$G73\ U(\Delta I)\_W(\Delta k)\_R(r)\_P(ns)\_Q(nf)\_E(e)\_F(f)\_S(s)\_T(t)\_$

式中　e——精加工余量，为 X 方向的等高距离（外径切削时为正，内径切削时为负）。

其余参数及注意事项同无凹槽封闭轮廓复合循环 G73。

四、进给暂停指令 G04

引导问题 4：车槽加工需要进行清根处理，用哪个指令可以实现？_____

 相关知识点

为保证槽底平整光滑，一般在车刀切到槽底部时采用进给暂停指令 G04 使刀具在槽底短暂停顿一段时间，让槽底得到充分切削。G04 的功能、格式及应用范围如下。

【格式】 G04 P_

【功能】 使刀具做短时间的停顿，可以使下一程序段推迟所指定的一段时间后执行。
式中 P——指定停顿时间，s。

G04 一般应用于以下场合。

① 车削沟槽或钻孔时，为使槽底或孔底得到准确的尺寸精度与光滑的加工表面，刀具加工到槽底或孔底时，应暂停适当时间。

② 执行车削螺纹指令前，可先暂停适当时间，使主轴转速稳定后再车螺纹，以保证螺距加工精度的要求。

【任务实施】

一、球头台阶轴的数控加工工艺文件的制定

根据球头台阶轴零件图与机械加工工艺卡，其外轮廓部分需在数控车床上完成粗车和精车轮廓、车槽和切断加工，并达到图样要求。零件总长 53mm，在一次装夹中完成粗车与精车，可以保证零件的位置精度要求。其数车加工顺序为：粗车轮廓→精车轮廓→车槽→切断。

参照任务一选择车刀，确定切削参数，编制刀具卡、工序卡、程序单，见表 2.2.3～表 2.2.5。

表 2.2.3 球头台阶轴数控工序刀具卡

零件名称	球头台阶轴		数控加工刀具卡			工序号		2	
工序名称	数车		设备名称		数控车床	设备型号		CAK6140	
工步号	刀具号	刀具名称	刀具材料	刀柄型号	刀尖半径/mm	刀具直径/mm		刀长/mm	补偿量/mm
1	T01	90°外圆偏刀	硬质合金	25mm×25mm	0.2				
2	T03	3mm 切断刀	硬质合金	25mm×25mm					
编制	***	审核	***	批准	***	共 1 页		第 1 页	

表 2.2.4　球头台阶轴数控工序卡

零件名称	球头台阶轴	数控加工工序卡		工序号	20	工序名称	数车	共 1 页
								第 1 页
材料	尼龙	毛坯状态	棒料	机床设备	CAK6140	夹具名称		三爪自定心卡盘

工序简图：

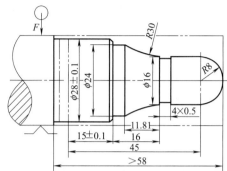

工步号	工步内容	刀具编号	刀具名称	量具名称	主轴转速 /（r/min）	进给速度 /（mm/min）	背吃刀量 /mm
1	粗车 R8mm 球面、ϕ16mm 外圆、R30 圆弧面、ϕ24mm 和 ϕ28mm 外圆及端面、倒角，各留 0.2mm 余量	T01	90°外圆偏刀	游标卡尺	1000	200	1
2	精车 R8mm 球面、ϕ16mm 外圆、R30mm 圆弧面、ϕ24mm 和 ϕ28mm 外圆及端面、倒角	T01	90°外圆偏刀	游标卡尺	1200	120	0.2
3	车 4mm×0.5mm 浅槽	T03	3mm 切断刀	卡钳	500	50	0.5
4	切断	T03	3mm 切断刀	卡钳	500	50	5
编制	***	日期	******	审核	***	日期		******

表 2.2.5　球头台阶轴数控工序程序单

数控加工程序单		产品名称	—	零件名称	球头台阶轴	共 1 页
		工序号	2	工序名称	数车	第 1 页
序号	程序编号	工序内容	刀具	切削深度（相对最高点）		备注
1	0001	按工序简图粗车和精车左侧轮廓	T01、T03	15mm		半径量

装夹示意图：

装夹说明：
毛坯伸出卡盘长度不小于 58mm

编程 / 日期	***/******	审核 / 日期	***/******

二、球头台阶轴数控车削程序的编制

球头台阶轴毛坯为棒料，零件的长径比大于 1，宜使用 G71 指令进行粗车和精车加工。

外圆柱浅槽宽 4mm、深 0.5mm，可使用宽 3mm 槽刀用 G01 指令分两次加工。其他指令见表 2.2.6。球头台阶轴的编程基点、固定车削循环起点等如图 2.2.20 所示。为保证安全换刀，换刀点设于 X100、Z50 点。

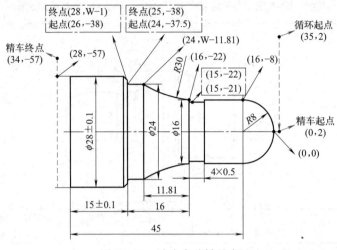

图 2.2.20　球头台阶轴基点

表 2.2.6　球头台阶轴数控车削程序单

程序	程序注解	加工内容与简图
%0001	// 程序名	
T0101 M03 S1000	// 调用 1 号刀，建立工件坐标系；主轴正转，转速为 1000r/min	
G00 G42 X35	// 沿 X 轴快移车刀至 X35，加入刀尖圆弧半径右补偿	
Z2	// 沿 Z 轴快移车刀至循环起点（35，2）	
G71 U1 R1 P10 Q20 X0.4 Z0.2 F200	// 完成外轮廓粗车加工，车刀回至循环起点	粗车外轮廓，各面有精车余量0.2mm(半径量)
G00 X100 Z50 M05	// 粗车结束后，车刀快退到换刀点；主轴停	
M00	// 程序暂停（工序间检测与余量调整）	
M03 S1200	// 主轴正转，转速为 1200r/min	
G00 X35 Z2	// 快速定位到循环起点	
N10 G00 X0	// 精车第一段，车刀由循环起点沿 X 轴快进至（0，2）点	
G01 Z0 F120	// 进刀至（0，0）点	
G03 X16 Z-8 R8	// 精车 R8mm 圆弧	
G01 Z-22	// 精车 φ16mm 外圆	
G02 X24 W-11.8 R30	// 精车 R30mm 圆弧	
G01 Z-37.5	// 精车 φ24mm 外圆	
G02 X25 W-0.5 R0.5	// 倒 R0.5mm 圆角	
G01 X26	// 精车台阶面	
X28 W-1	// 倒 C1mm 斜角	
Z-57	// 精车 φ28mm 外圆	
N20 G01 X34	// 退刀至 X34，精车程序最后一段	
G00 G40 X50	// 退刀至 X50，取消刀尖圆弧半径右补偿	精车轮廓到尺寸

续表

程序	程序注解	加工内容与简图
X100 Z50 M05	// 车刀快退到换刀点；主轴停	
M00	// 程序暂停（工序间检测与余量调整）	
T0303	// 调用 3 号切断刀，建立工件坐标系	
M03 S500	// 主轴正转，500r/min	
G00 X24	// 沿 X 轴快速移车刀至 X24	
Z-22	// 沿 Z 轴快速移车刀至槽处	
G01 X16 F200	// 沿 X 轴进刀	
X15 F50	// 车槽	
G01 X24	// 沿 X 轴退刀	
Z-21	// 沿 Z 轴移刀	
X15	// 车槽	
G04 P1	// 进给暂停 1s	
G01 Z-22	// 光滑槽底	
G00 X35	// 沿 X 轴快速退刀，车槽完成	车4×0.5槽
G00 Z-56	// 沿 Z 轴快速移车刀至左侧切断点	
G01 X30 F200	// 沿 X 轴进刀	
X20 F50	// 沿 X 轴进刀，切深 5mm	
X30	// 沿 X 轴退刀	
X10	// 沿 X 轴进刀，切深 5mm	
X20	// 沿 X 轴退刀 3mm	
X0	// 沿 X 轴进刀，切至 X0	
G00 X35	// 沿 X 轴快速退刀	
G00 X100Z100	// 快移车刀至换刀点	
M30	// 程序结束	切断

三、球头台阶轴的数控车削加工

1. 安装工件与刀具

（1）工件装夹与找正　以棒料毛坯外圆在三爪自定心卡盘中定位并夹牢，毛坯伸出卡盘不小于 58mm。

（2）刀具装夹与找正（注意刀具装夹应牢固可靠）　切断刀伸出长度不小于 15mm。

（3）对刀　检查各刀号与程序中的刀号名称是否一致。若不一致，根据实际刀号修改程序中的刀号。先进行外圆车刀对刀，再以切断刀的左侧刀尖为刀位点对刀。对刀步骤如下。

① 确定刀位点。采用车刀加工时，刀具的假想刀尖形状和所处的位置（即刀位点）不同，则刀具的补偿量与补偿方向也不相同，如图 2.2.21 所示。对于前置刀架，外圆右偏刀的刀尖方位为 3 号。

② 输入刀尖方位和圆弧半径。根据本任务的刀具卡，外圆刀的刀号为 T01。按刀补→刀补"菜单键，进入设置界面，如图 2.2.22 所示。用"▲""▼"移动光标到刀补号 1 的"刀尖方位"，按"Enter"键进入编辑状态，输入"3"，再次按"Enter"键确认。用"▶""◀"移动光标到半径，按"Enter"键进入编辑状态，输入"0.2"，再次按"Enter"键确认。当程序运行到 G42 指令时，其刀尖圆弧半径 0.2mm 将自动被数控系统加进刀具运行轨迹。

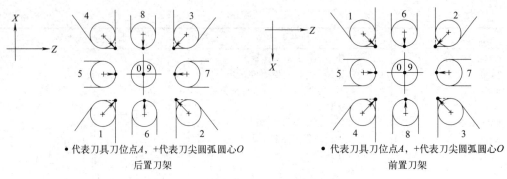

图 2.2.21 数控车刀的刀沿位置示意图

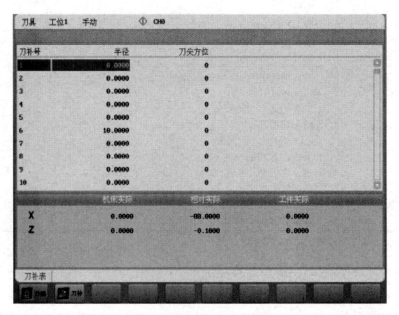

图 2.2.22 刀补输入界面

2. 车削加工

（1）程序输入与校验　建议用 U 盘或在线传输方式输入程序，首件试加工时需通过刀路轨迹校验和空运行对程序进行校验。

（2）自动加工　加工时必须遵守车间的安全规程，按数控车床的操作规程要求完成工作。

【实战演练】

加工如图 2.2.23 所示的弧面轴 2 件，表 2.2.7 是弧面轴的机械加工工艺过程卡。要求计算编程用基点，按照所给的加工工艺过程卡，编写其中数车工序的刀具卡、工序卡、程序单和数控加工程序，并操作数控车床加工出成品。实训上交成果如下。

① 标注编程基点的零件图。

② 刀具卡、工序卡、程序单。

③ 弧面轴完整的数控车削程序。

④ 数控车削后的弧面轴成品。

⑤ 零件自检表。

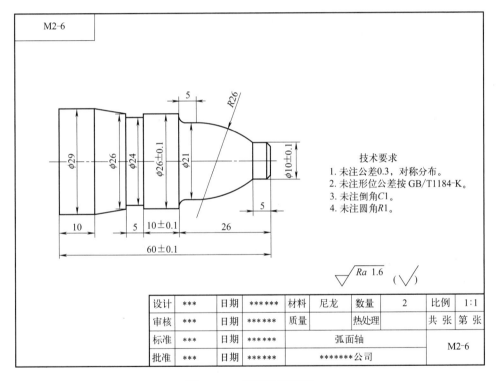

图 2.2.23　弧面轴零件图

表 2.2.7　弧面轴机械加工工艺过程卡

工序号	工序名称	工序内容	设备
10	备料	$\phi30$mm 尼龙棒料	
20	数车	车一端面见平；粗车、精车外轮廓到尺寸；车槽；切断	CAK6140
30	检查	按图样要求检查	

班级：　　　　　　　　姓名：　　　　　　　　学号：

零件名称	弧面轴	数控加工刀具卡		工序号		20	
工序名称		数车	设备名称			设备型号	

工步号	刀具号	刀具名称	刀具材料	刀柄型号	刀具			补偿量/mm
					刀尖半径/mm	直径/mm	刀长/mm	

编制		审核		批准		共　页	第　页	

班级：　　　　　　　　姓名：　　　　　　　　学号：

零件名称	弧面轴	数控加工工序卡	工序号	20	工序名称	数车	共　页
							第　页
材料		毛坯状态	机床设备		夹具名称		

工序简图：

工步号	工步内容	刀具编号	刀具名称	量具名称	主轴转速/(r/min)	进给速度/(mm/min)	背吃刀量/mm

编制		日期		审核		日期	

班级：		姓名：		学号：			
数控加工程序单	产品名称			零件名称		弧面轴	共　页
	工序号	20		工序名称		数车	第　页
序号	程序编号	工序内容	刀具	切削深度（相对最高点）		备注	

装夹示意图：

装夹说明：

编程／日期		审核／日期	

班级：		姓名：		学号：		
数控加工程序清单	产品名称			零件名称	弧面轴	共　页
	工序号	20		工序名称	数车	第　页
程序内容					说明	

数控车削加工零件自检表

班级：			姓名：			学号：		
零件名称		弧面轴			允许读数误差		±0.007mm	
序号	项目	尺寸要求	使用的量具	测量结果				项目判定
				NO.1	NO.2	NO.3	平均值	
1	外径	$\phi(10\pm0.1)$ mm						合　否
2	外径	$\phi(26\pm0.1)$ mm						合　否
3	长度	(60 ± 0.1) mm						合　否
结论（对上述三个测量尺寸进行评价）				合格品　　　次品　　　废品				
处理意见								

【评价反馈】

零件名称				弧面轴			
班级：			姓名：		学号：		

机械加工工艺过程考核评分表

序号	总配分/分	考核内容与要求		完成情况	配分/分	得分/分	评分标准
1	6	数控加工工序卡	表头信息	□正确 □不正确或不完整	1		1. 工序卡表头信息，1分。根据填写状况分别评分为1分、0.5分和0分
			工步编制	□完整 □缺工步__个	2.5		2. 根据机械工艺过程卡编制工序卡工步，缺一个工步扣0.5分，共2.5分
			工步参数	□合理 □不合理__项	2.5		3. 工序卡工步切削参数合理，一项不合理扣0.5分，共2.5分
		小计得分/分					
2	3	数控加工刀具卡	表头信息	□正确 □不正确或不完整	0.5		1. 数控加工刀具卡表头信息，0.5分
			刀具参数	□合理 □不合理__项	2.5		2. 每个工步刀具参数合理，一项不合理扣0.5分，共2.5分
		小计得分/分					
3	6	数控加工程序单	表头信息	□正确 □不正确或不完整	0.5		1. 数控加工程序单表头信息，0.5分
			程序内容	□合理 □不合理__项	3		2. 每个程序对应的内容正确，一项不合理扣0.5分，共2分
			装夹图示	□正确 □未完成	2.5		3. 装夹示意图与安装说明，0.5分
		小计得分/分					
4	35	数控车削程序	与工序卡、刀具卡、程序单的对应度	□合理 □不合理__项			1. 刀具、切削参数、程序内容等对应的内容正确，一项不合理扣2分，共10分，扣完为止
			指令应用	□正确 □不正确或不完整			2. 指令格式正确与否。共25分，每错一类指令按平均分扣除
		小计得分/分					
总配分数/分		50		合计得分/分			

零件名称				弧面轴		
班级：			姓名：		学号：	

自检记录评分表

序号	测量项目	配分/分	评分标准	自检与检测对比	得分
1	尺寸测量	3	每错一处扣0.5分，扣完为止	□正确 错误__处	
2	项目判定	0.6	全部正确得分	□正确 □错误	
3	结论判定	0.6	判断正确得分	□正确 □错误	
4	处理意见	0.8	处理正确得分	□正确 □错误	
总配分数/分		5		合计得分/分	

数控车削加工零件完整度评分表

班级：　　　　　　　　姓名：　　　　　　　　　学号：

零件名称		弧面轴			工件编号		
评价项目	考核内容	配分/分	评分标准	检测结果	得分/分	备注
弧面轴加工特征完整度	ϕ10mm 圆柱面	1	未完成不得分	□完成 □未完成		
	C1mm 倒角	1	未完成不得分	□完成 □未完成		
	R26mm 弧面	2	未完成不得分	□完成 □未完成		
	ϕ21mm 圆柱面	2	未完成不得分	□完成 □未完成		
	R1mm 倒圆	1	未完成不得分	□完成 □未完成		
	ϕ26mm 圆柱面	2	未完成不得分	□完成 □未完成		
	ϕ24mm 槽	2	未完成不得分	□完成 □未完成		
	小头 ϕ26mm 圆锥面	2	未完成不得分	□完成 □未完成		
	ϕ29mm 圆柱面	2	未完成不得分	□完成 □未完成		
	小计/分	15				
总配分/分		15	总得分/分			

数控车削加工零件评分表

班级：　　　　　　　　姓名：　　　　　　　　　学号：

零件名称		弧面轴		零件编号					

检测评分记录（由检测员填写）

序号	配分/分	尺寸类型	公称尺寸/mm	上偏差/mm	下偏差/mm	上极限尺寸/mm	下极限尺寸/mm	实际尺寸/mm	得分/分	评分标准
				A—主要尺寸（共15分）						
1	2	ϕ	10	0.1	-0.1	10.1	9.9			超差全扣
2	1	ϕ	21	0.15	-0.15	21.15	20.85			超差全扣
3	2	ϕ	26	0.1	-0.1	26.1	25.9			超差全扣
4	1	ϕ	24	0.15	-0.15	24.15	23.85			超差全扣
5	1	ϕ	29	0.15	-0.15	29.15	28.85			超差全扣
6	1	L	5（3处）	0.15	-0.15	5.15	4.85			超差全扣
7	1	L	26	0.15	-0.15	26.15	25.85			超差全扣
8	2	L	10	0.1	-0.1	10.1	9.9			超差全扣
9	1	L	10	0.15	-0.15	10.15	9.85			超差全扣
10	2	L	60	0.1	-0.1	60.1	59.9			超差全扣

续表

序号	配分/分	尺寸类型	公称尺寸/mm	上偏差/mm	下偏差/mm	上极限尺寸/mm	下极限尺寸/mm	实际尺寸/mm	得分/分	评分标准
B—形位公差（共1分）										
11	1	同轴度/mm	0.05	0	0.00	0.02	0.00			超差全扣
C—表面粗糙度（共4分）										
12	4	表面质量/μm	Ra1.6	0	0	1.6	0			超差全扣
总配分数/分			20	合计得分/分						

检查员签字：　　　　　　　　　　　　教师签字：

数控车削加工素质评分表

零件名称		弧面轴			
序号	配分/分	考核内容与要求	完成情况	得分/分	评分标准
职业素养与操作规范					
1	2	按正确的顺序开关机床并作检查，关机时车床刀架停放正确的位置，1分	□正确 □错误		完成并正确
2		检查与保养机床润滑系统，0.5分	□完成 □未完成		完成并正确
3		正确操作机床与排除机床软故障（机床超程、程序传输、正确启动主轴等），0.5分	□正确 □错误		完成并正确
4	3	正确使用三爪自定心卡盘扳手、加力杆安装车床工件，0.5分	□正确 □错误		完成并正确
5		正确安装和校准卡盘等夹具，0.5分	□正确 □错误		完成并正确
6		正确安装车床刀具，刀具伸出长度合理，校准中心高，禁止使用加力杆，1分	□正确 □错误		完成并正确
7		正确使用量具、检具进行零件精度测量，1分	□正确 □错误		完成并正确
8		按要求穿戴安全防护用品（工作服、防砸鞋、护目镜等），1分	□符合 □不符合		完成并正确
9	5	完成加工之后，及时清扫数控车床及其周边，1.5分	□完成 □未完成		完成并正确
10		工具、量具、刀具按规定位置正确摆放，1.5分	□完成 □未完成		完成并正确
11		完成加工之后，及时清除数控机床和计算机中自编程序与数据，1分	□完成 □未完成		完成并正确
配分数/分		10/分	小计得分/分		
安全生产与文明生产（此项为扣分，扣完10分为止）					
1	扣分	机床加工过程中工件掉落，2分	工件掉落___次		扣完10分为止
2	扣分	加工中不关闭安全门，1分	未关安全门___次		扣完10分为止
3	扣分	刀具非正常损坏，每次1分	刀具损坏___把		扣完10分为止
4	扣分	发生轻微机床碰撞事故，6分	碰撞事故___次		扣完10分为止
5	扣分	发生重大事故（人身和设备安全事故等）、严重违反工艺原则和情节严重的野蛮操作、违反车间规定等行为			立即退出加工，取消全部成绩
小计扣分/分					
总配分数/分		10	合计得分/分		得分－扣分

任务三

螺纹轴的数控车削编程与加工

【任务导入】

　　某机械加工车间接到生产 2 件如图 2.3.1 所示螺纹轴的订单，工艺部制定了螺纹轴的机械加工工艺过程卡，见表 2.3.1。要求编程员规划数控车削工序的加工工艺方案、确定工艺参数、编写数控加工程序；生产部安排人员完成零件的加工。

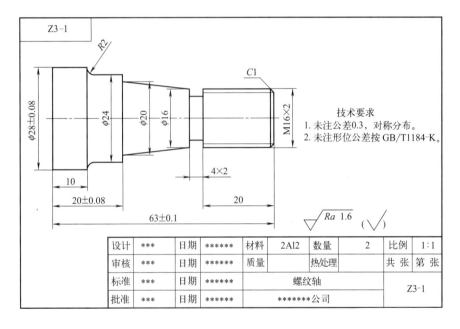

图 2.3.1　螺纹轴零件图

表 2.3.1　螺纹轴机械加工工艺过程卡

零件名称		螺纹轴	机械加工工艺过程卡	毛坯种类	棒料	共1页
				材料	2Al2	第1页
工序号	工序名称	工序内容			设备	工艺装备
1	备料	ϕ30mm 铝棒料				
2	数车	按图车端面、轮廓、槽及螺纹，切断			CAK6140	卡盘
3	检查	按图样要求检查				
编制	***		日期	******	审核	***	日期	******

工具／设备／材料

1. 设备：数控车床 CAK6140。
2. 刀具：90°偏头外圆车刀、4mm 切断刀、60°外螺纹刀。
3. 量具：游标卡尺、外卡钳、M16 螺纹规。
4 工具：卡盘扳手、刀架扳手。
5. 材料：ϕ30mm 铝棒料。

任务要求

1. 编写螺纹轴的工序卡、刀具卡、程序单。
2. 编制螺纹轴的数控车削加工程序。
3. 完成螺纹轴的数控车削加工。

 【工作准备】

一、螺纹车削工艺

引导问题 1：车削 M16 外螺纹时，如何确定其小径尺寸以及切入和切出距离？

_____

_____

相关知识点

1. 普通三角螺纹牙型的基本参数

普通三角螺纹的结构与基本参数，如图 2.3.2 所示。常用 M6 ～ M36 普通粗牙螺纹的螺距（P）分别为：M6×1、M8×1.25、M10×1.5、M12×1.75、M16×2、M20×2.5、M24×3、M30×3.5、M36×4。

普通公制三角螺纹牙型高度为

$$h=0.65P$$

对于外螺纹，有

$$外螺纹大径\ d=螺纹公称直径$$

$$外螺纹小径\ d_1=d-1.3P$$

加工塑性材料时，外螺纹大径 $d=$ 公称直径 $-（0.2 ～ 0.3）$mm。

对于内螺纹，有

$$内螺纹大径\ D=螺纹公称直径$$

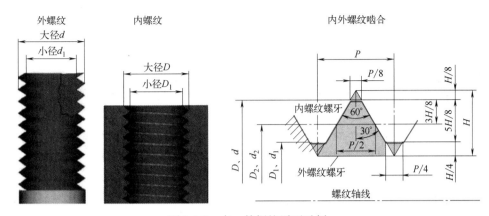

图 2.3.2　内、外螺纹牙型示例

D—内螺纹大径（公称直径）；D_1—内螺纹小径；D_2—内螺纹中径；P—螺距（单头）；
d—外螺纹大径（公称直径）；d_1—外螺纹小径；d_2—外螺纹中径；H—原始三角形高度

$$内螺纹小径\ D_1=D-1.3P$$

加工塑性材料时，内螺纹底孔直径 = 螺纹公称直径 $-P$。

2. 螺纹起点与螺纹终点轴向尺寸的确定

数控车床车削螺纹时，沿螺距方向的 Z 轴进给应和机床主轴的旋转保持严格的速比关系。但是，在车削螺纹的开始时段，伺服系统不可避免地有一个加速过程，结束前也相应有一个减速过程。在这两段时间内，螺距得不到有效保证。为了避免在进给机构加速或减速过程中切削螺纹，安排螺纹车削工艺时要尽可能考虑合理的切入距离 δ_1 和切出距离 δ_2，如图 2.3.3 所示。

一般，δ_1 取 $P \sim 2P$，对大螺距和高精度的螺纹则取较大值；δ_2 一般取 P 左右。若螺纹退尾处没有退刀槽，其 $\delta_2=0$。这时，该处的收尾形状由数控系统的功能设定确定。

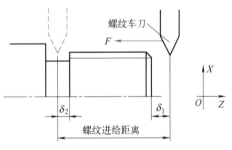

图 2.3.3　加工螺纹升速段和降速段

引导问题 2：车螺纹时切削参数的确定方法与车外圆一样吗？＿＿＿＿＿＿＿＿＿

＿＿＿＿＿＿＿＿＿＿＿＿＿＿＿＿＿＿＿＿＿＿＿＿＿＿＿＿＿＿＿＿＿＿＿＿＿＿＿

相关知识点

1. 主轴转速 n

在数控车床上加工螺纹时，主轴转速受数控系统、螺纹导程、刀具、零件尺寸和材料等多种因素影响。数控车床车削螺纹时，推荐主轴转速为

$$n \leqslant 1200/S-K$$

式中　S——螺纹的导程，单线螺纹导程等于螺距，$S=P$，mm；

K——保险系数，一般取 80；

n——主轴转速，r/min。

2. 进给量 f

对于等螺距的螺纹，进给量为其导程。

3. 背吃刀量 a_p

螺纹车削加工为成形车削，单边切削总深为一个螺纹牙高，由于进给量（导程）一般较大，必须分层多次切削。螺纹车削应遵循后一刀背吃刀量不能超过前一刀背吃刀量的原则，即递减的背吃刀量分配方式，否则会因切削面积的增加、切削力过大而损坏刀具。为了降低螺纹表面粗糙度，用硬质合金螺纹车刀时，最后一刀的背吃刀量不能小于 0.1mm。车削螺纹的切削次数与背吃刀量可参考表 2.3.2。

表 2.3.2　常用普通三角螺纹切削的切削次数与背吃刀量

螺距 /mm		1.0	1.5	2.0	2.5	3.0	3.5	4
牙深（半径量）/mm		0.649	0.974	1.299	1.624	1.949	2.273	2.598
切削次数及背吃刀量（直径量）/mm	1 次	0.7	0.8	0.9	1.0	1.2	1.5	1.5
	2 次	0.4	0.6	0.6	0.7	0.7	0.7	0.8
	3 次	0.2	0.4	0.6	0.6	0.6	0.6	0.6
	4 次		0.16	0.4	0.4	0.4	0.6	0.6
	5 次		0.1	0.4	0.4	0.4	0.4	
	6 次				0.15	0.4	0.4	0.4
	7 次					0.2	0.2	0.4
							015	0.3
								0.2

注：表中为常用螺纹切削的切削次数和背吃刀量推荐值，是在良好的加工条件下加工中等强度钢材时得出的。若加工强度大的材料，切削次数要增加，最重要的是应减小第一刀的背吃刀量。

二、外径切槽循环指令 G75

引导问题 3：螺纹止端的退刀槽一般需要用 G01 指令分多次切入，有无简化的车槽专用指令？＿＿＿＿＿＿＿＿＿＿＿＿＿＿＿＿＿＿＿＿＿＿＿＿＿

＿＿＿＿＿＿＿＿＿＿＿＿＿＿＿＿＿＿＿＿＿＿＿＿＿＿＿＿＿＿＿＿＿＿＿

相关知识点

螺纹加工一般有退尾动作，因此，螺纹止端大都会留有退刀槽。对于浅的窄槽，可以采用同宽度切槽刀进行车削加工。而车削较深的窄槽时需要考虑其排屑与冷却要求，数控加工时可用外径切槽循环指令（G75）进行加工，刀具路径如图 2.3.4 所示。

【格式】　G75 X/U_ R(e)_ Q(ΔK)_ F_

式中　X/U——绝对值编程时为槽底终点在工件坐标系下的坐标，增量值编程时为槽底终点
　　　　　相对于循环起点的有向距离，图中用 U 表示；
　　　　R——切槽每进一刀的退刀量，只能为正值；
　　　　Q——每次进刀的深度，只能为正值；
　　　　F——进给速度，mm/min。

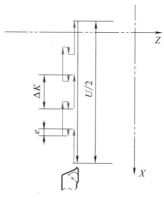

图 2.3.4　G75 刀具路径

三、螺纹车削指令 G32、G82 与 G76

引导问题 4：G01 指令可以用来车削螺纹吗？

1. 螺纹基本车削加工指令 G32

　　G32 指令执行单行程螺纹车削，可以加工圆柱螺纹、圆锥螺纹和端面螺纹。执行 G32 指令时，车刀进给运动严格根据输入的螺纹导程进行。G32 是模态指令，直至遇到 G00、G01 等指令。

　　（1）圆柱螺纹车削　G32 指令用于圆柱螺纹车削时格式如下。

　　【格式】G32 Z/W_ F_ P_ R_ E_ K_

式中　Z——绝对值编程时，为螺纹终点 Z 轴坐标；
　　　W——增量编程时为螺纹终点相对于起点的 Z 方向位移量；
　　　F——螺纹导程；
　　　P——螺纹起始点角度（在 0 ~ 360°范围，没有特别指定时开始角度被视为 0°）；
　R、E——螺纹车削的退尾量（R、E 均为向量，以增量方式指定；其中，R 为 Z 向退尾量，E 为 X 向退尾量；根据螺纹标准，R 一般取 2 倍螺距，E 取螺纹牙高；如果使用退尾量，为了避免损伤螺纹，螺纹车削方向与 R、E 方向必须相互协调；例如，沿 Z 负方向车削螺纹，此时 R 取负值；若 R、E 省略，表示不用退尾功能）；
　　　K——螺纹螺距增减量（可省略，默认 K=0，即加工等螺距螺纹）。

【例1】 车削如图2.3.5所示零件，螺纹外径为ϕ48mm，导程为2mm，分三次车削，切削量分别为0.5、0.4、0.2（mm），采用绝对值编程方式编写螺纹加工程序。

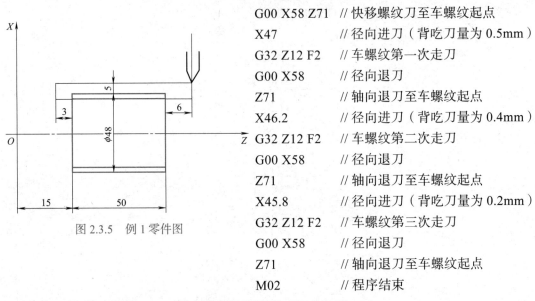

图2.3.5 例1零件图

...	
G00 X58 Z71	// 快移螺纹刀至车螺纹起点
X47	// 径向进刀（背吃刀量为0.5mm）
G32 Z12 F2	// 车螺纹第一次走刀
G00 X58	// 径向退刀
Z71	// 轴向退刀至车螺纹起点
X46.2	// 径向进刀（背吃刀量为0.4mm）
G32 Z12 F2	// 车螺纹第二次走刀
G00 X58	// 径向退刀
Z71	// 轴向退刀至车螺纹起点
X45.8	// 径向进刀（背吃刀量为0.2mm）
G32 Z12 F2	// 车螺纹第三次走刀
G00 X58	// 径向退刀
Z71	// 轴向退刀至车螺纹起点
M02	// 程序结束

（2）圆锥螺纹切削　G32用于圆锥螺纹切削时格式如下。

【格式】　G32 X/U_ Z/W_ F_ P_ R_ E_ K_

式中　X、Z——绝对值编程时，为螺纹终点坐标；

　　　U、W——增量编程时为螺纹终点相对于起点分别在X轴和Z轴方向上的位移量。

　　　其余参数同圆柱螺纹切削指令。

（3）端面螺纹切削

【格式】　G32 X/U_ R_ E_ F_

式中　X——绝对值编程时，为螺纹终点坐标；

　　　U——增量编程时为螺纹终点相对于起点在X轴方向上的位移量。

　　　其余参数同圆柱螺纹切削指令。

2. 螺纹切削单一固定循环指令G82

（1）直螺纹切削循环　G82指令加工直螺纹的进给路线如图2.3.6所示，执行$A \to B \to C \to D \to A$的轨迹动作。G82是模态指令，直至遇到G00、G01等指令。

【格式】　G82 X/U_ Z/W_ R_ E_ C_ P_ F_

式中　X、Z——绝对值编程时，为螺纹终点C的坐标；

　　　U、W——增量编程时为螺纹终点C相对于循环起点A的有向距离，其符号由图中轨迹1R和2F的方向确定；

　　　F——螺纹导程；

　　　R、E——螺纹切削的退尾量（R、E均为向量，R为Z向退尾量，E为X向退尾量；R、E省略，表示不用退尾功能）；

　　　C——螺纹头数（为0或1时切削单头螺纹）；

　　　P——主轴转角（单头螺纹切削时，为主轴基准脉冲处距离切削起始点的主轴转角（默认值为 0），多头螺纹切削时，为相邻螺纹的切削起始点之间对应的主轴转角）。

F——进给速度（螺纹导程），mm/r。

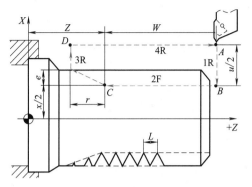

图 2.3.6　G82 车直螺纹的进给路线

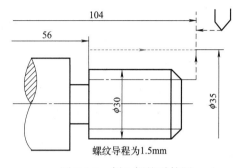

图 2.3.7　例 2 螺纹零件图

【例 2】　图 2.3.7 所示零件螺纹部分的外径尺寸已加工到螺纹大径，后面还需加工 4mm×2mm 的螺纹退刀槽和螺纹，根据已给的半成品坯件编写退刀槽和螺纹的车削程序。

解：外径槽刀编号 T01，螺纹车刀编号 T02。

① 车螺纹的加工尺寸和切削参数。

外螺纹小径：$d_1=d-1.3P=30-1.3\times1.5=28.05$（mm）。

进刀段和退刀段距离：$\delta_1=2P=3$（mm），$\delta_2=P=1.5$（mm）。

主轴转速：$n\leqslant1200/P-K=1200/1.5-80=720$（mm）。考虑到刀具的实际刚性，主轴转速取 600r/min。

进给量：$f=P=1.5$mm。

背吃刀量：参照表 2.3.2，分 4 次车螺纹，背吃刀量分别为 0.8mm、0.6mm、0.4mm、0.16mm。

② 退刀槽与螺纹的车削程序。

程序	说明
%2307	// 程序名
T0101 M03 S500	// 调用 1 号切槽刀，建立工件坐标系；主轴正转，转速为 500r/min
G00 X35	// 快移车刀至 X35，靠近工件
Z52	// 快移车刀至 Z52，靠近切槽处
G01 X31 F100	// 进刀至车槽循环起点（31，52）
G75 X26 R3 Q2 F50	// 车槽循环加工，完成车槽
G00 X50	// 沿径向快速退刀
Z204	// 沿轴向快速退刀至换刀点
M05	// 主轴停转
T0202 M03 S600	// 换 2 号螺纹刀，建立工件坐标系；主轴正转，转速为 600r/min
G00 X 35	// 快移车刀至 X35，靠近工件
Z104	// 快移车刀至车螺纹循环起点（35，104）
G82 X29.2 Z54.5 F1.5	// 车螺纹第一次循环，径向吃刀量为 0.8mm
X28.6 Z54.5 F1.5	// 车螺纹第二次循环，径向吃刀量为 0.6mm

X28.2 Z54.5 F1.5	// 车螺纹第三次循环，径向吃刀量为 0.4mm
X28.04 Z54.5 F1.5	// 车螺纹第四次循环，径向吃刀量为 0.16mm
G00 X50	// 沿径向快速退刀
Z204	// 沿轴向快速退刀至换刀点
M30	// 程序结束

（2）圆锥螺纹切削循环　G82 指令加工圆锥螺纹的进给路线如图 2.3.8 所示，执行 $A \to B \to C \to D \to A$ 的轨迹动作。

【格式】　G82 X/U_ Z/W_ I_ R_ E_ C_ P_ F_

式中　I——螺纹起点 B 与螺纹终点 C 的半径差，其符号为差的符号。

其余参数同直螺纹车削。

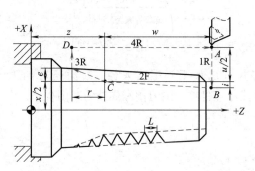

图 2.3.8　G82 车圆锥螺纹的进给路线

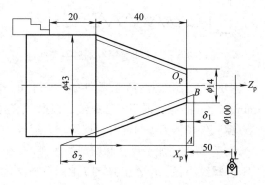

图 2.3.9　例 3 零件图

【例 3】　图 2.3.9 所示圆锥螺纹的外径已加工的尺寸，螺距为 3.5mm，按背吃刀量 1.5mm、1.5mm、1mm、0.4mm、0.15mm 分 5 次加工，编写螺纹的数控车削程序。

解：螺纹车刀编号 T03。

① 实际加工时，需计算螺纹起点和终点坐标。

螺纹起点：外延 δ_1=4mm，起点坐标为（11.1，4）

螺纹终点：延长 δ_2=4mm，终点坐标为（45.9，-44）

② 第一次走刀时螺纹的终点坐标和斜度分别为

第 1 次车削终点：X=45.9-1.5=44.4，Z=-44

斜度：I=（11.1-45.9）/2=-17.4

%2309	// 程序名
T0303 M03 S400	// 调用螺纹刀，建立工件坐标系；主轴正转 400r/min
G00 X100 Z50	// 快移车刀
G00 X47 Z4	// 快移车刀至车螺纹循环起点
G82 X44.4 Z-44 I-17.4 F3.5	// 车螺纹第 1 次循环，直径方向吃刀量 1.5mm
X42.9 F3.5	// 车螺纹第 2 次循环，直径方向吃刀量 1.5mm
X41.9 F3.5	// 车螺纹第 3 次循环，直径方向吃刀量 1mm
X41.5 F3.5	// 车螺纹第 4 次循环，直径方向吃刀量 0.4mm
X41.35 F3.5	// 车螺纹第 5 次循环，直径方向吃刀量 0.15mm
X41.35 F3.5	// 车螺纹第 6 次循环，无切屑量精车 1 次
G00 X100	// 沿径向快速退刀

Z50	// 沿轴向快速退刀至换刀点
T0300 M05	// 取消刀补，主轴停转
M02	// 程序结束

3. 螺纹复合车削循环指令 G76

G76 指令可以完成一个螺纹段的全部加工任务。另外，它的斜切式进刀方法有利于改善刀具的切削条件，因此应优先考虑应用该指令。G76 指令加工螺纹的进给路线和进刀方法如图 2.3.10 所示。

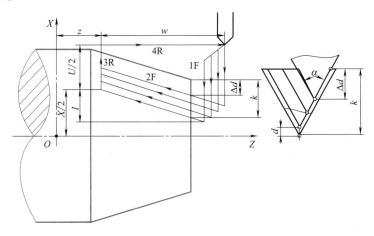

图 2.3.10　G76 加工螺纹加工路线与进刀方法示意图

【格式】G76 C（c）_R（r）_E（e）_A（a）_X（x）_Z（z）_I（i）_K（k）_U（d）_V（$\Delta d_{\min}$）_Q（Δd）_P（p）_F（L）_

式中　　C（c）——精加工重复次数；

　　　　R（r）——螺纹 Z 向退尾长度（00 ~ 99，为模态值）；

　　　　E（e）——螺纹 X 向退尾长度（00 ~ 99，R、E 需成对使用，无 R、E 表示无退尾）；

　　　　A（a）——刀尖角（为模态值）；

　X（x）、Z（z）——螺纹终点坐标；

　　　　I（i）——螺纹切削起点与切削终点的半径差（圆柱螺纹的 $i=0$，可省略）；

　　　　K（k）——螺牙的高度（X 轴方向的半径值）；

　　　　U（d）——精加工余量（半径值）；

　V（$\Delta d_{\min}$）——最小切入量（半径值）；

　　　　Q（Δd）——第一次切入量（X 轴方向的半径值）；

　　　　P（p）——主轴基准脉冲处距离切削起始点的主轴转角；

　　　　F（L）——进给速度（螺纹导程），mm/r。

【例 4】　如图 2.3.11 所示圆柱螺纹零件，除螺纹外，其他部位已加工合格。要求采用螺纹复合车削循环指令 G76 编写螺纹车削程序。

解：螺纹车刀编号为 T03。由图可知螺纹外径为 ϕ30mm，导程为 1.5mm，牙型角为 60°。其他参数及工艺规划如下。

牙高度 $h=0.65P=0.65 \times 1.5=0.975$（mm）。

小径 $d_1=30-1.3P=30-1.3 \times 1.5=28.05$（mm）。

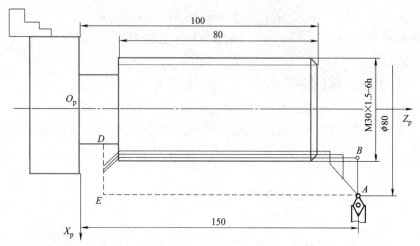

图 2.3.11　例 4 螺纹零件加工示意图

螺纹起点切入段 δ_1=2mm；螺纹终点切出段 δ_2=3mm；无切屑精车走刀 2 次；
精加工余量 0.1；最小切削深度 0.15；第一次切削深度 0.4；循环起点（102，32）。

%2311	// 程序名
T0303	// 调用螺纹刀，建立工件坐标系
M03 S400	// 主轴正转 400r/min
G00 X32 Z102	// 快移车刀至车螺纹循环起点
G76 C2 A60 X28.05 Z17 K0.975 U0.1 V0.15 Q0.4 F1.5	// 粗车、精车螺纹
G00 X80	// 沿径向快速退刀
Z150	// 沿轴向快速退刀至换刀点
T0300	// 取消刀补
M30	// 程序结束

引导问题 5：实际加工中，螺纹车削与外圆车削的操作规范是一样的吗？＿＿＿＿

提示

实际加工中，车削螺纹时需注意以下事项。

① 在螺纹车削期间，进给倍率修调无效。

② 在螺纹车削期间，主轴速度倍率修调无效。

③ 在螺纹车削期间，进给保持功能无效。如果在螺纹车削期间按了进给暂停按钮，刀具只有执行到非螺纹车削程序段才会停止。也就是说，执行 G32、G82、G76 指令时，在保持进给状态下，只有完成螺纹车削的全部动作之后才停止进给。

④ 在单段状态下执行螺纹车削，只有执行到第一个非螺纹车削程序段刀具才会停止。

⑤ 在螺纹车削期间，工作方式不允许由自动方式变为手动、增量或回零方式。

⑥ 如果指令中带有退尾量，短轴退尾量与长轴退尾量的比值不能大于 20。

【任务实施】

一、螺纹轴数控加工工艺分析

1. 工艺分析

　　螺纹轴表面由圆柱面、外螺纹、倒角与圆角组成，尺寸标注完整，轮廓描述清楚。其中，ϕ28mm 圆柱面、总长及左侧 20mm 尺寸有较高的精度要求。形状、位置精度符合未注公差标准要求即可。毛坯为 ϕ30mm 的 2Al2 铝棒料，硬度不高，切削性能良好。加工时采用三爪自定心卡盘装夹，伸出长度不小于 68mm。

2. 制定数车加工工艺路线

　　螺纹轴外轮廓与螺纹部分全部由数车完成，根据先粗后精、最短走刀路线等数控加工基本原则，以及螺纹加工的特点，螺纹轴数控车削加工工艺路线为：平端面→粗车外轮廓→精车外轮廓→车退刀槽→车螺纹→切断。其中，车端面在对刀时由手动完成。

3. 编制刀具卡、工序卡、程序单

　　根据各表面的结构特点和质量要求，确定各表面加工刀具、确定切削参数，编制刀具卡、工序卡、程序单（表 2.3.3 ～表 2.3.5）。

表 2.3.3　螺纹轴数控工序刀具卡

零件名称	螺纹轴		数控加工刀具卡		工序号		20	
工序名称	数车		设备名称		数控车床	设备型号	CAK6140	
工步号	刀具号	刀具名称	刀具材料	刀柄型号	刀具			补偿量/mm
					刀尖半径/mm	直径/mm	刀长/mm	
1	T01	90°外圆偏刀	硬质合金	25mm×25mm				
2	T02	4mm 切断刀	硬质合金	25mm×25mm				
3	T03	60°螺纹刀	硬质合金	25mm×25mm				
编制	***	审核	***	批准	***	共 1 页	第 1 页	

表 2.3.4　螺纹轴数控工序卡

零件名称	螺纹轴	数控加工工序卡		工序号	20	工序 名称	数车	共 1 页
								第 1 页
材料	2Al2	毛坯状态		机床设备	CAK6140	夹具名称		三爪自定心 卡盘

工序简图：

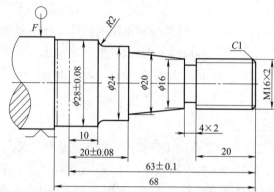

工步号	工步内容	刀具 编号	刀具 名称	量具 名称	主轴转速 /（r/min）	进给速度 / （mm/min）	背吃刀量 /mm
1	粗车 M16 外圆、锥面、ϕ24mm 和 ϕ28mm 外圆及端面、倒角，各 留 0.2mm 余量	T01	90° 外圆偏刀	游标卡尺	1000	200	1
2	精车 M16 外圆、锥面、ϕ24mm 和 ϕ28mm 外圆及端面、倒角	T01	90° 外圆偏刀	游标卡尺	1200	120	0.2
3	车 4mm×2mm 退刀槽	T02	4mm 切断刀	卡钳	500	50	1.5
4	车 M16 螺纹	T03	60° 螺纹刀	螺纹规	600	2mm/r	第一刀为 0.4，最 小切入量 为 0.1
5	切断	T02	4mm 切断刀	游标卡尺	500	50	2
编制	***	日期	******	审核	***	日期	******

表 2.3.5　螺纹轴数控工序程序单

数控加工程序单		产品名称	—		零件名称	螺纹轴	共 1 页
		工序号	2		工序名称	数车	第 1 页
序号	程序编号	工序内容	刀具	切削深度（相对最高点）		备注	
1	O002	粗车和精车轮廓、车 槽、车螺纹、切断	T01、T02、 T03	15mm		半径量	

装夹示意图：

>68

装夹说明：
毛坯伸出卡盘长度不小于 68mm

编程 / 日期	***/******	审核 / 日期	***/******

二、螺纹轴数控车削程序的编制

比较螺纹轴毛坯和成品尺寸，其右端螺纹部分的加工余量较大，编程时宜采用复合循环指令 G71 完成零件外轮廓的粗、精加工。退刀槽宽 4mm、深 2mm，可使用宽 4mm 槽刀，采用外径车槽循环指令 G75 加工，编程原点取在右端面。从简化程序和减小切削力出发，螺纹部分采用 G76 指令加工，螺纹的切入和切出段均取 1 个螺距 2mm，无切屑精车 2 次。其他指令见表 2.3.6。螺纹轴的编程基点、固定车削循环起点等如图 2.3.12 所示。为保证安全换刀，换刀点设于 X100、Z50 点。

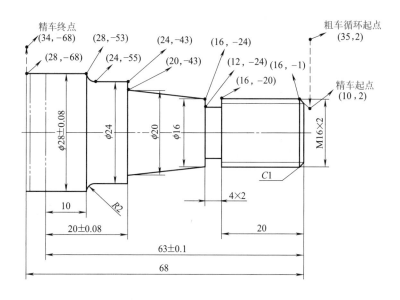

图 2.3.12　螺纹轴的编程基点、固定车削循环起点

表 2.3.6　螺纹轴数控车削程序清单

程序	程序注解	加工内容与简图

%0002
T0101
M03 S1000
 	
G00 X35
Z2 M08
 	
G71 U1 R1 P30 Q40 X0.4 Z0.2 F200
	// 程序名
	// 调用 1 号刀
	// 建立工件坐标系；主轴正转，转速为 1000r/min
	// 沿 X 轴快移车刀至 X35
	// 沿 Z 轴快移车刀至循环起点，冷却液开
	// 外轮廓粗车加工，车刀回至循环起点
		粗车外轮廓，各面有精车余量0.2mm(半径量)

程序	程序注解	加工内容与简图
G00 X100 Z50 M09	// 粗车结束后，车刀快退到换刀点；冷却液停	
M05	// 主轴停转	
M00	// 程序暂停（工序间检测与余量调整）	
M03 S1200	// 主轴正转，转速为 1200r/min	
G00 X35 Z2 M08	// 快速定位到循环起点，冷却液开	
N30 G00 X10	// 由循环起点沿 X 轴快进至（10，2）	
G01 X16 Z−1 F120	// 倒 C1mm	
Z−24	// 精车 φ16mm 外圆	68
X20 Z−43	// 精车圆锥面	精车轮廓到尺寸
X24	// 精车台阶面	
Z−55	// 精车 φ24mm 外圆	
G02 X28 W−2 R2	// 倒 R2mm 圆角	
G01 Z−68	// 精车 φ28mm 外圆	
N40 G01 X34	// 退刀至 X34（精车程序最后一段）	
X100 Z50 M09	// 车刀快退到换刀点；冷却液停	
M05	// 主轴停转	
M00	// 程序暂停（工序间检测与调整）	
T0202	// 调用 2 号切断刀，建立工件坐标系	
M03 S500	// 主轴正转，转速为 500r/min	68
G00 X20	// 沿 X 轴快速移刀至 X20	
Z−24	// 沿 Z 轴快速移刀至槽处	车4mm×2mm槽
G01 X17 F200 M08	// 沿 X 轴进刀，靠近工件，冷却液开	
G75 X12 R2 Q1.5 F50	// 车槽循环加工	
G00 X50	// 沿 X 轴退刀	
X100 Z50 M09	// 车刀快退到换刀点；冷却液停	螺纹牙高为 h=0.65×2=1.3（mm）
M05	// 主轴停转	螺纹小径为
M00	// 程序暂停（工序间检测与调整）	d₁=16−1.3×2=13.4（mm）
T0303	// 调用 3 号螺纹刀，建立工件坐标系	
M03 S600	// 主轴正转，转速为 600r/min	
G00 X20	// 沿 X 轴快速移刀至 X20	
Z2 M08	// 快速移刀至螺纹切削循环起点，冷却液开	68
G76 C2 A60 X28.05 Z19 K0.975 U0.1 V0.15 Q0.4 F2	// 螺纹车削循环，完成后车刀回至循环起点	
G00 X50	// 沿 X 轴快速退刀	车螺纹
X100 Z50 M09	// 车刀快退到换刀点；冷却液停	
M05	// 主轴停	
M00	// 程序暂停（工序间检测与调整）	
T0202	// 调用 2 号切断刀，建立工件坐标系	
M03 S500	// 主轴正转，转速为 500r/min	
G00 X35	// 沿 X 轴快速移刀至 X35	
Z−67	// 沿 Z 轴快速移刀至槽处	
G01 X31 F200 M08	// 沿 X 轴进刀，靠近工件；冷却液开	
G75 X0 R3 Q2 F50	// 车槽循环加工至切断	
G00 X50	// 沿 X 轴退刀	
G00 X100 Z100	// 快速退刀至换刀点	切断
M30	// 程序结束	

三、螺纹轴的数控车削加工

1. 开机

① 启动车床前检查机床的外观、润滑油箱的油位，清除机床上的灰尘和切屑。

② 启动车床后在手动模式下，检查主轴箱、进给轴的传动是否顺畅，是否有异响情况。

③ 回车床参考点。

2. 安装工件与刀具

（1）工件装夹与找正　以棒料毛坯外圆在三爪自定心卡盘中定位并夹牢，毛坯伸出卡盘不小于 68mm。

（2）刀具装夹与找正（注意刀具装夹牢固可靠）　切断刀伸出长度不小于 15mm。螺纹刀的刀尖应与车床主轴线等高，刀尖对称中心线应与工件的轴线垂直，其底面应平放在刀架上。

（3）对刀　先检查各刀号与程序中的刀号名称是否一致。若不一致，根据实际刀号修改程序中的刀号。先进行外圆车刀对刀，再以切断刀的左侧刀尖为刀位点对刀。螺纹刀 X 偏置的设置方法与外圆刀相同。设置 Z 偏置时，需将螺纹刀移至靠近工件右端面边线处，转动工件，通过手轮将刀尖对齐工件端面的边线。然后在刀补界面的试切长度中输入"0"。

（4）程序输入与校验　建议用 U 盘或在线传输方式输入程序，首件试加工时需通过刀路轨迹校验和空运行对程序进行校验。

3. 设置磨损量调整精车余量

（1）设置磨损值　加工前，在刀补表（图 2.3.13）中输入磨损量值。例如，预设外圆刀的 X 方向磨损量为 +0.4mm，Z 方向磨损量为 +0.2mm。

① 按"刀补"键，窗口显示刀补数据。

② 用"▲""▼"移动光标选择刀偏号，例如 1 号刀。

③ 用"▶""◀"移动光标选择编辑选项，例如移到 1 号刀的"X 磨损"。

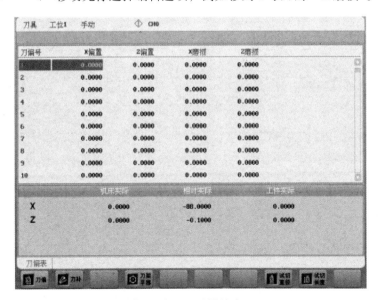

图 2.3.13　刀具补偿窗口

④ 按"Enter"键，系统进入编辑状态，输入"0.4"。

⑤ 修改完毕后，再次按"Enter"键确认。

⑥ 按同样方法输入 Z 方向磨损值，例如"Z 磨损"输入"0.2"。

（2）外圆精车余量调整　粗加工程序段执行完后，执行 M05 和 M00 程序段。此时主轴停转，程序暂停。手工测量外圆，根据粗车后的实际尺寸修改磨损量，以控制外圆的精加工尺寸。

例如，若 X 实测尺寸比编程尺寸大 0.5mm，则"X 磨损"参数设为 -0.1；若实测尺寸比编程尺寸大 0.4mm，则"X 磨损"参数设为 0；若实测尺寸比编程尺寸大 0.3mm，则"X 磨损"参数设为 +0.1。

4. 自动加工

加工时必须遵守车间的安全规程，按数控车床的操作规程要求完成工作。

【实战演练】

加工如图 2.3.14 所示球头螺纹轴 2 件，表 2.3.7 是球头螺纹轴的机械加工工艺过程卡。要求计算编程基点，按照所给的机械加工工艺过程卡，编写数车工序的刀具卡、工序卡、程序单和数控加工程序，并操作数控车床加工出成品。实训上交成果如下。

① 标注编程基点的零件图。

② 刀具卡、工序卡、程序单。

③ 球头螺纹轴完整的数控车削程序。

④ 数车后的球头螺纹轴成品。

⑤ 零件自检表。

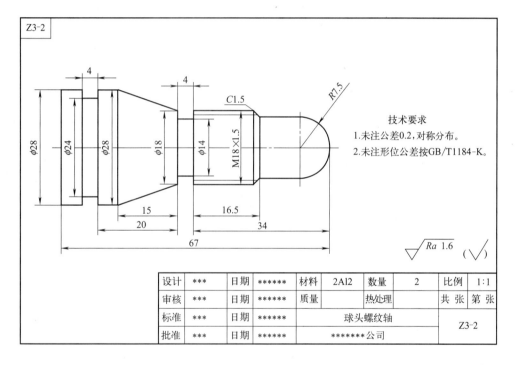

图 2.3.14　球头螺纹轴零件图

表 2.3.7　球头螺纹轴的机械加工工艺过程卡

工序号	工序名称	工序内容	设备
10	备料	ϕ30mm 铝棒料	
20	数车	粗车、精车外轮廓到尺寸；车槽；车螺纹；切断	CAK6140
30	检查	按图样要求检查	

班级：　　　　　　姓名：　　　　　　学号：

零件名称	球头螺纹轴	数控加工刀具卡			工序号		20	
工序名称	数车	设备名称			设备型号			

工步号	刀具号	刀具名称	刀具材料	刀柄型号	刀具			补偿量/mm
					刀尖半径/mm	直径/mm	刀长/mm	
编制		审核		批准		共　页	第　页	

班级：　　　　　　姓名：　　　　　　学号：

零件名称	球头螺纹轴	数控加工工序卡	工序号	20	工序名称	数车	共　页
							第　页
材料		毛坯状态		机床设备		夹具名称	

工序简图：

工步号	工步内容	刀具编号	刀具名称	量具名称	主轴转速/(r/min)	进给速度/(mm/min)	背吃刀量/mm
编制		日期		审核		日期	

班级：　　　　　　　姓名：　　　　　　　　　学号：

数控加工程序单	产品名称		零件名称	球头螺纹轴	共　页
	工序号	20	工序名称	数车	第　页

序号	程序编号	工序内容	刀具	切削深度（相对最高点）	备注

装夹示意图：

装夹说明：

编程 / 日期		审核 / 日期	

班级：　　　　　　　姓名：　　　　　　　　　学号：

数控加工程序清单	产品名称		零件名称	球头螺纹轴	共　页
	工序号	20	工序名称	数车	第　页

程序内容	说明

螺纹轴数控车削加工零件自检表

班级：　　　　　　　姓名：　　　　　　　　学号：

零件名称				球头螺纹轴		允许读数误差	±0.007mm
序号	项目	尺寸要求/mm	使用的量具	测量结果			项目判定
				NO.1	NO.2	NO.3	平均值	
1	外径	$\phi15$						合　否
2	外径	$\phi28$						合　否
3	长度	67						合　否

结论（对上述三个测量尺寸进行评价）	合格品　　　次品　　　废品
处理意见	

【评价反馈】

工件名称			球头螺纹轴				
班级：			姓名：		学号：		
机械加工工艺过程考核评分表							

序号	总配分/分	考核内容与要求		完成情况	配分/分	得分/分	评分标准
1	6	数控加工工序卡	表头信息	□正确 □不正确或不完整	1		1. 工序卡表头信息，1分。根据填写状况分别评分为1分、0.5分和0分
			工步编制	□完整 □缺工步__个	2.5		2. 根据机械加工工艺过程卡编制工序卡工步，缺一个工步扣0.5分，共2.5分
			工步参数	□合理 □不合理__项	2.5		3. 工序卡工步切削参数合理，一项不合理扣0.5分，共2.5分
		小计得分/分					
2	3	数控加工刀具卡	表头信息	□正确 □不正确或不完整	0.5		1. 数控加工刀具卡表头信息，0.5分
			刀具参数	□合理 □不合理__项	2.5		2. 每个工步刀具参数合理，一项不合理扣0.5分，共2.5分
		小计得分/分					
3	6	数控加工程序单	表头信息	□正确 □不正确或不完整	0.5		1. 数控加工程序单表头信息，0.5分
			程序内容	□合理 □不合理__项	3		2. 每个程序对应的内容正确，一项不合理扣0.5分，共2分
			装夹图示	□正确 □未完成	2.5		3. 装夹示意图及安装说明，0.5分
		小计得分/分					
4	35	数控车削程序	与工序卡、刀具卡、程序单的对应度	□合理 □不合理__项			1. 刀具、切削参数、程序内容等对应的内容正确，一项不合理扣2分，共10分，扣完为止
			指令应用	□正确 □不正确或不完整			2. 指令格式正确与否。共25分，每错一类指令按平均分扣除
		小计得分/分					
总配分数/分		50		合计得分/分			

零件名称	球头螺纹轴
班级：　　　　　　　　姓名：　　　　　　　　学号：	

自检记录评分表

序号	测量项目	配分/分	评分标准	自检与检测对比	得分
1	尺寸测量	3	每错一处扣 0.5 分，扣完为止	□正确　错误___处	
2	项目判定	0.6	全部正确得分	□正确　□错误	
3	结论判定	0.6	判断正确得分	□正确　□错误	
4	处理意见	0.8	处理正确得分	□正确　□错误	
总配分数 / 分		5	合计得分 / 分		

数控车削加工零件完整度评分表

班级：　　　　　　　　姓名：　　　　　　　　学号：	

零件名称	球头螺纹轴			零件编号		
评价项目	考核内容	配分/分	评分标准	检测结果	得分/分	备注
球头螺纹轴加工特征完整度	$R7.5mm$ 球面	3	未完成不得分	□完成 □未完成		
	$\phi 15mm$ 圆柱面	2	未完成不得分	□完成 □未完成		
	$C1.5mm$ 倒角	2	未完成不得分	□完成 □未完成		
	$M18 \times 1.5$ 螺纹	2	未完成不得分	□完成 □未完成		
	$\phi 14mm$ 槽	1	未完成不得分	□完成 □未完成		
	圆锥面	2	未完成不得分	□完成 □未完成		
	$\phi 24mm$ 槽	1	未完成不得分	□完成 □未完成		
	$\phi 28mm$ 圆柱面（2 处）	2	未完成不得分	□完成 □未完成		
	小计 / 分	15				
总配分 / 分		15	总得分 / 分			

数控车削加工零件评分表

班级： 姓名： 学号：

| 零件名称 | 球头螺纹轴 | | 零件编号 | |

检测评分记录（由检测员填写）

序号	配分/分	尺寸类型	公称尺寸/mm	上偏差/mm	下偏差/mm	上极限尺寸/mm	下极限尺寸/mm	实际尺寸/mm	得分/分	评分标准
A—主要尺寸（共15分）										
1	2	ϕ	15	0.1	-0.1	15.1	14.9			超差全扣
2	2	ϕ	14	0.1	-0.1	14.1	13.9			超差全扣
3	2	ϕ	28（2处）	0.1	-0.1	28.1	27.9			超差全扣
4	1	ϕ	24	0.1	-0.1	24.1	23.9			超差全扣
5	2	L	4（2处）	0.1	-0.1	4.1	3.9			超差全扣
6	1	L	34	0.1	-0.15	34.1	33.85			超差全扣
7	2	L	20	0.1	-0.1	20.1	19.9			超差全扣
8	3	L	67	0.1	-0.1	67.1	66.9			超差全扣
B—形位公差（共1分）										
9	1	同轴度/mm	0.05	0	0.00	0.02	0.00			超差全扣
C—表面粗糙度（共4分）										
10	4	表面质量/μm	Ra1.6	0	0	1.6	0			超差全扣
总配分数/分			20	合计得分/分						

检查员签字： 教师签字：

数控车削加工素质评分表

零件名称		球头螺纹轴			
序号	配分 / 分	考核内容与要求	完成情况	得分 / 分	评分标准
职业素养与操作规范					
1	2	按正确的顺序开关机床并做检查，关机时车床刀架停放正确的位置，1 分	□ 正确 □ 错误		完成并正确
2		检查与保养机床润滑系统，0.5 分	□ 完成 □ 未完成		完成并正确
3		正确操作机床及排除机床软故障（机床超程、程序传输、正确启动主轴等），0.5 分	□ 正确 □ 错误		完成并正确
4	3	正确使用三爪自定心卡盘扳手、加力杆安装车床工件，0.5 分	□ 正确 □ 错误		完成并正确
5		正确安装和校准卡盘等夹具，0.5 分	□ 正确 □ 错误		完成并正确
6		正确安装车床刀具，刀具伸出长度合理，校准中心高，禁止使用加力杆，1 分	□ 正确 □ 错误		完成并正确
7		正确使用量具、检具进行零件精度测量，1 分	□ 正确 □ 错误		完成并正确
8	5	按要求穿戴安全防护用品（工作服、防砸鞋、护目镜等），1 分	□ 符合 □ 不符合		完成并正确
9		完成加工之后，及时清扫数控车床及其周边，1.5 分	□ 完成 □ 未完成		完成并正确
10		工具、量具、刀具按规定位置正确摆放，1.5 分	□ 完成 □ 未完成		完成并正确
11		完成加工之后，及时清除数控机床和计算机中自编程序与数据，1 分	□ 完成 □ 未完成		完成并正确
配分数 / 分		10	小计得分 / 分		
安全生产与文明生产（此项为扣分，扣完 10 分为止）					
1	扣分	机床加工过程中工件掉落，2 分	工件掉落___次		扣完 10 分为止
2	扣分	加工中不关闭安全门，1 分	未关安全门___次		扣完 10 分为止
3	扣分	刀具非正常损坏，每次 1 分	刀具损坏___把		扣完 10 分为止
4	扣分	发生轻微机床碰撞事故，6 分	碰撞事故___次		扣完 10 分为止
5	扣分	发生重大事故（人身和设备安全事故等）、严重违反工艺原则和情节严重的野蛮操作、违反车间规定等行为			立即退出加工，取消全部成绩
小计扣分 / 分					
总配分数 / 分		10	合计得分 / 分		得分 - 扣分

任务四

半空心轴的数控车削编程与加工

【任务导入】

图 2.4.1 为 1+X 数控车铣加工中级考证（实操）用零件样图，其机械加工工艺过程卡见表 2.4.1。要求规划数控车削工序的加工工艺方案，确定工艺参数，编写数控加工程序。熟练操控数控车床，按工序要求完成零件的加工和检测。

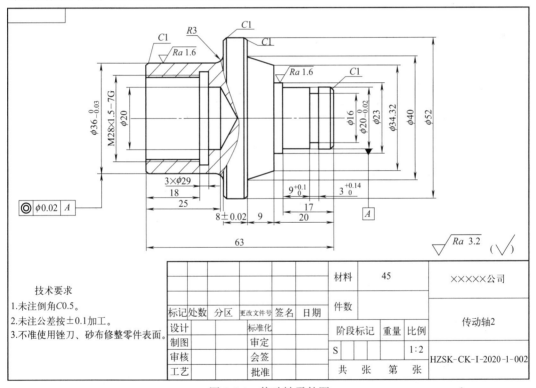

图 2.4.1　传动轴零件图

表 2.4.1　传动轴机械加工工艺过程卡

零件名称	传动轴2	机械加工工艺过程卡	毛坯种类	棒料	共1页
			材料	45钢	第1页
工序号	工序名称	工序内容		设备	工艺装备
10	备料	备料 $\phi55mm \times 65mm$			
20	数车	车左端端面，粗、精车左端 $\phi36mm$ 外圆、$R3mm$ 圆角，钻 $\phi20mm$ 底孔，车 $3mm \times \phi29mm$ 退刀槽，车 $M28 \times 1.5$ 内螺纹至图样要求及倒角		CAK6140	三爪自定心卡盘

续表

零件名称		传动轴 2	机械加工工艺过程卡	毛坯种类	棒料	共 1 页
				材料	45 钢	第 1 页
工序号	工序名称	工序内容			设备	工艺装备
30	数车	车右端端面，保证总长 63mm，粗、精车右端 ϕ20mm、ϕ23mm、ϕ40mm、ϕ52mm 外圆，车 3mm×ϕ16mm 外圆槽至图样要求及倒角			CAK6140	三爪自定心卡盘
40	钳	锐边倒钝，去毛刺			钳台	台虎钳
50	清洗	用清洁剂清洗零件				
60	检验	按图样尺寸检测				
编制		日期		审核		日期

工具 / 设备 / 材料

1. 设备：数控车床 CAK6140。

2. 刀具：ϕ20mm 麻花钻、盲孔车刀、3mm 内槽刀、90° 外圆右偏刀、3mm 切断刀、60° 内螺纹刀。

3. 量具：游标卡尺、表盘式内卡钳、M28 螺纹塞规。

4. 工具：卡盘扳手 1 把、刀架扳手 1 把。

5. 材料：ϕ55mm 的 45 圆钢料。建议初学者使用 ϕ55mm 的铝棒料。

任务要求

1. 编写传动轴的工序卡、刀具卡、程序单。

2. 编制传动轴的数控车削加工程序。

3. 完成传动轴的数控车削加工。

 【工作准备】

一、车削内孔的工艺要点

引导问题 1：与车削外圆相比，车削内孔有什么特点？ _____

_____

车孔时，车刀在半封闭的空间工作，切屑排除困难，而且冷却液难以进入加工区域，散热条件不好，导致切削区热量集中，影响刀具的耐用度和车削加工质量。因此，对于内外径都有加工要求的零件，一般采用"先内后外，内外交叉"的原则安排加工顺序。

另外，为了确保孔的位置精度，当零件上既有面加工又有孔加工时，一般按照先加工面后加工孔的原则安排工序内容，以提高孔的加工精度。

二、数控车削内孔的编程要点

引导问题 2：在数控车床上车削内孔与车削外圆，所用的编程指令是相同的吗？

 孔的车削方法与车削外圆基本相同，所用编程指令是一样的，只是进刀和退刀的方向相反。另外，切削用量应比车削外圆适当减小一些。

【例】　要车削如图 2.4.2 所示零件的内孔部分，其加工工艺过程为：夹住 ϕ38mm 外圆柱面，钻 ϕ22mm 孔，有效深度大于 18mm；用盲孔车刀粗车、精车内圆锥面和 ϕ22mm 内圆柱面。

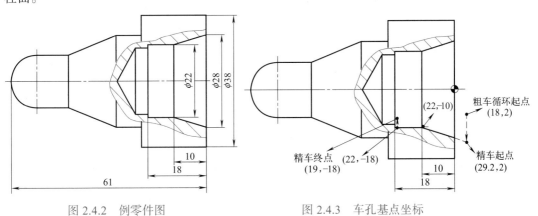

图 2.4.2　例零件图　　　　图 2.4.3　车孔基点坐标

解：以工件右端面几何中心点为工件坐标系原点；起刀点为（100，50），循环起点及各基点坐标如图 2.4.3 所示，其他参数详见程序。

```
%2403
T0101 M03 S900            // 调盲孔车刀，建立工件坐标系，主轴正
                             转，转速为 900r/min
G00 X18 Z2                // 快移车刀至循环起点
```

G71 U1.5 R1 P10 Q20 X-0.4 Z0.2 F 200	// 粗车循环加工，直至粗车完成
N10 G00 X29.2	// 精车加工第一段
G01 X22 Z-10 F100	// 精车内圆锥面
Z-18	// 精车 ϕ22mm 内圆柱面
N20 G00 X19	// 退刀，精车加工最后一段
Z50	// 沿 Z 轴退刀
X100	// 退刀至换刀点
M30	// 程序结束

【任务实施】

一、编写传动轴数控车削工艺文件

1. 传动轴数控车削工艺分析

从结构上看，传动轴零件中间大、两端小，需要调头分两次装夹加工。零件毛坯是刚性轴，采用三爪自定心卡盘夹紧即可。

工序 20 是第一道数控车削工序，按照"先面后孔、先粗后精、先内后外、内外交叉"的原则安排内、外圆的加工顺序，车削工艺路线为：车端面→钻孔→粗、精车左端外圆各部→车螺纹底孔及退刀槽→车螺纹。先车左端面见平，再手动钻孔。然后粗、精车 $\phi36_{-0.03}^{0}$mm、ϕ52mm 外圆到尺寸，以方便工序 30 的定位找正。内螺纹车削前需先车螺纹底孔，再车出退刀槽，最后执行螺纹车削程序。

工序 30 是第二道数控车削工序，采用粗、精车加工保证传动轴右侧部分的尺寸和表面粗糙度要求。数控车削工艺路线为：车右端面→粗、精车右端外圆各部→车退刀槽。为保证 $\phi36_{-0.03}^{0}$mm 外圆与 $\phi20_{-0.02}^{0}$mm 外圆的同轴度要求，按照"基准重合"原则，以 $\phi36_{-0.03}^{0}$mm 外圆为精基准，用百分表找正 ϕ52mm 外圆，使其径向全跳动误差小于 0.02mm。槽 $3_{0}^{+0.14}$mm 使用 3mm 宽的外圆槽刀分层车削，槽宽的尺寸精度由槽刀保证。

2. 刀具选用

传动轴左侧涉及外圆、内孔、内退刀槽、螺纹等特性面的加工，需要使用外圆车刀、麻花钻、盲孔车刀、内槽车刀、内螺纹刀等刀具。传动轴右侧结构涉及端面、外圆、外槽的加工，需使用外圆车刀和切断刀。从材料切削加工性能，以及刀具成本、加工效率和质量出发，选用硬质合金和高速钢作为刀具材料。

3. 传动轴数控车削工艺文件

依据工艺分析编制相关工艺卡片。传动轴 2 左侧数控车削（工序 20）的刀具卡、工序卡、程序单见表 2.4.2～表 2.4.4。传动轴 2 右侧数控车削（工序 30）的刀具卡、工序卡、程序单见表 2.4.5～表 2.4.7。

表 2.4.2　传动轴 2 左侧数控加工（工序 20）的刀具卡

零件名称	传动轴 2		数控加工刀具卡		工序号		20	
工序名称	数车		设备名称	数控车床	设备型号		CAK6140	
工步号	刀具号	刀具名称	刀具材料	刀柄型号	刀具			补偿量/mm
					刀尖半径/mm	直径/mm	刀长/mm	
1	T01	90°外圆右偏刀	硬质合金	25mm×25mm				
2		ϕ20mm 麻花钻	高速钢					
3	T01	90°外圆右偏刀	硬质合金	25mm×25mm				
4	T02	盲孔车刀	硬质合金	ϕ10mm				
5	T03	内槽车刀	硬质合金	ϕ10mm				
6	T04	60°内螺纹车刀	硬质合金	ϕ10mm				
编制	***	审核	***	批准		共　页	第　页	

表 2.4.3　传动轴 2 左侧数控加工（工序 20）的工序卡

零件名称	传动轴 2	数控加工工序卡	工序号	20	工序名称	数车	共 1 页
							第 1 页
材料	45 钢	毛坯状态	机床设备	CAK6140	夹具名称		三爪卡盘

工序简图：

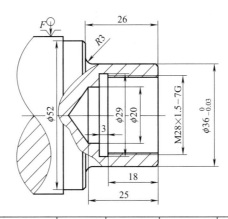

工步号	工步内容	刀具编号	刀具名称	量具名称	主轴转速/(r/min)	进给速度/(mm/min)	背吃刀量/mm
1	将工件用三爪自定心卡盘夹紧，伸出长度不小于 40mm			直尺			
2	车端面见平	T01	90°外圆右偏刀		800	80	0.2
3	钻 M28×1.5-7G 螺纹底孔 ϕ20mm，长度大于 25mm		ϕ20mm 麻花钻	游标卡尺	500	50	1.5

工步号	工步内容	刀具编号	刀具名称	量具名称	主轴转速 /(r/min)	进给速度 /(mm/min)	背吃刀量 /mm
4	粗、精车 $\phi36_{-0.03}^{0}$mm 外圆、R3mm 圆角、两处 C1mm 倒角到尺寸。其余外圆粗、精车到 $\phi52$mm，至长 35mm 处	T01	90°外圆右偏刀	外径千分尺	粗车 1200，精车 1500	粗车 200，精车 100	粗车 1，精车 0.2
5	粗车内孔至 $\phi26.5$mm，长 21mm，倒角	T02	盲孔车刀	游标卡尺	粗车 1000，精车 1200	粗车 150，精车 100	粗车 1，精车 0.2
6	车 3mm×$\phi29$mm 内退刀槽	T03	内槽车刀	内卡规	400	40	1
7	车 M28×1.5-7G 内螺纹至图样要求	T04	60°内螺纹车刀	游标卡尺	600	1.5mm/r	第一刀 0.4；最小切入量 0.1
编制	***	日期	******	审核	***	日期	******

表 2.4.4　传动轴 2 左侧数控加工（工序 20）的程序单

数控加工程序单		产品名称	—	零件名称	传动轴 2	共 页
		工序号	20	工序名称		第 页
序号	程序编号	工序内容		刀具	切削深度（相对最高点）/mm	备注
1	0001	粗车 $\phi36_{-0.03}^{0}$mm 外圆、R3mm 圆角、两处 C1mm 倒角；其余外圆粗车到长 35mm 处。各部分径向均留精车余量 0.2mm		T01	9.4	最大半径量
2	0002	精车 $\phi36_{-0.03}^{0}$mm 外圆、R3mm 圆角、两处 C1mm 倒角到尺寸。其余外圆精车到 $\phi52$mm，至长 35mm 处		T01	0.2	
3	0003	粗车内孔至 $\phi26.5$mm，长 21mm 倒角		T02	3.25	最大半径量
4	0003	车 3mm×$\phi29$mm 退刀槽		T03	1.25	最大半径量
5	0003	车 M28×1.5-7G 内螺纹至图样要求		T04	0.75	

装夹示意图：

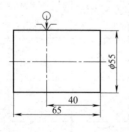

装夹说明：
　将工件用三爪自定心卡盘夹紧，伸出长度不小于 40mm

编程 / 日期	***/******	审核 / 日期	***/******

表 2.4.5　传动轴 2 右侧数控加工（工序 30）的刀具卡

零件名称	传动轴 2		数控加工刀具卡			工序号		30	
工序名称	数车		设备名称	数控车床		设备型号		CAK6140	
工步号	刀具号	刀具名称	刀具材料	刀柄型号	刀具				补偿量/mm
					刀尖半径/mm	直径/mm	刀长/mm		
1	T01	90°外圆右偏刀	硬质合金	25mm×25mm					
2	T01	90°外圆右偏刀	硬质合金	25mm×25mm					
3	T05	3mm 切断刀	硬质合金	25mm×25mm					
编制	***	审核	***	批准		共　页	第　页		

表 2.4.6　传动轴 2 右侧数控加工（工序 30）的工序卡

零件名称	传动轴 2	数控加工工序卡	工序号	30	工序名称	数车	共 1 页
							第 1 页
材料	45	毛坯状态		机床设备	CAK6140	夹具名称	三爪自定心卡盘

工序简图：

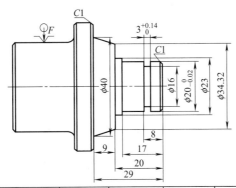

工步号	工步内容	刀具编号	刀具名称	量具名称	主轴转速/(r/min)	进给速度/(mm/min)	背吃刀量/mm
1	将工件用三爪自定心卡盘垫铜片夹 $\phi35_{-0.03}^{0}$mm 外圆，用百分表校 $\phi52$mm 外圆跳动度，使其小于 0.02mm						
2	车右端面，保证总长 63mm	T01	90°外圆右偏刀	游标卡尺	800	100	粗车 1，精车 0.3
3	粗车 $\phi20_{-0.02}^{0}$mm 和 $\phi23$mm 等外圆、两处 C1mm 倒角	T01	90°外圆右偏刀	外径千分尺	粗车 1200，精车 1500	粗车 200，精车 100	粗车 1，精车 0.2
4	精车 $\phi20_{-0.02}^{0}$mm 和 $\phi23$mm 等外圆、两处 C1mm 倒角						
5	车 $3_{0}^{+0.14}$mm 外槽至图样要求	T05	3mm 切断刀	游标卡尺	400	40	1
编制	***	日期	******	审核	***	日期	******

表 2.4.7　传动轴 2 右侧数控加工（工序 30）的程序单

数控加工程序单		产品名称	—	零件名称	传动轴 2	共　页
		工序号	30	工序名称	数车	第　页
序号	程序编号	工序内容	刀具	切削深度（相对最高点）/mm		备注
1	0005	车右端面	T01	27.5		最大半径量
2	0006	粗车 $\phi 20^{\ 0}_{-0.02}$mm 和 $\phi 23$mm 等外圆、两处 $C1$mm 倒角	T01	17.5		最大半径量
3	0007	精车 $\phi 20^{\ 0}_{-0.02}$mm 和 $\phi 23$mm 等外圆、两处 $C1$mm 倒角	T01	0.2		最大半径量
4	0008	车 $3^{+0.14}_{\ 0}$mm 外槽至图样要求	T05	2		最大半径量

装夹示意图：	装夹说明：
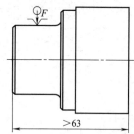 >63	用三爪自定心卡盘垫铜片夹 $\phi 35^{\ 0}_{-0.03}$mm 外圆，用百分表校 $\phi 52$mm 外圆跳动度，使其小于 0.02mm，调整后夹紧

编程 / 日期	***/******	审核 / 日期	***/******

二、传动轴数控车削程序的编制

1. 传动轴左侧数控车削程序

传动轴毛坯为棒料且余量大，需要切除的材料多，宜采用复合循环指令 G71 完成工件外轮廓的粗加工。车削 3mm 内退刀槽时，为防止切削时夹断车刀，采用"进刀→退刀→进刀"的方式加工。依据表 2.4.3 所示传动轴工序 20 的工序卡，外圆粗车背吃刀量为 1mm，退刀量为 0.5mm；精车余量为 0.2mm；粗车主轴转速为 1200mm/min，进给速度为 200mm/min；精车主轴转速为 1500mm/min，进给速度为 100mm/min。内孔粗车背吃刀量为 1mm，退刀量为 0.2mm；精车余量为 0.2mm；粗车主轴转速为 1000mm/min，进给速度为 150mm/min；精车主轴转速为 1200mm/min，进给速度为 100mm/min。

内螺纹部分采用 G76 指令加工，主轴转速为 600mm/min，进给速度为 1.5mm/r；无切屑精车 3 次；螺纹的切入段距离取 2 个螺距（3mm），切出段取 1 个螺距（1.5mm）；第一刀背吃刀量为 0.4mm，最小背吃刀量为 0.1mm；内螺纹的底孔直径和牙高分别为：$D_1=28-1.5=26.5$（mm）和 $h=0.65×1.5=0.975$（mm）。

传动轴左侧的编程基点、内外径复合循环起点等如图 2.4.4 所示。为保证安全，换刀点

设于 $X100$、$Z50$ 处。其他指令及参数见表 2.4.8 ～表 2.4.10。

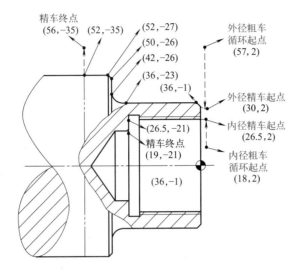

图 2.4.4　传动轴左侧编程基点、内外径复合循环起点

表 2.4.8　传动轴 2 工序 20（粗车外圆）程序清单

程序	程序注解	加工内容与简图

%0001
T0101 M03 S1200
 	
G00 X57 M08
Z2
G71 U1 R0.5 P10 Q20 X0.2
Z0.1 F200
	// 程序名
	// 调用 T01 刀，建立坐标系；主轴转速为 1200r/min
	// 快移车刀靠近工件，冷却液开
	// 快移车刀到循环起点
	// 粗车 $\phi36$mm、$\phi52$mm 外圆
		粗车左侧轮廓

G00 X100
Z100 M09
M05
M00
M03 S1500
G00 X57 Z2 M08
N10 G00 X30
G01 X36 Z1 F100
Z-23
G02 U6 W-3 R3
G01 X50
X52 W-1
Z-35
N20 G01 X56
	// 沿 X 轴快速退刀
	// 沿 Z 轴快速退刀至换刀点，冷却液关
	// 主轴停转
	// 程序暂停（工序间测量、尺寸调整）
	// 主轴正转，转速为 1500r/min
	// 车刀快移到循环起点，冷却液开
	// 精车第一段，沿 X 轴快速移刀靠近工件
	// 精车左端 C1mm 倒角
	// 精车左端 $\phi36$mm 外圆
	// 精车 R3mm 圆弧
	// 精车台阶面
	// 倒角
	// 精车 $\phi52$mm 外圆，距左端面 35mm
	// 沿 X 轴退刀，外圆精车结束
		精车左侧轮廓

G00 X100 M09
Z100
M30
	// 沿 X 轴快速移刀，冷却液关
	// 沿 Z 轴快速移刀至换刀点
	// 程序结束	

编程要点：

① 循环指令选用：传动轴零件的内外轮廓主要沿轴向展开，宜采用 G71 指令进行粗车循环。

② 倒角加工设计：精车端面倒角时，建议车刀沿倒角延长线切入，尽量避免快移到端面直接切削。

③ 刀具磨损量调整：为了保证精车后的尺寸精度，粗车后应检测精车余量，通过设置刀具磨损量保证精车余量。

表 2.4.9　传动轴 2 工序 20（精车外圆）程序清单

程序	程序注解	加工内容与简图

%0002
T0101 M03 S1500
 	
G00 X57 Z2 M08
G00 X30
G01 X36 Z1 F100
Z-23
G02 U6 W-3 R3
G01 X50
X52 W-1
Z-35
X56
G00 X100 M09
Z100
M30
	// 程序名
	// 调用 T01 刀，建立坐标系；主轴转速为 1500r/min
	// 快移车刀靠近工件，冷却液开
	// 沿 X 轴快速移刀靠近工件
	// 精车左端 C1mm 倒角
	// 精车左端 ϕ36mm 外圆
	// 精车 R3mm 圆弧
	// 精车台阶面
	// 倒角
	// 精车 ϕ52mm 外圆，距左端面 35mm
	// 沿 X 轴退刀，外圆精车结束
	// 沿 X 轴快速移刀，冷却液关
	// 沿 Z 轴快速移刀至换刀点
	// 程序结束
		精车左侧轮廓到尺寸

编程要点：精车前需调整刀具磨损量和进给速度，以保证零件尺寸和表面质量要求。如果车床精度较高，可以使用 G71 指令完成粗、精车加工，则可省略该精车程序。

表 2.4.10　传动轴 2 工序 20（车内孔、内槽、内螺纹）程序清单

程序	程序注解	加工内容与简图

%0003
T0202 M03 S1000
 	
G00 X18 M08
Z2
G71 U1 R0.2 P30 Q40 X-0.2
Z0.1 F150
G00 Z100
X100 M09
	// 程序名
	// 调用盲孔车刀，建立坐标系；主轴转速为 1000mm/min
	// 沿 X 方向快移车刀至 X18mm，冷却液开
	// 轴向快移车刀至循环起点
	// 粗车内孔
	
	// 沿 Z 轴快速退刀
	// 沿 X 轴快速退刀，冷却液关
		粗车内螺纹底孔

M05
M00
M03 S1200
G00 X18 Z2 M08
N30 G00 X26.5
 	
G01 Z-21 F100
N40 G01 X19
	// 主轴停转
	// 程序暂停（工序间测量、尺寸调整）
	// 主轴正转，转速为 1200r/min
	// 车刀快移到循环起点
	// 精车内孔第一段，沿 X 轴快移到精车切削起点
	// 精镗螺纹底孔
	// 沿 X 轴退刀，内孔精车结束
		精车孔到内螺纹底孔尺寸

续表

程序	程序注解	加工内容与简图

G00 Z10
X100 Z100 M09
M05
M00
T0303 M03 S400
 	
G00 X18 Z10 M08
 	
Z-21
G01 X27.5 F40
G00 X26
G01 X28.5 F40
G00 X26
G01 X29 F40
G04 P1
G00 X18
	// 沿 Z 轴方向退刀
	// 快移到换刀点，冷却液关
	// 主轴停转
	// 程序暂停（工序间测量、尺寸调整）
	// 调用内孔槽刀，建立坐标系；主轴正转，转速为 400r/min
	// 快移车刀靠近工件端面，冷却液开
	// 快移车刀到内孔槽处
	// 车槽一次
	// 退刀
	// 车槽二次
	// 退刀
	// 车槽三次
	// 槽底暂停进给 1s
	// 沿 X 向退刀
		车内槽

Z10
X100 Z100 M09
M05
M00
T0404 M03 S600
 	
G00 X20 Z3 M08
G76 C3 A60 X28 Z-20
K0.975 U-0.1 V0.1 Q0.4 F1.5
 	
G00 Z10
X100Z100
M30
	// 沿 Z 向退刀至工件端面外
	// 退至换刀点，冷却液开
	// 主轴停转
	// 程序暂停（工序间测量、尺寸调整）
	// 调螺纹车刀建立坐标系；主轴正转，转速为 600r/min
	// 快移车刀到螺纹循环起点，冷却液开
	// 车螺纹循环
	
	// 沿 Z 轴方向退刀
	// 返回换刀点，冷却液关
	// 主程序结束并复位
		车内螺纹

编程要点：车削较深的径向槽时，建议采用"进刀→退刀→进刀"循环切入的车削方式，以避免夹刀。

2. 传动轴右侧数控车削程序

　　左侧车削后，假定传动轴的总长为 65mm，先采用 G81 指令切除端面，再使用 G71 指令粗车外圆。外圆粗车背吃刀量为 1mm，退刀量为 0.5mm；精车余量为 0.2mm。粗车时主轴转速为 1200mm/min，进给速度为 200mm/min；精车时主轴转速为 1500mm/min，进给速度为 100mm/min。传动轴右侧的编程基点、外径复合循环起点等如图 2.4.5 所示。为保证安全，换刀点设于 X100、Z50 处。其他指令及参数见表 2.4.11～表 2.4.14。

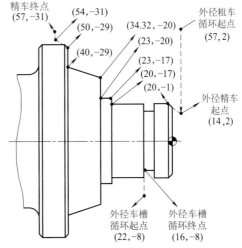

图 2.4.5　传动轴右侧编程基点、外径复合循环起点

表 2.4.11　传动轴 2 工序 30（车右侧端面）程序清单

程序	程序注解	加工内容与简图

%0005
T0101 M03 S1200
 	
G00 X60 Z5 M08
G81 X0 Z1 F80
 	
X0 Z0
G00 X100 Z50
M30
	// 程序名
	// 调用外圆车刀，建立坐标系；主轴正转，转速为1200r/min
	// 快移车刀靠近工件端面，冷却液开
	// 端面固定循环车端面（此处设总长多出 2mm，需根据实际长度调整）
	// 车端面
	// 快移车刀至换刀点
	// 主程序结束并复位
		
		车端面

编程要点：如果毛坯长度较大，可使用 G81 先车削端面到总长，再进行外圆的加工。如果对刀时手动可切削到长度，忽略本程序。

表 2.4.12　传动轴 2 工序 30（粗车右侧外圆）程序清单

程序	程序注解	加工内容与简图

%0006
T0101 M03 S1200
 	
G00 X57 Z2
G71 U1 R0.5 P10 Q20
X0.2 Z0.1 F200
G00 X100 Z100 M09
M05
M00
	// 程序名
	// 调用外圆车刀，建立坐标系；主轴正转，转速为 1200r/min
	// 车刀快移到复合循环起点
	// 粗车循环，完成外圆粗车
	
	// 车刀快移到换刀点，冷却液关
	// 主轴停转
	// 程序暂停（工序间测量、尺寸调整）
		
		粗车右侧轴，留精车量

M03 S1500
G00 X57 Z2 M08
N10 G00 X14
G01 X20 Z-1 F120
Z-17
X23
Z-20
X34.32
X40 W-9
X50
X54 W-2
N20 G00 X57
G00 X100
Z100 M09
M30
	// 主轴正转，转速为 1500r/min
	// 车刀快移到循环起点
	// 精车程序第一段，沿 X 轴快速移刀到切削起点
	// 精车倒角
	// 车外圆
	// 车台阶端面
	// 车台阶
	// 车台阶端面
	// 车锥面
	// 车台阶端面
	// 倒角
	// 退刀，精车程序结束
	// 快速退刀
	// 车刀快移到换刀点，冷却液关
	// 主程序结束并复位
		
		精车右侧轮廓

编程要点：为了保证精车后的尺寸精度，粗车后应检测精车余量，通过设置刀具磨损量保证精车余量。

表 2.4.13 传动轴 2 工序 30（精车右侧外圆）程序清单

程序	程序注解	加工内容与简图
%0007	// 程序名	
T0101 M03 S1500	// 调用外圆车刀，建立坐标系；主轴正转，转速为 1500r/min	
G00 X60 Z2 M08	// 车刀快移到起刀点，冷却液开	
G00 X14	// 沿 X 轴快速进刀	
G01 X20 Z-1 F120	// 精车倒角	
Z-17	// 精车外圆	
X23	// 精车台阶端面	
Z-20	// 精车台阶	
X34.32	// 精车台阶端面	
X40 W-9	// 精车锥面	
X50	// 精车台阶端面	
X54 W-2	// 倒角	
X57	// 退刀	
G00 X100	// 快速退刀	
Z100 M09	// 车刀快移到换刀点，冷却液关	
M30	// 主程序结束并复位	精车右侧轮廓到尺寸

编程要点：精车前需调整刀具磨损量和进给速度，以保证零件尺寸和表面质量要求。如果车床精度较高，可以使用 G71 指令完成粗、精车加工，则可省略该精车程序。

表 2.4.14 传动轴工序 30（精车右侧外槽）程序清单

程序	程序注解	加工内容与简图
%0008	// 程序名	
T0505 M03 S500	// 调用外圆槽刀，建立坐标系；主轴正转，转速为 500r/min	
G00 X22	// 快移车刀靠近工件	
Z-8 M08	// 快移车刀到外圆槽处，冷却液开	
G75 X16 R1 Q1 F50	// 外径车槽循环，完成外槽加工	
G00 X58	// 径向退刀	
X100 Z100 M09	// 快移车刀到换刀点，冷却液关	
M30	// 主程序结束并复位	精车右侧外槽

三、传动轴的数控车削加工

1. 开机

① 启动车床前检查机床的外观、润滑油箱的油位，清除机床上的灰尘和切屑。

② 启动车床后在手动模式下，检查主轴箱、进给轴的传动是否顺畅，是否有异响情况。

③ 回车床参考点。

2. 车削传动轴左侧

（1）工件装夹与找正 以棒料毛坯外圆在三爪自定心卡盘中定位并夹牢，毛坯伸出卡盘不小于 40mm。

（2）刀具装夹与找正（注意刀具装夹牢固可靠） 盲孔车刀、内槽车刀、内螺纹车刀伸出长度需保证孔和内槽的位置，但也不宜伸出过长。内槽车刀中心线应与工件中心线垂直，以保证两个副偏角对称，主刀刃高度对工件中心控制在（0±0.2）mm 范围内，刀片与工件中心尽量等高。内螺纹车刀的刀尖应与车床主轴线等高，刀尖对称中心线应与工件的轴线垂直。

（3）对刀 先检查刀号与程序中的刀号名称是否一致。若不一致，根据实际刀号修改程序中的刀号。先进行外圆车刀对刀，钻孔后进行盲孔车刀、内槽车刀、内螺纹刀的对刀。对刀步骤如下。

① 盲孔车刀对刀。主轴正转，用盲孔车刀车削孔径一小段距离，然后沿 Z 轴退刀。主轴停转，测量孔径，在刀补表相应的 X 偏置中输入孔径值。主轴再次正转，将盲孔车刀移至靠近工件右端面，在增量方式下以小进给量靠近工件，有切屑出现时，在刀补表相应的 Z 偏置中输入"0"。

② 内槽车刀对刀。X 偏置的设置方法与盲孔车刀相同。设置 Z 偏置时，以左侧刀尖为刀位点对刀，将其移至靠近内孔边线处，用左手拨转工件，右手通过手轮将刀尖对齐内孔的边线。然后在刀补界面的试切长度中输入"0"。

③ 内螺纹刀对刀。X 偏置的设置方法与盲孔车刀相同。设置 Z 偏置时，将内螺纹刀移至靠近内孔边线处，用左手拨转工件，右手通过手轮将刀尖对齐内孔的边线。然后在刀补界面的试切长度中输入"0"。

（4）设置磨损量调整精车余量 加工前，在刀补表中输入预设的磨损量值。

（5）程序输入、校验与加工 建议用 U 盘或在线传输方式输入程序，首件试加工时需通过刀路轨迹校验和空运行对程序进行校验。

（6）自动加工 校验无误后，先在"单段"模式下执行，观察车刀位置正确后，再在"自动"模式下执行程序。粗加工程序段执行完后，执行 M05 和 M00 程序段。此时，主轴停转，程序暂停，手工测量外圆，根据粗车后的实际尺寸修改磨损量，以控制外圆的精加工尺寸。然后按"循环启动"键完成后续加工。

3. 车削传动轴右侧

（1）调头装夹工件 采用三爪自定心卡盘装夹已加工的 $\phi36_{-0.03}^{0}$mm 外圆，装夹处需垫铜片以保护已加工好的外圆表面。夹紧前用百分表找正车削的 $\phi52$mm 外圆，跳动误差控制在 0.02mm 以内。

（2）对刀 先检查各刀号与程序中的刀号名称是否一致。若不一致，根据实际刀号修改程序中的刀号。依次进行外圆车刀对刀、切断刀的对刀。

（3）车端面 量取总长，根据需要切除的余量，调整端面车削程序，以保证零件总长。

（4）外圆车削 执行外圆车削程序，操作过程同左侧外圆加工。

（5）精车外圆及槽 执行外圆精车和切槽程序。

加工要点：

① 在粗、精车程序段之间加入回换刀点和 M05、M00 程序段，以方便通过调整刀具磨损量来控制加工精度。

② 若同一方向上有不同偏差方向的尺寸，或尺寸精度相差较大，其精加工最好分开在不同程序中进行。如果必须在同一程序中加工，宜采用中间尺寸编程方式。手工编程时，可以分段设磨损补偿，但这样会使生产效率降低。

【实战演练】

图 2.4.6 为传动轴 3 的零件图，加工 1 件。要求计算编程基点，按照所给的机械加工工艺过程卡（表 2.4.15），编写其中数车工序 20 的刀具卡、工序卡、程序单，编写传动轴 3 完整的数控加工程序，并操作数控车床加工出成品。实训上交成果如下。

① 标注编程基点的零件图。

② 刀具卡、工序卡、程序单。

③ 传动轴 3 完整的数控车削程序。

④ 数控车削后的传动轴 3 成品。

⑤ 零件自检表。

依据图 2.4.6 所给传动轴 3 的零件图和表 2.4.15 所示的机械加工工艺过程卡，填写工序 20 的工序卡。

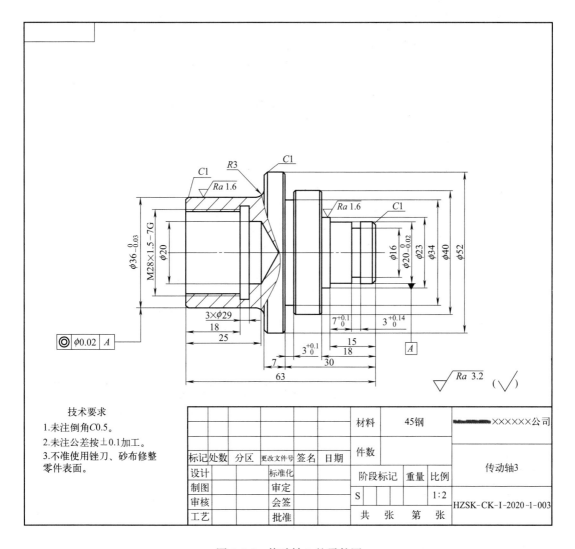

图 2.4.6　传动轴 3 的零件图

表 2.4.15　传动轴 3 机械加工工艺过程卡

零件名称	传动轴 3	机械加工工艺过程卡		毛坯种类	棒料	共 1 页
				材料	45	第 1 页

工序号	工序名称	工序内容	设备	工艺装备
10	备料	备料 $\phi55mm \times 65mm$，材料为 45 钢		
20	数车	车左端端面，粗、精车左端 $\phi36mm$ 外圆，$R3mm$ 圆角，钻 $\phi20mm$ 底孔，车 $3mm \times \phi29mm$ 退刀槽，车 M28 内螺纹至图样要求及倒角	CAK6140	三爪自定心卡盘
30	数车	车右端端面保证总长 63mm，粗、精车右端 $\phi20mm$、$\phi23mm$、$\phi40mm$、$\phi52mm$ 外圆，车 $3mm \times \phi16mm$、$3mm \times \phi34mm$ 外圆槽至图样要求及倒角	CAK6140	三爪自定心卡盘
40	钳	锐边倒钝，去毛刺	钳台	台虎钳
50	清洗	用清洁剂清洗零件		
60	检验	按图样尺寸检测		

编制		日期		审核		日期	

班级：		姓名：		学号：		

零件名称	传动轴 3	数控加工刀具卡		工序号	20	
工序名称	数车	设备名称		设备型号		

工步号	刀具号	刀具名称	刀具材料	刀柄型号	刀具			补偿量 /mm
					刀尖半径 /mm	直径 /mm	刀长 /mm	

编制		审核		批准		共　页	第　页

班级：　　　　　　姓名：　　　　　　　　学号：

| 零件名称 | 传动轴3 | 数控加工工序卡 | 工序号 | 20 | 工序名称 | 数车 | 共　页 |
| | | | | | | | 第　页 |

| 材料 | | 毛坯状态 | | 机床设备 | | 夹具名称 | |

工序简图：

工步号	工步内容	刀具编号	刀具名称	量具名称	主轴转速/（r/min）	进给速度/（mm/min）	背吃刀量/mm

| 编制 | | 日期 | | 审核 | | 日期 | |

班级：　　　　　　姓名：　　　　　　　　学号：

数控加工程序单		产品名称		零件名称	传动轴3	共　页
		工序号	20	工序名称	数车	第　页
序号	程序编号	工序内容	刀具	切削深度（相对最高点）	备注	

装夹示意图：　　　　　　　　　　装夹说明：

| 编程/日期 | | 审核/日期 | |

班级：		姓名：			学号：		
数控加工程序清单	产品名称			零件名称	传动轴 3	共 页	
	工序号	20		工序名称	数车	第 页	
程序内容					说明		

传动轴数控车削加工零件自检表

班级：			姓名：			学号：		
零件名称			传动轴 3			允许读数误差		±0.007mm
序号	项目	尺寸要求 /mm	使用的量具	测量结果				项目判定
				NO.1	NO.2	NO.3	平均值	
1	外径	$\phi 26_{-0.02}^{0}$						合 否
2	外径	$\phi 36_{-0.03}^{0}$						合 否
3	长度	63 ± 0.1						合 否
结论（对上述三个测量尺寸进行评价）					合格品 次品 废品			
处理意见								

【评价反馈】

零件名称		传动轴 3			
班级：		姓名：		学号：	

机械加工工艺过程考核评分表

序号	总配分/分	考核内容与要求		完成情况	配分/分	得分/分	评分标准
1	6	数控加工工序卡	表头信息	□正确 □不正确或不完整	1		1. 工序卡表头信息，1 分。根据填写状况分别评分为 1 分、0.5 分和 0 分
			工步编制	□完整 □缺工步__个	2.5		2. 根据机械加工工艺过程卡编制工序卡工步，缺一个工步扣 0.5 分，共 2.5 分
			工步参数	□合理 □不合理__项	2.5		3. 工序卡工步切削参数合理，一项不合理扣 0.5 分，共 2.5 分
				小计得分/分			
2	3	数控加工刀具卡	表头信息	□正确 □不正确或不完整	0.5		1. 数控加工刀具卡表头信息，0.5 分
			刀具参数	□合理 □不合理__项	2.5		2. 每个工步刀具参数合理，一项不合理扣 0.5 分，共 2.5 分
				小计得分/分			
3	6	数控加工程序单	表头信息	□正确 □不正确或不完整	0.5		1. 数控加工程序单表头信息，0.5 分
			程序内容	□合理 □不合理__项	3		2. 每个程序对应的内容正确，一项不合理扣 0.5 分，共 2 分
			装夹图示	□正确 □未完成	2.5		3. 装夹示意图与安装说明，0.5 分
				小计得分/分			
4	35	数控车削程序	与工序卡、刀具卡、程序单的对应度	□合理 □不合理__项			1. 刀具、切削参数、程序内容等对应的内容正确，一项不合理扣 2 分，共 10 分，扣完为止
			指令应用	□正确 □不正确或不完整			2. 指令格式正确与否，共 25 分，每错一类指令按平均分扣除
				小计得分/分			
总配分数/分		50		合计得分/分			

零件名称	传动轴 3
班级：	姓名：　　　　　　　　　学号：

自检记录评分表

序号	测量项目	配分 / 分	评分标准	自检与检测对比	得分
1	尺寸测量	3	每错一处扣 0.5 分，扣完为止	□正确 错误___处	
2	项目判定	0.6	全部正确得分	□正确　□错误	
3	结论判定	0.6	判断正确得分	□正确　□错误	
4	处理意见	0.8	处理正确得分	□正确　□错误	
总配分数 / 分	5		合计得分 / 分		

数控车削加工零件完整度评分表

班级：				姓名：　　　　　　　　学号：		
零件名称		传动轴 3		零件编号		
评价项目	考核内容	配分 / 分	评分标准	检测结果	得分	备注
传动轴 3 加工特征完整度	外圆 $\phi 36_{-0.03}^{0}$ mm	2	未完成不得分	□完成 □未完成		
	外圆槽 $3_{0}^{+0.14}$ mm × $\phi 16$ mm	2	未完成不得分	□完成 □未完成		
	螺纹 M28 × 1.5-7G	2	未完成不得分	□完成 □未完成		
	外圆台阶 $\phi 23$ mm × 3mm	2	未完成不得分	□完成 □未完成		
	圆角 R3mm	2	未完成不得分	□完成 □未完成		
	小计 / 分	10				
	总配分 / 分	10	总得分 / 分			

数控车削加工零件评分表

班级：			姓名：　　　　　　　　学号：						
零件名称		传动轴 3		零件编号					

检测评分记录（由检测员填写）

序号	配分 / 分	尺寸类型	公称尺寸 /mm	上偏差 /mm	下偏差 /mm	上极限尺寸 /mm	下极限尺寸 /mm	实际尺寸 /mm	得分 / 分	评分标准
A—主要尺寸（共 20 分）										
1	1	ϕ	52	0.1	-0.1	52.1	51.9			超差全扣
2	2	ϕ	20（外圆）	0	-0.02	20	19.98			超差全扣
3	2	ϕ	36	0	-0.03	36	35.97			超差全扣
4	1	ϕ	23	0.1	-0.1	23.1	22.9			超差全扣
5	1	ϕ	16	0.1	-0.1	16.1	15.9			超差全扣
6	2	L	63	0.1	-0.1	63.1	62.9			超差全扣
7	1	L	7	0.1	-0.1	8.02	7.98			超差全扣

序号	配分 / 分	尺寸类型	公称尺寸 /mm	上偏差 /mm	下偏差 /mm	上极限尺寸 /mm	下极限尺寸 /mm	实际尺寸 /mm	得分 / 分	评分标准
A—主要尺寸（共20分）										
8	1	L	18	0.1	-0.1	18.1	17.9			超差全扣
9	1	L	30	0.1	-0.1	20.1	19.9			超差全扣
10	2	L	3（外槽）	0.14	0	3.14	3			超差全扣
11	1	L	7	0.1	0	9.1	9			超差全扣
12	1	C	1	0.1	-0.1	1.1	0.9			3 处
13	1	R	3	0	0	3	3			超差全扣
14	3	螺纹	M28×1.5-7G							合格 / 不合格
B—形位公差（共2分）										
15	2	同轴度 /μm	0.02	0	0.00	0.02	0.00			超差全扣
C—表面粗糙度（共3分）										
16	1	表面质量 /μm	Ra1.6	0	0	1.6	0			超差全扣
17	1	表面质量 /μm	Ra1.6	0	0	1.6	0			超差全扣
18	1	表面质量 /μm	Ra3.2	0	0	3.2	0			超差全扣
总配分数 / 分			25	合计得分 / 分						

检查员签字：　　　　　　　　　　　　　教师签字：

数控车削加工素质评分表

零件名称		传动轴 3			
序号	配分 / 分	考核内容与要求	完成情况	得分 / 分	评分标准
职业素养与操作规范					
1	2	按正确的顺序开关机床并做检查，关机时车床刀架停放正确的位置，1 分	□ 正确 □ 错误		完成并正确
2		检查与保养机床润滑系统，0.5 分	□ 完成 □ 未完成		完成并正确
3		正确操作机床及排除机床软故障（机床超程、程序传输、正确启动主轴等），0.5 分	□ 正确 □ 错误		完成并正确
4	3	正确使用三爪自定心卡盘扳手、加力杆安装车床工件，0.5 分	□ 正确 □ 错误		完成并正确
5		正确安装和校准卡盘等夹具，0.5 分	□ 正确 □ 错误		完成并正确
6		正确安装车床刀具，刀具伸出长度合理，校准中心高，禁止使用加力杆，1 分	□ 正确 □ 错误		完成并正确
7		正确使用量具、检具进行零件精度测量，1 分	□ 正确 □ 错误		完成并正确

零件名称		传动轴3			
序号	配分/分	考核内容与要求	完成情况	得分/分	评分标准
职业素养与操作规范					
8	5	按要求穿戴安全防护用品（工作服、防砸鞋、护目镜等）1分	□符合 □不符合		完成并正确
9		完成加工之后，及时清扫数控车床及其周边，1.5分	□完成 □未完成		完成并正确
10		工具、量具、刀具按规定位置正确摆放，1.5分	□完成 □未完成		完成并正确
11		完成加工之后，及时清除数控机床和计算机中自编程序与数据，1分	□完成 □未完成		完成并正确
配分数/分		10	小计得分/分		
安全生产与文明生产（此项为扣分，扣完10分为止）					
1	扣分	机床加工过程中工件掉落，2分	工件掉落___次		扣完10分为止
2	扣分	加工中不关闭安全门，1分	未关安全门___次		扣完10分为止
3	扣分	刀具非正常损坏，每次1分	刀具损坏___把		扣完10分为止
4	扣分	发生轻微机床碰撞事故，6分	碰撞事故___次		扣完10分为止
5	扣分	发生重大事故（人身和设备安全事故等）、严重违反工艺原则和情节严重的野蛮操作、违反车间规定等行为			立即退出加工，取消全部成绩
小计扣分/分					
总配分数/分		10	合计得分/分		得分－扣分

【课后习题】

一、选择题

1. 数控车削精车工序的进给路线一般沿着零件（　　　）顺序进行。

A. 径向　　　　　　　B. 轮廓　　　　　　　C. 轴线　　　　　　　D. 表面精度

2. 粗车时，一般优先选择尽可能大的（　　　）。

A. 切削速度　　　　　B. 主轴转速　　　　　C. 进给速度　　　　　D. 切削深度

3. 某轴成品直径为ϕ40mm，毛坯采用ϕ45mm的棒料，若精车余量为0.2mm，采用一次走刀，则精车的切削深度为（　　　）mm。

A. 0.4　　　　　　　B. 0.3　　　　　　　C. 0.2　　　　　　　D. 0.1

4. 以下（　　　）车刀适合用来车削淬火钢材料。

A. 高速钢　　　　　　B. YT　　　　　　　C. YG　　　　　　　D. 工具钢

5. 以下（　　　）不适合进行仿形车削。

A. 四边形刀片　　　　B. 正三边形刀片　　　C. 圆形刀片　　　　　D. 35°菱形刀片

6. 华中数控车床设置工件坐标系的指令是（　　　）。

A. G92　　　　　　　B. G90　　　　　　　C. G91　　　　　　　D. G93

7. 数控车床坐标系中，轴向是（　　　）。

A. X轴　　　　　　B. Y轴　　　　　　C. Z轴　　　　　　D. 不确定

8. 华中数控系统中，程序段 G04 X100 中，X 地址为（　　　）。

A. X轴坐标位置　　B. 暂停时间　　　　　C. 镜像轴　　　　　　D. 缩放比例

9. （　　　）是绝对方式编程指令码。

A. G89　　　　　　　B. G90　　　　　　　C. G91　　　　　　　D. G92

10. 用于数控机床冷却液开的是（　　　）。

A. M02　　　　　　　B. M03　　　　　　　C. M08　　　　　　　D. M30

11. MDI 方式是指（　　　）。

A. 自动加工方式　　　　　　　　　　B. 手动输入方式

C. 空运行方式　　　　　　　　　　　D. 单段运行方式

12. 以下（　　　）是顺时针圆弧插补指令。

A. G01　　　　　　　B. G02　　　　　　　C. G03　　　　　　　D. G04

13. G02/G03 X_ Z_ I_ K_ F_ 的指令中，I、K 是指（　　　）。

A. 圆弧起点的位置　　　　　　　　　B. 圆弧终点的位置

C. 圆心相对于圆弧起点的位置　　　　D. 圆心相对于圆弧终点的位置

14. G41 是指刀尖圆弧半径（　　　）补偿。

A. 左　　　　　　　　B. 右　　　　　　　C. 正　　　　　　　D. 负

15. （　　　）是内（外）径切削固定循环指令。

A. G80　　　　　　　B. G81　　　　　　　C. G70　　　　　　　D. G71

16. 某轴类零件因其最大与最小圆柱面的直径相差较大，故采用锻造毛坯，数控车削时宜采用（　　　）指令进行编程。

A. G81　　　　　　　B. G71　　　　　　　C. G72　　　　　　　D. G73

17.G71 U（Δd）R（r）P（ns）Q（nf）X（Δx）Z（Δz）F（f）S（s）T（t）中，ns 和 nf 指的是（　　　）。

A. 精车程序段的个数与段号

B. 粗车程序段的个数与段号

C. 精车程序段的起始段和最后段的程序号

D. 粗车程序段的起始段和最后段的程序号

18. 普通三角螺纹的牙型角为（　　　）。

A. 30°　　　　　　　　B. 45°　　　　　　　　C. 60°　　　　　　　　D. 75°

19. 以下（　　　）是华中数控系统螺纹切削指令。

A. G31　　　　　　　　B. G32　　　　　　　　C. G33　　　　　　　　D. G34

20. 华中数控系统中，程序段 G90 G82 X24 Z-18 F1.5 中 Z-18 的含义为（　　　）。

A. 螺纹终点 Z 轴坐标位置　　　　　　　　　B. 螺纹起点 Z 轴坐标位置

C. 螺纹长度　　　　　　　　　　　　　　　D. 螺纹终点相对于切削起点的矢量距离

21. 华中数控系统中的 G75 指令为（　　　）。

A. 螺纹切削复合循环指令　　　　　　　　　B. 螺纹切削简单循环指令

C. 内径切槽循环指令　　　　　　　　　　　D. 外径切槽循环指令

22. 华中数控系统中，程序段 G90 G82 X24 Z-18 F1.5 中 F1.5 的含义为（　　　）。

A. 主轴转角　　　　　　B. 螺距　　　　　　C. 螺纹导程　　　D. 螺牙高度

23. 华中数控系统中，程序段 G90 G82 X24 Z-18 R2 E2 F1.5 中 R2 的含义为（　　　）。

A. 螺纹头部有 $R2\text{mm}$ 圆角　　　　　　　　　B. 螺纹尾部有 $R2\text{mm}$ 圆角

C. 螺纹切削 X 轴方向退尾量　　　　　　　　D. 螺纹切削 Z 轴方向退尾量

二、判断题

1. 采用恒线速度加工，可以保持各加工表面的 Ra 值均匀一致。　　　　（　　　）

2. 数控车床可加工变导程螺纹。　　　　　　　　　　　　　　　　　　（　　　）

3. 对于数控车床而言，套内零件内孔中的斜面很难加工。　　　　　　　（　　　）

4. 在工艺系统刚性允许的条件下，粗车时的切削深度可取总加工余量的 2/3 ～ 3/4。

（　　　）

5. 为保证精加工质量，精车时宜选用较低的切削速度。　　　　　　　　（　　　）

6. 切断实心材料，当切断刀接近工件中心时，应增加进给量。　　　　　（　　　）

7. 数控车床编程有绝对值编程和增量值编程两种方式，使用时不能将它们放在同一程序段中。

（　　　）

8. 非模态指令只能在本程序段内有效。　　　　　　　　　　　　　　　（　　　）

9. 数控机床用恒线速度控制加工端面、锥度和圆弧时，必须限制主轴的最高转速。

（　　　）

10. 不同的数控机床可能选用不同的数控系统，但数控加工程序指令都是相同的。

（　　　）

11. 华中数控车削指令中，采用增量值编程时，对应于 X、Z 轴分别用 U、W 表示。

（　　　）

12. G00 指令的速度是由数控程序指定的。　　　　　　　　　　　　　　（　　　）

13. 采用 G02 X_ Z_ R_ 格式可以顺时针车削整圆。　　　　　　　　　　（　　）

14. 用 G02 或 G03 车削圆心角大于 180°的圆弧时，R 后的数值（半径）应给负值。

　　　　　　　　　　　　　　　　　　　　　　　　　　　　　（　　）

15. 采用 G41 或 G42 指令时，其所在程序段必须与 G00 或 G01 一起使用。（　　）

16. 采用 G41 或 G42 指令后，可用 G00 取消刀具半径补偿。　　　　　　（　　）

17. 输入刀尖圆弧半径补偿值时，需考虑刀具的刀尖方位。　　　　　　　（　　）

18. 华中数控系统的 G80 与 G81 指令，均为简单固定循环指令，只是刀具路径有所不同。　　　　　　　　　　　　　　　　　　　　　　　　　　　　（　　）

19. 采用 G32 编写螺纹车削程序时，每次走刀只需给出终点位置，系统会自动给出螺纹车刀的切削路径。　　　　　　　　　　　　　　　　　　　　　　　（　　）

20. 采用 G82 编写螺纹车削程序时，只能切削圆柱螺纹。　　　　　　　　（　　）

21. 采用 G76 编写螺纹车削程序时，只需要含 G76 的一个程序段，即可进行螺纹的多次走刀切削。　　　　　　　　　　　　　　　　　　　　　　　　　　（　　）

22. 由于切削螺纹时的切削进给量较大，一般要求分数次进给加工。　　　（　　）

23. 车削螺纹时应合理安排导入距离和导出距离。　　　　　　　　　　　（　　）

24. 相对于 G82 指令，采用 G32 指令编程，可以简化螺纹车削程序。　　（　　）

三、填空题

1. 卧式数控车床有_____导轨和_____导轨两种。档次较高的数控车床一般都采用_____导轨 。

2. 数控车床具有_____和_____插补功能，而且在加工过程中可以自动_____。

3. 数控车削加工时，对于同一方向的外圆或内圆，应尽量在_____后完成，避免频繁更换_____。

4. 刀具的切入、切出，通常沿刀具与工件接触点_____方向或工件轮廓的_____方向 。

5. 车刀一般分为_____车刀、_____车刀和_____车刀三类。

6. 准备功能代___码由___和后面_____数字组成，用来规定刀具与工件之间的相对运动轨迹、机床坐标系、坐标平面等多种操作方式。按有效期可分为_____与_____代码。

7. 若在同一程序段中指定了多个同组 G 代码，只有_____代码有效。

8. _____代码给出机床的辅助动作指令，指定主轴_____、主轴_____、_____结束等，由地址码_____和后面的_____组成，也有_____与_____之分。

9. 当 CNC 执行到 M00 指令时，将_____执行当前程序。

10. 直径编程指令为_____，半径编程指令为_____，通常数控车床一般采用_____编程。

11. 复合循环是用_____的形状数据描述_____的_____。运用复合循环指令，只需指定_____和粗加工的_____，系统会自动计算_____和_____，可简化编程。

12. 华中数控车床系统提供了_____、_____和_____三个复合循环指令。

13. G71 指令适用于_____圆柱需_____次走刀才能完成的粗加工，根据加工件轮廓特点又分为_____和_____内（外）径粗车复合循环两种。

14. 采用 G71 指令时，地址 P 指定的程序段应有且只能有____或____指令，该程序段中不应有____向移动指令。

15. 整圆圆弧插补时，应采用_____方式，或使用 R 指定_____编程。

16. G32 指令执行_____螺纹切削；可以加工_____、_____和_____。

17. G32 W_ F_ 中，W 为螺纹终点相对于_____的_____方向位移量。

18. G82 是螺纹切削 _____。

19. G82 X_ Z_ I_ R_ E_ C_ P_ F_ 中，I 为螺纹_____与螺纹_____的_____差。

20. G76 是螺纹切削_____指令。

四、简答题

1. 与普通车床相比，数控车床有哪些特点？

2. 简述确定进给路线的原则。

3. 简述数控车削切削用量的选择方法。

4. 简述数控车床开机步骤。

5. 数控车床开机后为什么要回参考点？

6. 何为对刀？对刀的目的是什么？

7. 采用圆弧插补指令（G02 或 G03）的 I、K 方式编程时，如何确定 I、K 值？

8. 使用圆弧车刀加工时，为什么要使用刀尖圆弧半径补偿功能？

9. 在数控车床上加工螺纹时，为什么要留出一定的导入距离与导出距离？

10. 车削螺纹时，为什么不可以从螺纹坯尺寸一次车到螺纹尺寸？实际车螺纹时应遵循什么原则？

五、编程题

1. 图 1 所示零件毛坯为 $\phi62mm$ 棒料，要求精加工余量 0.3mm。采用数控车床加工，编写其数控车削加工程序。

2. 图 2 为一套类零件，其外圆和长度方向已加工到尺寸，毛坯孔直径 $\phi37mm$，要求内孔精车余量为 0.2mm。试编写内孔车削的数控加工程序。

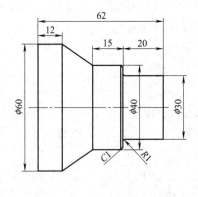

图 1　第 1 题图

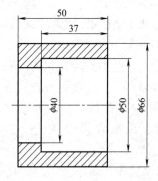

图 2　第 2 题图

3. 编写图 3 所示零件的车削程序。要求以工件的右端面为编程原点建立工件坐标系，计算基点坐标以及位移量，拟定加工路线，合理选择刀具和切削参数。

4. 编写图 4 所示零件车削程序，要求以工件的右端面为编程原点建立工件坐标系，计算基点坐标以及位移量，拟定加工路线，合理选择刀具和切削参数。

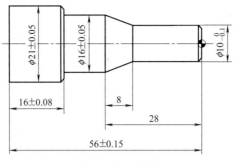

图 3　第 3 题图

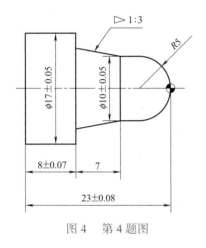

图 4　第 4 题图

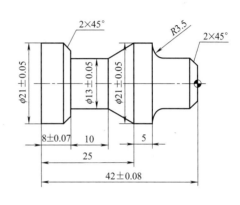

图 5　第 5 题图

5.编写图 5 所示零件车削加工程序，要求以工件的右端面为编程原点建立工件坐标系，计算基点坐标以及位移量，拟定加工路线，合理选择刀具和切削参数。

6.编写图 6 所示零件内孔的车削加工程序，其中 $\phi 10mm$ 孔已钻出，需镗 $\phi 14mm$ 内孔，背吃刀量 1mm，要求采用循环指令编程。

7.编写图 7 所示手柄的车削加工程序，其毛坯为 $\phi 35mm \times 120mm$。

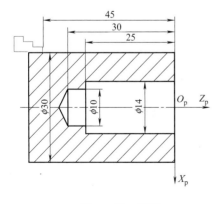

图 6　第 6 题图

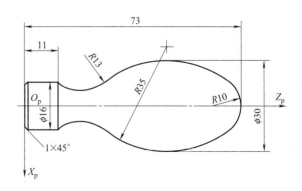

图 7　第 7 题图

8.编写图 8 所示零件右端轮廓的加工程序。已知零件毛坯为 $\phi 35mm \times 48mm$，坐标原点按图示选取。

9. 编写图 9 所示零件的数控车削加工程序。已知毛坯外形为 $\phi50\text{mm} \times 80\text{mm}$，内径已钻孔至 $\phi25\text{mm}$。在数控车床上进行以下加工：（1）车端面；（2）车外圆；（3）镗孔及倒角；（4）车内螺纹；（5）切断。

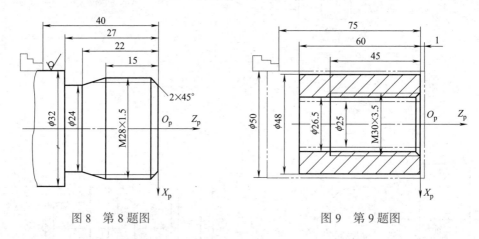

图 8　第 8 题图　　　　　　　　　　　图 9　第 9 题图

10. 编写如图 10 所示零件的数控车削加工程序，计算基点坐标，拟定加工路线，合理选择刀具和切削参数。

11. 编写图 11 所示零件的数控车削加工程序。要求有粗加工与精加工以及螺纹加工等工步。

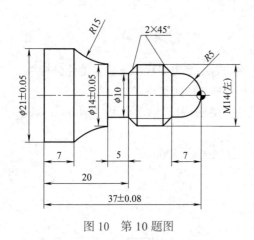

图 10　第 10 题图

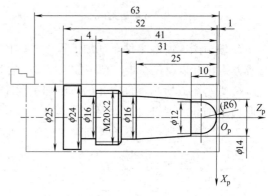

图 11　第 11 题图

【项目总结】

　　数控车削加工是数控加工中较为常见的加工方法之一，广泛应用于机械制造领域。它以普通车削加工为基础，同时结合数控机床的特点，不但能完成普通车削加工的全部内容，而且还能完成普通车削难以进行甚至无法进行的加工，加工精度高且质量稳定可靠，生产效率高。

　　任务一，分析了数控车床的组成和加工特点，数控车削应遵循最短空行程路线、最短切削进给路线、完整轮廓的连续切削进给路线等原则。介绍了数控车床常用的刀具、量具和夹具，以及切削参数的选择方法和原则。分析了简单台阶轴零件的数控车削工艺及编程方法，涉及 G00、G20/G21、G90/G91、G36/G37、G01、G80/G81 等指令的功能含义与编程要求；采用试切法对刀，确定工件坐标系的方法，以及华中数控（HNC-8A 系列）车床的基本操作方法。

　　任务二，主要分析了带圆弧面的轴类零件数控车削工艺及编程方法，涉及 G02/G03、G41/G42/G40，以及循环加工指令 G71/G72/G73 等的含义与编程要求。

　　任务三，主要分析了螺纹轴的数控车削工艺与加工方法。涉及 G32、G82、G76 等多种螺纹加工指令的使用方法和加工要求。

　　任务四，以 1+X 数控车铣加工技能等级（中级）实操考核样题为例，分析了含内孔、螺纹、圆弧等多种型面零件的数控车削工艺制定、调整加工精度的编程方法和实操技巧，以及调头装夹的找正方法。本任务也是数控车床编程综合应用的总结与提高。

　　通过本项目的学习，读者能够掌握数控车床常用的编程指令及其应用方法，能对中等复杂程度的回转类零件的内、外轮廓和螺纹进行车削工艺分析，并编制出较为合理的数车加工程序。

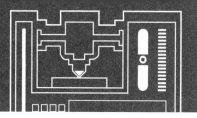

项目三
典型铣削件的数控编程与加工

【项目概述】

　　铣削加工是机械加工中最常用的加工方法之一，主要包括平面铣削和轮廓铣削，也可以对零件进行钻、扩、铰、镗及螺纹加工，是各种板块类和箱体类零件主要加工方法。

　　数控铣削后工件精度可达 IT11～IT6，表面粗糙度 Ra 值可达 12.5～0.8μm。因此，对于板块类和箱体类零件，一般采用数控铣削进行半加工、精加工，也可为精加工和光整加工做准备。

　　本项目主要培养学生学会零件数控铣削工艺性的分析方法；制定合理的工艺流程和走刀路线；选择合适的加工工艺参数；采用适当的加工指令编制数控铣削加工程序，并操作数控铣床加工出合格的零件。

【学习目标】

知识目标

1. 熟悉数控铣削加工顺序、刀具选用和切削用量的确定方法。

2. 掌握数控铣床工件坐标系的建立方法。

3. 掌握快速定位指令、直线插补指令、圆弧插补指令的含义和编程方法。

4. 掌握刀具半径补偿指令和长度补偿指令的含义和编程要求。

5. 掌握子程序调用等辅助功能的含义和使用方法。

6. 掌握钻孔固定循环指令的功能与应用范围。

7. 了解镜像、旋转等简化编程的指令。

技能目标

1. 能根据零件结构特点确定数控加工方案，并合理选择工具、量具和刃具。

2. 能制定典型铣削件的数控铣削加工工艺文件。

3. 能编写简单凸台、型腔、孔系等典型铣削件的数控铣削程序。

4. 能独立完成铣刀的对刀操作与对刀参数的设置。

5. 能熟练操作数控铣床/加工中心，完成典型铣削件的数控铣削加工。

素质目标

1. 养成严谨的工作态度。
2. 形成工程意识和工程思维。
3. 养成良好的 6S 习惯。
4. 培养精益求精的工匠精神。

任务一

凸台件的数控铣削编程与加工

【任务导入】

某机械加工车间需加工如图 3.1.1 所示的简单凸台件，其机械加工工艺过程卡见表 3.1.1。要求技术部的编程员在零件加工前提交该凸台件的数控铣削工序卡、刀具卡、程序单和程序清单；生产部安排工人完成该凸台件的加工，提交合格成品。

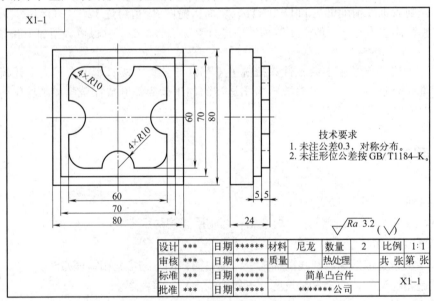

图 3.1.1　简单凸台件零件图

表 3.1.1　简单凸台件机械加工工艺过程卡

零件名称		简单凸台件	机械加工工艺过程卡	毛坯种类	方料	共 1 页
				材料	尼龙	第 1 页
工序号	工序名称	工 序 内 容			设备	工艺装备
1	备料	80mm×80mm×25mm 方料				
2	数铣	精铣顶面；粗、精铣各台阶到图样要求			VMC650	平口钳
3	检查	按图样要求检查				
编制	***		日期	******	审核 *** 日期	******

工具 / 设备 / 材料

1. 设备：数控铣床 VMC650。
2. 刀具：ϕ 14mm 立铣刀。
3. 量具：游标卡尺。
4 工具：平口钳、平口钳扳手、BT40 刀柄和 ϕ 14mm 刀夹。
5. 材料：80mm × 80mm × 25mm 尼龙方料。

任务要求

1. 编写简单凸台件的工序卡、刀具卡、程序单。
2. 编制简单凸台件的数控铣削加工程序。
3. 完成简单凸台件的数控铣削加工。

 【工作准备】

一、数控铣削加工工艺的制定

引导问题 1：与普通铣床相比，数控铣床有哪些特点？ _____

_____

> 　　数控铣床是在传统铣床基础上发展起来的一种自动加工设备，两者的结构相似，加工工艺基本相同。它由机床本体、数控装置、输入 / 输出装置、伺服系统、驱动装置等五个部分组成。数控铣床分为不带刀库和带刀库两大类，带刀库的数控铣床又称为加工中心。
> 　　数控铣床不仅可以加工普通铣床所能加工的平面、孔、螺纹等特征，而且可以通过两轴、三轴联动加工有斜面轮廓、空间轮廓等复杂外形和特征的空间曲面零件，如各种形状复杂的凸轮、样板、模具、叶片、螺旋桨等，在汽车、模具、航空航天等领域得到广泛应用。

引导问题 2：编制零件数控铣削程序前，需要进行哪些工艺方面的分析？

_____

_____

> 确定数控铣削加工内容时，应充分发挥数控铣床的优势，一次安装尽可能加工出多个表面。编程前一般需要完成零件图样的工艺性分析、各加工表面加工方法的选择、加工顺序安排、基准选择、走刀路线确定，以及选择刀具、确定定位与夹具、确定切削用量等工作。

1. 零件数控铣削加工工艺性分析

（1）零件图样的工艺性分析　分析零件图样尺寸标注的正确性以及各图形几何元素间相互关系；检查内壁圆弧（凹圆弧）尺寸，它是限制刀具尺寸的重要因素之一，对加工能力、加工质量和换刀次数有直接影响。

（2）技术要求分析　分析加工表面的尺寸精度、形状精度、位置精度、表面粗糙度等内容。对于有位置精度要求的表面，应尽量安排一次装夹完成加工；对于表面粗糙度要求较高的表面，应采用恒线速切削。加工薄壁、薄板类或精度要求较高的零件时，应考虑变形对加工质量的影响。加工时可采用常规方法如粗、精加工分开或对称去余量法，也可采用调质，以及合适的工件装夹方式、适当的切削用量、合理的加工顺序等来减少变形，保证加工质量。

2. 工艺路线的确定

确定零件加工的工艺路线需要综合考虑各个被加工面的加工顺序、加工方法等因素。

（1）加工顺序的安排方法　数控铣床加工零件时，工序及工序内工步顺序的安排主要有以下几种方法。

① 刀具集中分序法。按所用的刀具安排工序和工序内工步内容，即用同一把刀加工完工件上所有可以完成的部位，再用第二把刀、第三把刀等完成其他部位。该方法换刀次数少，工件装夹次数也较少，可减小不必要的定位误差。

② 粗、精加工分序法。遵循"先粗后精"的原则，先对工件各部位进行粗加工、半精加工，再对需要精加工的表面精加工，按照"粗加工→半精加工→精加工→光整加工"的顺序依次进行，逐步提高表面的加工精度和减小表面粗糙度值。在保证加工质量的前提下，可将粗加工和半精加工合为一道工序或工步。

③ 加工部位分序法。遵循"基准先行、先面后孔、先主后次、内外交叉"等原则，按零件部位安排加工顺序。

（2）加工方法的选择

① 轮廓表面的加工方法。轮廓表面加工方法的选用与其材料特性、表面形状特点、精度要求、表面质量等因素有关。表 3.1.2 列出了与铣削相关的轮廓表面加工方法。

② 孔系加工方法。孔系是加工中心首选加工对象，一次装夹可以完成工件各面的铣削加工和孔系的钻、镗、铰及攻螺纹等加工。

③ 复杂形状零件的精加工方法。常用五坐标联动加工，除控制 X、Y、Z 三个方向的移动外，在加工过程中可使铣刀轴线与加工表面成直角状态；另外，在提高加工精度的同时，还可以对加工表面凹入部分进行加工。

表 3.1.2　与铣削相关的轮廓表面加工方法

序号	加 工 方 案	经济精度等级	表面粗糙度 $Ra/\mu m$	适用范围
1	粗铣→精铣	IT8～IT10	1.6～6.3	一般不淬硬表面
2	粗铣→精铣→刮研	IT6～IT7	0.1～0.8	精度要求较高的不淬硬表面，批量较大时宜采用宽刃精刨方案
3	粗铣→精铣→宽刃精刨	IT6	0.2～0.8	
4	粗铣→精铣→磨削	IT6	0.2～0.8	精度要求较高的淬硬或不淬硬表面
5	粗铣→精铣→粗磨→精磨	IT6～IT7	0.025～0.4	
6	粗铣→精铣→磨削→研磨	IT5 以上	0.006～0.1	高精度表面的加工

3. 加工路线的确定

加工路线对零件的加工精度、表面粗糙度等有直接影响。确定铣削加工路线时，需要从以下几个方面考虑。

（1）顺铣与逆铣的选择　铣削时当铣刀与工件接触部分的旋转方向和工件进给方向相同时，即铣刀对工件的作用力在进给方向上的分力与工件进给方向相同时称为顺铣，反之则称为逆铣，如图 3.1.2 所示。数控铣削应尽量采用顺铣加工，以降低被加工表面的粗糙度，保证尺寸精度。当切削面有硬质层、积渣或工件表面凹凸不平较显著时，应采用逆铣加工。

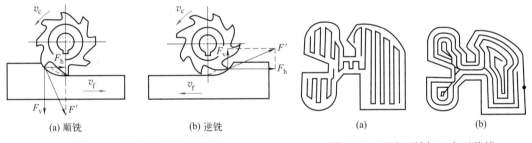

图 3.1.2　顺铣与逆铣示意图　　　　图 3.1.3　型腔区域加工走刀路线

（2）型腔铣削进给路线的选择　铣削型腔件一般先切内腔，后切轮廓。生产中广泛采用环切和行切两种进给路线铣削内腔区域，如图 3.1.3 所示。对于二维型腔，一般采用立铣刀或环形刀进行材料去除和轮廓加工。形状复杂的二维型腔一般采用大直径铣刀粗铣、小直径铣刀精铣的方法加工。

（3）外轮廓表面加工的顺序　外轮廓一般为敞开边界表面，铣削时一般应从工件的边界进刀和退刀，以保证加工的表面的质量。但是，对于刚性差而精度要求高的边界敞开工件，变形是加工时最突出的问题，宜采用从里到外的环切，刀具切削部位的四周可得到毛坯刚性边框的支持，有利于减少加工时的变形。

4. 切削参数的确定

铣削的切削参数包括切削速度、进给量（进给速度）、吃刀量等。数控铣削时，吃刀量必须在刀具轨迹生成前确定，而进给速度与切削速度则可以在其后进行调节。因此，切削参数中应首先确定吃刀量，再依据机床、刀具的承受能力选择切削速度和进给速度。

（1）铣削背吃刀量 a_p、侧吃刀量 a_w 的确定　背吃刀量 a_p 是铣削时平行于铣刀轴线的切削层尺寸，侧吃刀量 a_w 是铣削时垂直于铣刀轴线的切削层尺寸。a_p 与 a_w 的具体表示方法如图 3.1.4 所示。端铣的半精铣背吃刀量一般取 1.5～2.0mm，精铣背吃刀量一般取 0.5～1.0mm；周铣的侧吃刀量一般取 0.1～0.3mm。

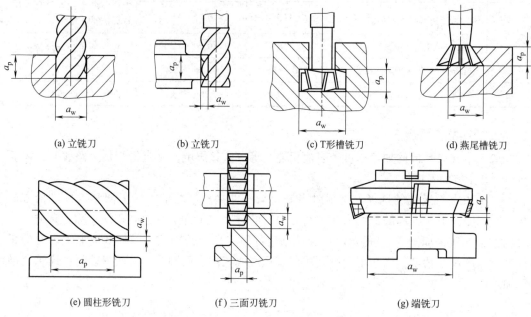

(a) 立铣刀　　(b) 立铣刀　　(c) T形槽铣刀　　(d) 燕尾槽铣刀

(e) 圆柱形铣刀　　(f) 三面刃铣刀　　(g) 端铣刀

图 3.1.4　铣削深度 a_p（背吃刀量）与铣削切削层公称宽度 a_w（侧吃刀量）

（2）切削速度（这里为铣削速度）和主轴转速的确定　切削速度可参考相关手册选用，表 3.1.3 是机械加工工艺师手册给出的常用材料铣削速度，仅供参考。

表 3.1.3　常用材料铣削速度（参考）

工件材料	硬度（HBS）	铣削速度 /（m/min）		工件材料	硬度（HBS）	铣削速度 /（m/min）	
		硬质合金铣刀	高速钢铣刀			硬质合金铣刀	高速钢铣刀
低、中碳钢	<220	60～150	20～40	灰铸铁	150～225	60～110	15～20
	225～290	55～115	15～35		230～290	45～90	10～18
	300～425	35～75	10～15		300～320	20～30	5～15
高碳钢	<220	60～130	20～35	可锻铸铁	110～160	100～200	40～50
	225～325	50～105	15～25		160～200	80～120	25～35
	325～375	35～50	10～12		200～240	70～110	15～25
	375～425	35～45	5～10		240～280	40～60	10～20
合金钢	<220	55～120	15～35	铝镁合金	95～100	360～600	180～300
	225～325	35～80	10～25	不锈钢		70～90	20～35
	325～425	30～60	5～10	铸钢		45～75	15～25

注：精加工的铣削速度可比表值增加 30% 左右。

主轴转速与切削速度之间的关系为

$$n=1000v_c/\pi d$$

式中 n——主轴转速，r/min；

　　　v_c——切削速度，m/min；

　　　d——铣刀直径，mm。

（3）进给量的确定 铣削进给量 F 通常为每分钟进给量，单位为 mm/min。此外，还有每转进给量 f_r（铣刀在旋转一周的时间间隔内相对于工件的位移）和每齿进给量 f_z（铣刀在旋转一个齿的时间间隔内相对于工件的位移）。表 3.1.4 给出了硬质合金立铣刀铣削平面和凸台的进给量。进给速度 F、刀具转速 n、刀具齿数 z 和每齿进给量 f_z 的关系如下：

$$F=nzf_z$$

表 3.1.4　硬质合金立铣刀铣削平面和凸台的进给量（参考）

铣刀类型	铣刀直径 d_0/mm	铣削切削层公称宽度 a_w/mm			
		1～3	5	8	12
		每齿进给量 f_z/（mm/z）			
带整体刀头的立铣刀	10～12	0.03～0.025	—	—	—
	14～16	0.06～0.04	0.04～0.03	—	—
	18～22	0.08～0.05	0.06～0.04	0.04～0.03	—
镶螺旋形刀片的立铣刀	20～25	0.12～0.07	0.10～0.05	0.10～0.03	0.08～0.05
	30～40	0.18～0.10	0.12～0.08	0.10～0.06	0.10～0.05
	50～60	0.20～0.10	0.16～0.10	0.12～0.08	0.12～0.06

注：1. 大进给量用于粗铣，半精铣、精铣可参考小进给量。

2. 表中所列进给量可得到 $Ra=6.3～3.2\mu m$ 的表面粗糙度。

3. 铣削材料的强度或硬度大时，进给量取小值，反之取大值。

二、铣刀的选择

引导问题 3：数控铣床常用铣刀有哪几类？ _____

_____ 。

提示　　数控铣床与普通铣床所用的铣刀一样，由参加切削的刀头和用于夹持的刀柄两部分组成，刀具种类和刀具材料均指刀头部分。数控铣刀常用材料有高速钢、硬质合金、涂层硬质合金等。其中，高速钢铣刀主要用于加工非金属、铸铁、普通结构钢和低合金钢等；硬质合金铣刀用来加工一般钢材等硬材料；涂层硬质合金使铣刀的使用寿命和加工效率得到了有效提高。常用数控铣刀见表 3.1.5。

表 3.1.5　常用铣刀种类与应用

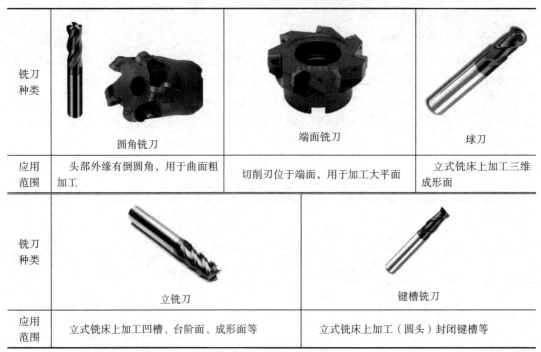

铣刀种类	圆角铣刀	端面铣刀	球刀
应用范围	头部外缘有倒圆角，用于曲面粗加工	切削刃位于端面，用于加工大平面	立式铣床上加工三维成形面
铣刀种类	立铣刀		键槽铣刀
应用范围	立式铣床上加工凹槽、台阶面、成形面等		立式铣床上加工（圆头）封闭键槽等

三、工件坐标系选择指令

引导问题 4：如何设置数控铣削编程坐标系原点位置？

相关知识点

立式数控铣床各坐标系的位置关系如图 3.1.5 所示。工件的 X 轴与 Y 轴的零点，一般设在工件外轮廓的某一个角或轮廓中心；进刀深度方向（Z 轴）的零点，大多取在工件表面。

数控铣削程序中通常用工件坐标系选择指令 G54 ～ G59 设定工件坐标系。此方法实质上是零点（原点）偏置方法，即在编程过程中进行编程坐标的平移变换，使编程坐标系的零点偏移到新的位置。当程序中采用 G54 ～ G59 指定工件坐标系时，只需给出代码（如 G54），而不用给出其他参数。执行该指令后，系统自动使编程零点与工件零点重合。如以下程序。

%1234
G54
G90 G00 X100 Y100 Z50 // 刀具定位到 G54 坐标系下（100，100，50）位置
M30

需要特别注意的是：使用 G54 ～ G59 指令前，应先输入各坐标系的坐标零点在机床坐标系中的坐标值，设定方法见本任务后续的数控铣床对刀操作部分。

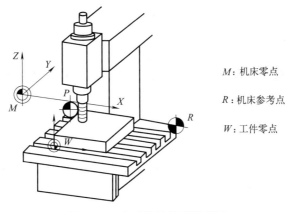

图 3.1.5　立式数控铣床坐标系

M：机床零点

R：机床参考点

W：工件零点

四、坐标平面与位置坐标方式指令

引导问题 5：在三维实体中加工二维平面，如何指定平面的方位和刀具位置？

相关知识点

1. 坐标平面选择指令 G17 ～ G19

数控铣床系统采用 G17 ～ G19 指令，G17 选择 XY 平面，G18 选择 XZ 平面，G19 选择 YZ 平面，如图 3.1.6 所示。该组指令为一组模态指令，可相互注销。由于一般系统初始状态为 G17 状态，故编程时 G17 可省略。

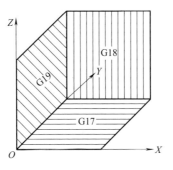

图 3.1.6　坐标平面选择示意图

2. 绝对值编程与增量值编程

数控铣床有两种方法指定刀具的位置，即绝对值编程指令 G90 与增量值编程指令 G91。G90 方式下，坐标值 X、Y、Z 以编程原点为基准计算；G91 方式下，坐标值 X、Y、Z 以前一点为基准计算，再根据终点相对于前一点的方向判断正负，与坐标轴的正方向一致取正值，相反取负值。

五、快速定位指令 G00、直线插补指令 G01 和圆弧插补指令 G02/G03

引导问题 6：数控铣削中，用哪些指令来进行快速定位、直线插补和圆弧插补？_____

相关知识点

1. 快速定位指令 G00

G00 只是快速定位，对中间空行程无轨迹要求，起点与终点之间可能是直线轨迹，也可能是折线轨迹。G00 移动速度是机床设定的空运行速度，可由机床操作面板上的快速修调旋钮修正，与程序中的进给速度无关。

【格式】 G00 X_ Y_ Z_ //X、Y、Z 为移动终点坐标

例如，若当前刀具所在点在 X、Y、Z 坐标轴上的绝对坐标为（10，10，10），需要刀具快速移动到（-10，-5，10）。用绝对值定位的程序段为 G90 G00 X-10 Y-5 Z10；用增量值定位的程序段为 G91 G00 X-20 Y-15 Z0。

G00 一般用于铣削加工前后的快速定位。G00 为模态指令，可由 G01、G02、G03 等功能注销。

2. 直线插补指令 G01

G01 指定刀具以各轴联动的方式，按指定的进给速度，从当前点沿直线移动到目标点。
【格式】 G01 X_ Y_ Z_ F_

说明：

① X、Y、Z 是移动终点坐标。G90 模式下为目标点的绝对坐标，G91 模式下为目标点的增量坐标。

② F 是进给速度指令代码，在被新的 F 指定前，一直有效。

③ 如果 F 后面不指定值，进给速度被当作零。

④ G01 是模态代码，可由 G00、G02、G03 或 G34 功能注销。

图 3.1.7 所示为刀具从 A 点沿直线切削至 B 点，右边分别是以绝对值方式和增量值方式编写的程序段。

3. 圆弧插补指令 G02、G03

G02/G03 使刀具从圆弧起点沿圆弧移动到圆弧终点。G02 为顺时针圆弧插补指令，G03 为逆时针圆弧插补指令。

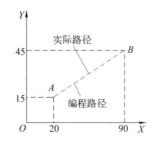

从 *A* 到 *B* 线性进给

绝对值方式编程：G90 G01 X90 Y45 F800

增量值方式编程：G91 G01 X70 Y30 F800

图 3.1.7　G01 指令的编程方式

圆弧插补方向的判断方法：以 *XY* 平面为例，从 *Z* 轴的正方向往负方向看 *XY* 平面，顺时针圆弧插补用 G02 指令编程，逆时针圆弧插补用 G03 指令编程。其余平面的判断方法与此相同，如图 3.1.8 所示。

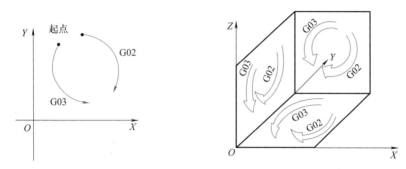

图 3.1.8　圆弧插补方向的判断

【格式】　*XY* 平面圆弧：G17 $\begin{Bmatrix} G02 \\ G03 \end{Bmatrix}$ X_ Y_ $\left\{ \begin{matrix} I\_\ J\_ \\ \hline R\_ \end{matrix} \right\}$ F_

XZ 平面圆弧：G18 $\begin{Bmatrix} G02 \\ G03 \end{Bmatrix}$ X_ Z_ $\left\{ \begin{matrix} I\_\ K\_ \\ \hline R\_ \end{matrix} \right\}$ F_

YZ 平面圆弧：G19 $\begin{Bmatrix} G02 \\ G03 \end{Bmatrix}$ Y_ Z_ $\left\{ \begin{matrix} J\_\ K\_ \\ \hline R\_ \end{matrix} \right\}$ F_

说明：

① X、Y、Z 为圆弧终点坐标。

② I、J、K 分别为圆弧圆心相对于圆弧起点在 *X*、*Y*、*Z* 轴方向的坐标增量，用来指定圆弧中心的位置，其计算方法如图 3.1.9 所示。

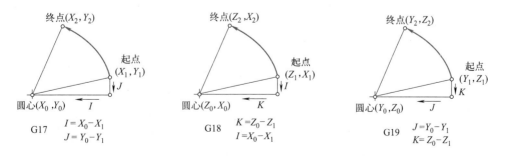

图 3.1.9　I、J、K 计算方法

③ 用半径 R 方式编程时，不需要给出圆心坐标。圆弧的圆心角小于或等于 180°时用"+"编程，圆弧的圆心角大于 180°时用"-"编程，如图 3.1.10 所示。

④ 整圆编程时不可以用 R 方式编程，只能采用 I、J、K 方式。

⑤ 如果在非整圆圆弧插补指令中同时指定 I、J、K 和 R，则以 R 指定的圆弧有效。

例如，铣削如图 3.1.11 所示轮廓，分别用绝对值方式编程和增量值方式编写的程序见表 3.1.6。

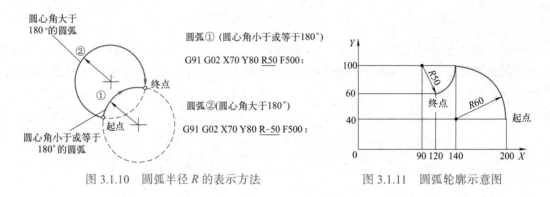

圆弧① (圆心角小于或等于180°)

G91 G02 X70 Y80 R50 F500;

圆弧②(圆心角大于180°)

G91 G02 X70 Y80 R-50 F500；

图 3.1.10　圆弧半径 R 的表示方法　　　　图 3.1.11　圆弧轮廓示意图

表 3.1.6　两种编程方式的程序

绝对值编程	增量值编程
%3111	%3111
G54 G90 M03 S3500	G54 G90 M03 S3500
G03 X140 Y100 R60 F1500	G91 G03 X-60 Y60 R60 F1500
G02 X120 Y60 R50	G02 X-20 Y-40 R50
M30	M30

六、刀具半径补偿指令 G41/G42

引导问题 7：立铣刀是多刃刀具，且刀尖点在圆周上，编程时如何确定刀位点？

 相关知识点

采用立铣刀进行轮廓加工时，其刀位点为刀头中心（刀心）。因为铣刀有一定的半径，所以刀心轨迹和工件轮廓不重合。如图 3.1.12 所示，刀心轨迹与所加工的轮廓相似，两者相差一个刀具半径。因此，若数控装置具有刀具半径补偿功能，则只需要按工件轮廓编程，实际加工时输入刀具半径值，通过刀具半径补偿指令，数控系统便能自动计算出刀头中心的偏移量，进而得到偏移后的中心轨迹，并使系统按刀心轨迹运动。依据铣削方向，刀具半径补偿指令有左、右补偿之分。

G41：刀具半径左补偿（左刀补）指令。面向垂直于加工面的第三轴正向，顺着刀具前进方向看（假定工件不动），例如在 XY 平面内，从 Z 轴正向向原点观察，刀具位于工件轮廓的左边，称为左刀补，如图 3.1.13（a）所示。

G42：刀具半径右补偿（右刀补）指令。面向垂直于加工面的第三轴正向，顺着刀具前进方向看（假定工件不动），刀具位于工件轮廓的右边，称为右刀补，如图 3.1.13（b）所示。

G40：取消刀具半径补偿。使用该指令后，G41、G42 指令无效。

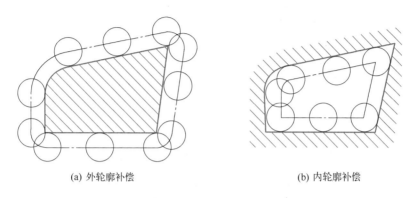

(a) 外轮廓补偿   (b) 内轮廓补偿

图 3.1.12 铣刀铣削轮廓示意图

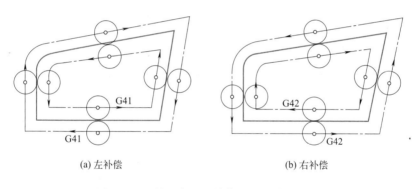

(a) 左补偿   (b) 右补偿

图 3.1.13 铣刀半径左补偿、右补偿的判断

【格式】 以 G17 平面为例

建立刀具半径左补偿：G41 G00/G01 X_ Y_ D_

建立刀具半径右补偿：G42 G00/G01 X_ Y_ D_

取消刀具半径补偿：G40 G00/G01X_ Y_

说明：

① G41、G42、G40 为模态指令，机床的初始状态为 G40，G41 或 G42 必须与 G40 成对使用。

② 建立和取消刀补必须与 G01 或 G00 指令组合完成，不得使用 G02、G03 指令。建立起正确的偏移向量后，系统将按照程序要求实现刀头中心的运动。如图 3.1.14 所示，在建立刀具半径补偿前，刀具应离开工件轮廓适当距离，且应与选定好的切入点和进刀方式协调，以保证刀具半径补偿的有效。取消刀具半径补偿时，终点应放在刀具切出工件位置之后，否则会发生碰撞。

③ X、Y 是 G01、G00 运动的目标点坐标，如图 3.1.14 所示的 A 点。刀具实际用于加工时，系统自动将刀具半径与 A 点坐标进行计算。P_0 点到 A 点的运动，最后的刀心点实际移动到 P_1 点。

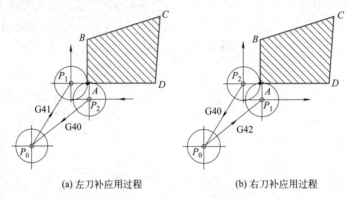

(a) 左刀补应用过程　　　　　　　　(b) 右刀补应用过程

图 3.1.14　建立和取消刀补过程

④ D 为刀具补偿号，也称刀具偏置代号地址字，后面常用 2 位数字表示，一般有 D00～D99。D 代码中存放刀具半径值作为偏置量，用于数控系统计算刀头中心的运动轨迹，偏置量在对刀时手动输入。

⑤ 偏置计算在 G17、G18、G19 确定的平面上进行。在同时对三轴控制时，刀具以投射在平面上的形状按偏置的方式移动。

【例】　利用刀具半径补偿指令编制如图 3.1.15 所示轮廓的加工程序，使用 ϕ8mm 立铣刀，走刀路线为 $P_0 \rightarrow P_1 \rightarrow P_2 \rightarrow P_3 \rightarrow P_0$，起刀点在（40，20）点，切深为 1mm。

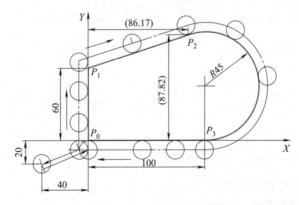

图 3.1.15　刀具半径补偿例题图

%3115	// 程序名
N10 G54 G40 G90	// 初始状态
N20 G00 X0 Y0 Z100 M03 S3000	// 快移刀具至（0，0，100）
N25 Z10	// 铣刀快速定位至 Z10
N30 G41 X-40 Y-20 D03	// 快移至（-40，-20），同时建立刀具半径左补偿
N40 G01 Z-1 F2000	// 下刀
N50 X0 Y-6	// 进刀至 P_0P_1 的延长线上

N60 G01 Y60 F1000	// 铣直线 P_0P_1
N70 X86.17 Y87.82	// 铣直线 P_1P_2
N80 G02 X100 Y70 R-45	// 铣圆弧 P_2P_3
N90 G01 X-6 Y0	// 铣直线 P_3P_0 至延长线（-6,0）点
N95 X-40 Y-20	// 退刀
N98 G00 Z100	// 抬刀至安全高度
N100 G40 X-40 Y-20	// 移刀至（-40,-20,100），取消刀具半径左补偿
N110 M30	// 程序结束

【边学边做】 请读者采用 G42 指令编制如图 3.1.15 所示轮廓的数控加工程序。

七、子程序调用及返回指令 M98、M99

引导问题 8：对于要分层多次重复铣削的大厚度工件，如何简化程序？

🏭 **相关知识点**

当程序中含有某些固定顺序或重复出现的区域（程序段）时，可以将这些程序段或区域作为"子程序"存入存储器内，反复调用以简化程序。子程序以外的加工程序称为"主程序"。例如，粗铣如图 3.1.16 所示零件 10mm 高的凸台，每层切削厚度为 1.5mm，底面留 1mm 精铣余量。手工编程时，将第一层的高度起点设于 Z1.5，铣刀沿 Z 向下切 1.5mm 厚，只需将铣削一层的程序段作为子程序，然后在主程序中调用 7 次，即可完成凸台的粗铣加工。

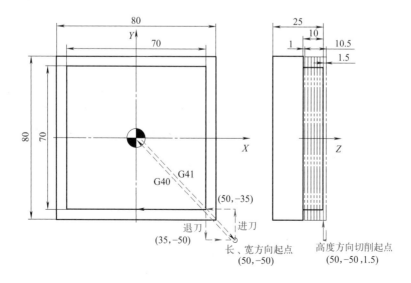

图 3.1.16　分层铣削加工示意图

子程序必须位于主程序中，不得作为独立的文件存在。子程序一般放在主程序 M30 程序段之后。华中数控系统在主程序中用 M98 指令调用子程序，在子程序末尾用 M99 结束子程序，并返回主程序。子程序的编程格式如下。

%□□□□　　　　　　　　// 主程序名
…
M98 P□□□□ L△△△　　// 调用子程序□□□□，调用△△△次
…
M30　　　　　　　　　　// 主程序结束
%□□□□　　　　　　　　// 子程序名
…　　　　　　　　　　　// 子程序内容　　　　⎫
M99　　　　　　　　　　// 子程序结束，返回主程序 ⎭ 子程序的结构

式中　□□□□——被调用的子程序号（为阿拉伯数字）；
　　　△△△——子程序重复调用的次数。

当主程序执行到 M98 时，调用子程序□□□□，执行子程序内容至 M99 时返回到主程序；若 M98 中无 L，表示只执行 1 次子程序；L 不为零，则按 L 后的数字重复执行子程序，然后顺次执行主程序 M98 后的程序段。华中数控系统使用 M98/M99 时，从主程序调用子程序，属于一级子程序调用。子程序可以嵌套，一个被调用的子程序也可以再调用另一个子程序，最多可嵌套 8 级。

表 3.1.7 为采用子程序分层粗铣如图 3.1.16 所示 70mm×70mm×10mm 凸台的数控加工程序。

表 3.1.7　分层粗铣凸台程序清单

程序	程序注解
%3116	// 主程序名
G54 G17 G90	// 初始化，选择编程原点
G00 X0 Y0 Z100 M03 S3000	// 快移铣刀至安全高度；主轴正转，转速为 3000r/min
G00 G41 X50 Y-50 D01 M08	// 快移到（50，-50）点并建立刀具半径左补偿，冷却液开
Z10	// 快速下刀至工件上方
G01 Z1.5 F1000	// 下刀至高度起点
M98 P1001 L7	// 调用 7 次子程序 %1001 粗铣凸台
G90 G01 Z-10 F800	// 下刀至 Z-10，准备精铣底面
M98 P1001	// 调用子程序 %1001，精铣底面
G90 G00 Z100	// 快速抬刀至安全高度
G40 G00 X0 Y0 M09	// 快移铣刀到工件中心上方，同时取消刀具半径补偿，冷却液关
M30	// 主程序结束
%1001	// 子程序名
G91 G01 Z-1.5	// 增量值方式编程下刀 1.5mm
G90 Y-35	// 绝对值方式编程进刀至 Y-35mm
X-35	// 铣凸台底边
Y35	// 铣凸台左边
X35	// 铣凸台上边
Y-50	// 铣凸台右边至 Y-50mm
X50	// 回到铣削起点
M99	// 子程序结束，返回主程序

一、简单凸台件数控铣削工艺的制定

本任务的凸台件由平面、台阶面、开式半圆槽构成，结构较为简单。图样中的零件结构、尺寸标注等符合制图标准，数控铣削之前的工序已完成该件的精坯加工。因此，数铣加工仅需完成凸台顶面和各轮廓的粗、精铣加工。加工时应遵循工序集中原则，以底面和两相邻侧壁为基准，采用台虎钳在一次装夹中由大到小完成各台阶面的加工。

1. 刀具与切削参数的选择

该件为尼龙件，选用高速钢刀具加工即可。上凸台有 4 个 $R10\mathrm{mm}$ 凹圆弧，依据刀具半径小于凹圆弧半径原则，同时为简化手工编程，参照图 3.1.17 所示铣刀包络线示意图，以及凸台拐角长度（11.21mm），选用 $\phi14\mathrm{mm}$ 立铣刀加工。

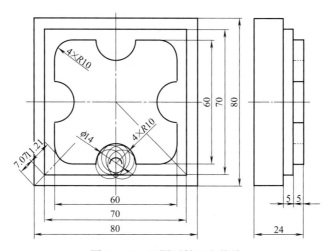

图 3.1.17　凹圆弧铣刀包络线

参照表 3.1.3、表 3.1.4 和尼龙材料的加工性能，确定凸台件粗、精铣时的切削用量，见表 3.1.8。

表 3.1.8　简单凸台件切削用量

刀具材料	工步	$v_c/（\mathrm{mm/min}）$	a_p/mm	$f_z/（\mathrm{mm/z}）$
高速钢	粗铣	120	2.0	0.10
	精铣	150	0.15	0.06

2. 凸台件数控铣削工艺文件的制定

确定零件数控铣削加工工艺，还应充分考虑数控铣床的所有功能，做到加工路线短、走刀次数少、换刀次数少，以确定合理的工艺路线、编写工序卡、绘制走刀路线。根据凸台件工艺性分析，同时为简化手工编程，其数控铣削的加工工艺路线为：精铣上平面→粗、精铣 70mm×70mm 台阶→粗、精铣 60mm×60mm 带凹圆弧台阶。

（1）确定主轴转速　根据表 3.1.8 的切削速度，计算主轴转速如下。

粗铣：$n = \dfrac{1000v_c}{\pi d} = \dfrac{1000 \times 120}{14\pi} \approx 2730 (\text{r/min})$

精铣：$n = \dfrac{1000v_c}{\pi d} = \dfrac{1000 \times 150}{14\pi} \approx 3412 (\text{r/min})$

取整后，粗铣的主轴转速取 2800r/min，精铣的主轴转速取 3500r/min。

（2）确定进给速度 F　该凸台件精度要求不高，粗、精铣可选用一把 ϕ14mm 四齿铣刀加工。参考表 3.1.8 的进给量 f_z 和尼龙材料的加工性能，计算铣削进给速度如下。

粗铣：$F = nzf_z = 2800 \times 4 \times 0.10 = 1120$（mm/min）

精铣：$F = nzf_z = 3500 \times 4 \times 0.06 = 840$（mm/min）

取整后，粗铣进给速度取 1200mm/min，精铣进给速度取 900mm/min。

（3）编写凸台件程序单　依据工艺路线确定工步内容，编制数控加工程序单（表 3.1.9）和刀具卡（表 3.1.10）。

表 3.1.9　凸台件数控加工程序单

数控加工程序单		产品名称		零件名称		简单凸台件	共 1 页
		工序号	2	工序名称		数铣	第 1 页
序号	程序编号	工序内容	刀具	切削深度（相对最高点）/mm		备注	
1	0011	铣顶面		1			
2	0012	粗、精铣 70mm × 70mm 台阶	T01	10			
3	0013	粗、精铣 60mm × 60mm 台阶、圆弧	T01	5			

装夹示意图：

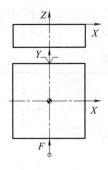

装夹说明：

以底面找正；确保图示 X、Y 轴方向与程序中的一致；毛坯高出平口钳台面不小于 12mm

编程 / 日期	***/******	审核 / 日期	***/******

表 3.1.10　凸台件数控加工刀具卡

零件名称	简单凸台件	数控加工刀具卡				工序号		2
工序名称	数铣	设备名称	数控铣床			设备型号		VMC650
工步	刀具号	刀具名称	刀柄型号	刀具			补偿量 /mm	备注
				直径 /mm	刀长 /mm	刀尖半径 /mm		
1	T01	立铣刀	BT40	14				
2	T01	立铣刀	BT40	14				
3	T01	立铣刀	BT40	14				
编制	***	审核	***	批准	***	共 1 页	第 1 页	

二、简单凸台件数控铣削程序的编制

1. 铣削顶面的工艺设计与程序编制

铣削开放平面一般采用往复铣削的刀具轨迹，如图 3.1.18 所示。刀具轨迹是由若干个相同的"子程序路径"构成的，可以使用子程序简化编程。而且，顶面铣削以刀头中心为刀位点，无须建立刀具半径补偿。依据图 3.1.18 所示刀具轨迹，编制铣顶面程序，见表 3.1.11。

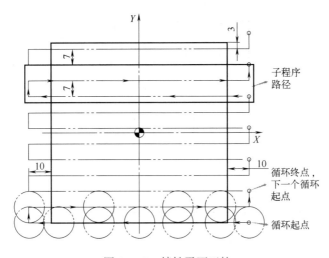

图 3.1.18　精铣平面刀轨

2. 铣削 70mm×70mm 台阶的工艺设计与程序编制

该凸台件的 70mm×70mm 台阶，粗铣时的高度为 10mm，工艺设计与程序参照图 3.1.16 所示零件 10mm 高凸台的铣削。

3. 铣削 60mm×60mm 带圆槽凸台的工艺设计与程序编制

该凸台件的 60mm×60mm 带圆槽凸台在圆角处有 4 个 R10mm 的凸圆弧，为控制切入与切出处的刀痕，采用圆弧进刀，下刀点选在中间凹圆弧圆周的延长线上，如图 3.1.19 所示。使用子程序方法分层铣削，每层切深为 1.5mm，留 1mm 精铣余量，程序见表 3.1.12。

表 3.1.11　精铣凸台顶面程序清单

程序	程序注解
%0011	// 主程序名
G54 G17 G90	// 初始化，选择编程原点
G00 X0 Y0 Z100 M03 S3000	// 快速铣刀至安全高度；主轴正转，转速为 3000r/min
G00 X50 Y-40	// 快移铣刀到（50，-40）点
Z10	// 快速下刀至工件上方
G01 Z0 F840	// 下刀至切削高度
M98 P1002 L6	// 调用 7 次子程序 %1002 粗铣凸台
G90 G00 Z100	// 快速抬刀至安全高度
G00 X0 Y0	// 快移铣刀到工件中心上方
M30	// 主程序结束
%1002	// 子程序名
G91 X-100 F900	// 增量值编程方式沿 X 负向铣削
Y7	// 增量值编程方式沿 Y 正同铣削
X100	// 增量值编程方式沿 X 正向铣削
Y7	// 增量值编程方式沿 Y 正向铣削，一个循环结束
M99	// 子程序结束，返回主程序

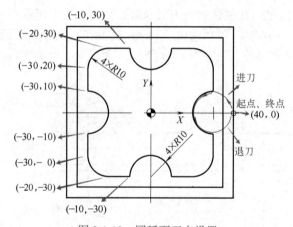

图 3.1.19　圆弧下刀点设置

表 3.1.12　分层粗、精铣花形凸台程序清单

程序	程序注解
%0319	// 主程序名
G54 G17 G90	// 初始化，选择编程原点
G00 X0 Y0 Z100 M03 S2800	// 快移铣刀至安全高度，主轴正转 3000r/min
G00 G41 X40 Y0 D01 M08	// 快移到循环起点（40，0），同时建立刀具半径左补偿，冷却液开
Z10	// 快速下刀至工件上方
G01 Z0.5 F1200	// 下刀至高度起点
M98 P1001 L3	// 调用 3 次子程序 %1001 粗铣凸台
G90 G00 Z100 M05	// 抬刀到安全高度，主轴停
M00	// 程序暂停，工序间检查，准备精铣底面
M03 S3500	// 主轴正转，3500r/min
G01 Z-3.5 F900	// 下刀至 Z-3.5
M98 P1001	// 调用子程序 %1001，精铣轮廓和底面

程序	程序注解
G90 G00 Z100	// 快速抬刀至安全高度
G00 G40 X0 Y0 M09	// 快移铣刀到工件中心上方，同时取消刀补，冷却液关
M30	// 主程序结束
%1001	// 子程序名
G91 G01 Z-1.5 F500	// 增量方式下刀 1.5mm
G90 G03 X30 Y-10 I-10 J0 F800	// 绝对值方式圆弧进刀至（X-10，Y-30）点
G01 Y-20 F1000	// 铣凸台前侧直边
G02 X20 Y-30 R10	// 铣凸台左前圆弧凸角
G01 Y10	// 铣凸台左侧直边
G03 X-10 R10	// 铣凸台左侧凹圆弧
G01 Y-20	// 铣凸台左侧直边
G02 X-30 Y-20 R10	// 铣凸台左后圆弧凸角
G01 Y-10	// 铣凸台后侧直边
G03 X-30 Y10 R10	// 铣凸台后侧中间凹圆弧
G01 Y20	// 铣凸台后侧直边
G02 X-20 Y30 R10	// 铣凸台右后圆弧凸角
G01 X-10	// 铣凸台右侧直边
G03 X10 Y30 R10	// 铣凸台右侧中间凹圆弧
G01 X20	// 铣凸台右侧直边
G02 X30 Y20 R10	// 铣凸台右前圆弧凸角
G01 Y10	// 铣凸台前侧直边
G03 X40 Y0 I0 J-10 F800	// 铣凸台前侧中间凹圆弧到循环起点
M99	// 子程序结束，返回主程序

三、简单凸台件的数控铣削加工

1. 认识数控铣床的操作面板

图 3.1.20 为华中 HNC-8A 系列 8.4 寸彩色液晶显示器，它由显示器、功能键、主菜单键、MDI 键盘和机床控制面板组成。

数控铣床安全
操作

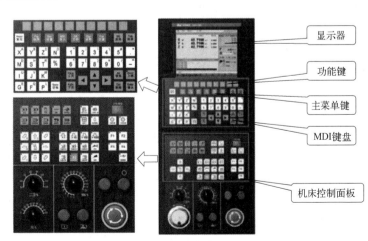

图 3.1.20 HNC-8A 车/铣通用操作面板

NC 键盘包括精简型 MDI 键盘、六个主菜单键（程序、设置、MDI、刀补、诊断、位置）和十个功能键，主要用于零件程序的编制、参数输入、MDI 及系统管理操作等。十个功能键与软件菜单的十个菜单按钮一一对应。

机床控制面板用于直接控制机床的动作或加工过程。

图 3.1.21 为 HNC-8A 系列数控铣床的手持单元，由手摇脉冲发生器、坐标轴选择开关组成，用于手摇方式控制和设置。

图 3.1.22 为 HNC-808/818 数控系统软件的操作界面，由 8 个区域组成。

以上操作面板（界面）上各键或各区域的功能详见机床操作说明书。本书仅列出部分主要功能。

数控铣床手动操作 1

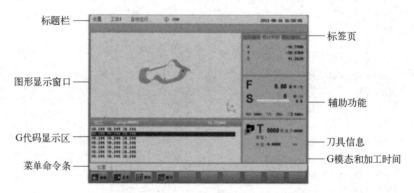

图 3.1.21　铣床手轮　　　　图 3.1.22　HNC-808/818 数控系统软件的操作界面

数控铣床手动操作 2

2. 数控铣床的基本操作

华中数控 HNC-8A 系列数控铣床的开机与关机顺序、回参考点操作，以及手动移动刀架和手动输入程序等基本操作，可参照数控车床。

3. 安装工件与刀具

（1）工件装夹与找正　以方料毛坯两侧面在机用虎钳中定位并夹牢，毛坯伸出钳口高度不小于 12mm。

（2）刀具装夹　将 ϕ14mm 立铣刀在刀夹中装好，将刀柄安装到铣床主轴，用手转动 1 ～ 2 圈，检查刀具装夹是否牢固可靠。

装拆铣刀和钻头

4. 对刀

工件在铣床坐标系中的位置通过对刀确定，也就是确定工件坐标系与铣床坐标系之间的关系。

对刀点是工件在机床上定位装夹后，用于确定工件坐标系在机床坐标系中位置的基准点。一般来说，铣床对刀点应选择在工件坐标系的原点上，或至少与 X、Y 方向重合；Z 方向选在工件表面上方，以避免铣刀刃划伤工件表面。对刀点以刀位点为基准，常见立铣刀和端面铣刀的刀位点是刀具底面中心，钻头的刀位点是钻尖。

数控铣床（加工中心）常用的对刀方法有试切法对刀、百分表或千分表对刀、寻边器对刀等方法，这几种对刀方法的原理一样。一般加工较高精度零件时，宜采用后两种方法。如果零件精度要求不高或无其他对刀用工具，常用试切法进行对刀。

试切法对刀时，铣刀需要分别对 X、Y、Z 三轴对刀，确定对刀点的机床坐标值，并把值输入到相对应的零点偏置地址（G54 ～ G59）中；如果多把刀加工，其余的刀只需对 Z 轴对刀，测出长度补偿值并输入长度补偿地址中就可以了。

　　本书以华中数控 HNC-8A 系统为例，以长方体工件上表面中心建立工件坐标系原点。三轴数控铣床（加工中心）采用试切法对刀的步骤如下。

　　（1）X 轴原点设置

　　① 按下软键的"设置"，光标移动到所要的零点偏置地址（本例中选择 G54），进入 G54 界面，按下"工件测量"后，再按下"中心测量"。

数控铣床试切法
对刀

　　② 试切工件左侧面，按下"读测量值"，再 Z 向抬刀，移刀至工件的右侧试切，按下"读测量值"；再按下"坐标设定"，得出 X 轴中心。

　　（2）Y 轴原点设置　　与 X 轴原点设置方法相同。

　　（3）Z 轴原点设置

　　① 试切工件表面。

　　② 按下"设置"键，光标移到 G54 界面的 Z 轴处，按下"当前位置"。

5. 程序输入与校验

　　建议用 U 盘或在线传输方式输入程序，首件试加工时需通过刀路轨迹校验或空运行对程序进行校验。

数控铣床对棒
对刀

6. 铣削加工

　　（1）精铣顶面　　调用铣程序 O11 加工。

　　（2）粗、精铣 70mm×70mm 台阶面　　调用铣程序 O12，刀具半径输入"7.5"。程序运行到 M00 时，粗铣结束，检测轮廓和台阶孔尺寸。若轮廓的单侧精铣余量为 1mm，则在刀具半径中输入"7"，按"循环启动"键，完成凸台的精铣加工。若轮廓的单侧精铣余量不是 0.5mm，则需要根据实际值输入刀具半径。例如实测后单侧余量是 0.8mm，则在刀具半径中输入"6.7"。

数控铣床运行
控制

　　（3）粗、精铣 60mm×60mm 台阶面　　调用铣程序 O13，加工方法和精度调节方法同 70mm×70mm 台阶的加工。

📝

【实战演练】

图 3.1.23 是一个不对称圆弧凸板零件，尼龙材料，生产 15 件。客户提供了 80mm×80mm×26mm 毛坯，零件的机械加工工艺过程卡见表 3.1.13。要求铣削的背吃刀量不超过 1.5mm，侧面和底面精铣余量为 0.8mm；直角凸台使用线性进刀，圆角凸台使用圆弧进刀；根据工件材料和结构，合理选用铣刀类型、材料和直径；选取合理的工艺参数（如主轴转速、切削速度、切削深度等）。实训上交成果如下。

① 工序卡、刀具卡。

② 不对称圆弧凸板完整的数控铣削程序。

③ 数铣后的成品。

④ 零件自检表。

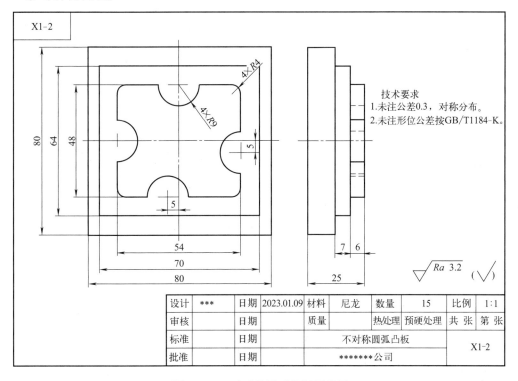

设计	***	日期	2023.01.09	材料	尼龙	数量	15	比例	1:1
审核		日期		质量		热处理	预硬处理	共　张	第　张
标准		日期		不对称圆弧凸板				X1-2	
批准		日期		*******公司					

图 3.1.23　不对称圆弧凸板零件图

表 3.1.13　不对称圆弧凸板机械加工工艺过程卡

零件名称		不对称圆弧凸板	机械加工工艺过程卡	毛坯种类	方料	共 1 页
				材料	尼龙	第 1 页
工序号	工序名称	工序内容			设备	工艺装备
1	备料	80mm×80mm×26mm 方料				
2	数铣	精铣顶面；粗、精铣各台阶和圆弧槽到图样要求			VMC650	平口钳
3	检查	按图样要求检查				
编制	***	日期	******	审核	***	日期	******

班级：　　　　　　　　　　　姓名：　　　　　　　　　　学号：

零件名称	不对称圆弧凸板	数控加工刀具卡				工序号		2	
工序名称	数铣	设备名称				设备型号			
工步号	刀具号	刀具名称	刀具材料	刀柄型号	刀具				补偿量/mm
					刀尖半径/mm	直径/mm	刀长/mm		
编制		审核		批准			共　页	第　页	

班级：　　　　　　　　　　　姓名：　　　　　　　　　　学号：

零件名称	不对称圆弧凸板	数控加工工序卡	工序号	2	工序名称	数铣	共　页
							第　页
材料		毛坯状态	机床设备		夹具名称		

工序简图：

工步号	工步内容	刀具编号	刀具名称	量具名称	主轴转速/(r/min)	进给速度/(mm/min)	背吃刀量/mm
编制		日期		审核		日期	

班级：　　　　　　　　　　　姓名：　　　　　　　　　　学号：

数控加工程序单		产品名称		零件名称		不对称圆弧凸板	共　页
		工序号	2	工序名称		数铣	第　页
序号	程序编号	工序内容	刀具	切削深度（相对最高点）		备注	

装夹示意图：　　　　　　　　　　　　　装夹说明：

编程/日期		审核/日期	

班级：		姓名：		学号：		
数控加工程序清单	产品名称		零件名称	不对称圆弧凸板	共　页	
	工序号	2	工序名称	数铣	第　页	
程序内容				说明		

数控铣削加工零件自检表

班级：		姓名：			学号：			
零件名称		不对称圆弧凸板			允许读数误差		±0.007mm	
序号	项目	尺寸要求	使用的量具	测量结果				项目判定
				NO.1	NO.2	NO.3	平均值	
1	半径 /mm	$R9$						合　否
2	长度 /mm	64						合　否
3	长度 /mm	70						合　否
结论（对上述三个测量尺寸进行评价）				合格品　　次品　　废品				
处理意见								

【评价反馈】

零件名称			不对称圆弧凸板				
班级:			姓名:		学号:		
机械加工工艺过程考核评分表							
序号	总配分/分	考核内容与要求		完成情况	配分/分	得分/分	评分标准
1	6	数控加工工序卡	表头信息	□正确 □不正确或不完整	1		1. 工序卡表头信息，1分。根据填写状况分别评分为1分、0.5分和0分
			工步编制	□完整 □缺工步__个	2.5		2. 根据机械加工工艺过程卡编制工序卡工步，缺一个工步扣0.5分，共2.5分
			工步参数	□合理 □不合理__项	2.5		3. 工序卡工步切削参数合理，一项不合理扣0.5分，共2.5分
		小计得分/分					
2	3	数控加工刀具卡	表头信息	□正确 □不正确或不完整	0.5		1. 数控加工刀具卡表头信息，0.5分
			刀具参数	□合理 □不合理__项	2.5		2. 每个工步刀具参数合理，一项不合理扣0.5分，共2.5分
		小计得分/分					
3	6	数控加工程序单	表头信息	□正确 □不正确或不完整	0.5		1. 数控加工程序单表头信息，0.5分
			程序内容	□合理 □不合理__项	3		2. 每个程序对应的内容正确，一项不合理扣0.5分，共2分
			装夹图示	□正确 □未完成	2.5		3. 装夹示意图与安装说明，0.5分
		小计得分/分					
4	35	数控铣削程序	与工序卡、刀具卡、程序单的对应度	□合理 □不合理__项			1. 刀具、切削参数、程序内容等对应的内容正确，一项不合理扣2分，共10分，扣完为止
			指令应用	□正确 □不正确或不完整			2. 指令格式正确与否，共25分，每错一类指令按平均分扣除
		小计得分/分					
总配分数/分		50		合计得分/分			

零件名称	不对称圆弧凸板		

班级： 姓名： 学号：

自检记录评分表

序号	测量项目	配分/分	评分标准	自检与检测对比	得分/分
1	尺寸测量	3	每错一处扣0.5分，扣完为止	□正确 错误__处	
2	项目判定	0.6	全部正确得分	□正确 □错误	
3	结论判定	0.6	判断正确得分	□正确 □错误	
4	处理意见	0.8	处理正确得分	□正确 □错误	
总配分数/分		5	合计得分/分		

数控铣削加工零件完整度评分表

班级： 姓名： 学号：

零件名称	不对称圆弧凸板			零件编号		
评价项目	考核内容	配分/分	评分标准	检测结果	得分/分	备注
不对称圆弧凸板加工特征完整度	70mm×64mm 大台阶	2	未完成不得分	□完成 □未完成		
	54mm×48mm 小台阶	2	未完成不得分	□完成 □未完成		
	4个 R9mm 凹圆弧	2	未完成不得分	□完成 □未完成		
	4个 R4mm 凸圆弧	4	未完成不得分	□完成 □未完成		
	小计/分	10				
总配分/分		10	总得分/分			

数控铣削加工零件评分表

班级： 姓名： 学号：

零件名称	不对称圆弧凸板	零件编号	

检测评分记录（由检测员填写）

序号	配分/分	尺寸类型	公称尺寸/mm	上偏差/mm	下偏差/mm	上极限尺寸/mm	下极限尺寸/mm	实际尺寸/mm	得分/分	评分标准
A—主要尺寸（共17分）										
1	3	L	70	0.1	-0.1	70.1	69.9			超差全扣
2	3	L	64	0.1	-0.1	64.1	63.9			超差全扣
3	2	L	54	0.1	-0.1	54.1	53.9			超差全扣
4	2	L	48	0.1	-0.1	48.1	47.9			超差全扣
5	2	L	25	0.1	-0.1	40.1	39.9			超差全扣
6	3	L	6	0.1	-0.1	6.1	5.9			超差全扣
7	2	L	7	0.1	-0.1	7.1	6.9			超差全扣
B—形位公差（共6分）										
8	6	对称度/mm	0.05	0	0.00	0.02	0.00			超差全扣
C—表面粗糙度（共2分）										
9	2	表面质量/μm	Ra3.2	0	0	1.6	0			超差全扣
总配分数/分			25	合计得分/分						

检查员签字： 教师签字：

数控铣削加工素质评分表

零件名称		不对称圆弧凸板			
序号	配分 / 分	考核内容与要求	完成情况	得分 / 分	评分标准
职业素养与操作规范					
1	2	按正确的顺序开关机床并做检查，关机时车床刀架停放正确的位置，1分	□ 正确 □ 错误		完成并正确
2		检查与保养机床润滑系统，0.5分	□ 完成 □ 未完成		完成并正确
3		正确操作机床及排除机床软故障（机床超程、程序传输、正确启动主轴等），0.5分	□ 正确 □ 错误		完成并正确
4	3	正确使用虎钳扳手、加力杆安装铣床工件，0.5分	□ 正确 □ 错误		完成并正确
5		正确安装和校准平口钳等夹具，0.5分	□ 正确 □ 错误		完成并正确
6		正确安装铣床刀具，刀具伸出长度合理，清洁刀具与主轴的接触面，1分	□ 正确 □ 错误		完成并正确
7		正确使用量具、检具进行零件精度测量，1分	□ 正确 □ 错误		完成并正确
8	5	按要求穿戴安全防护用品（工作服、防砸鞋、护目镜等），1分	□ 符合 □ 不符合		完成并正确
9		完成加工之后，及时清扫数控铣床及其周边，1.5分	□ 完成 □ 未完成		完成并正确
10		工具、量具、刀具按规定位置正确摆放，1.5分	□ 完成 □ 未完成		完成并正确
11		完成加工之后，及时清除数控机床和计算机中自编程序及数据，1分	□ 完成 □ 未完成		完成并正确
配分数 / 分	10		小计得分 / 分		
安全生产与文明生产（此项为扣分，扣完10分为止）					
1	扣分	机床加工过程中工件掉落，2分	工件掉落___次		扣完10分为止
2	扣分	加工中不关闭安全门，1分	未关安全门___次		扣完10分为止
3	扣分	刀具非正常损坏，每次1分	刀具损坏___把		扣完10分为止
4	扣分	发生轻微机床碰撞事故，6分	碰撞事故___次		扣完10分为止
5	扣分	发生重大事故（人身和设备安全事故等）、严重违反工艺原则和情节严重的野蛮操作、违反车间规定等行为			立即退出加工，取消全部成绩
小计扣分 / 分					
总配分数 / 分	10		合计得分 / 分		得分 - 扣分

任务二

凹槽件的数控铣削编程与加工

【任务导入】

　　某机械加工车间需加工如图 3.2.1 所示的凹槽件，其机械加工工艺过程卡见表 3.2.1。要求技术部的编程员在零件加工前提交该凹槽件的数控铣削工序卡、刀具卡、程序单和程序清单；生产部安排工人完成该凹槽件的加工，提交合格成品。

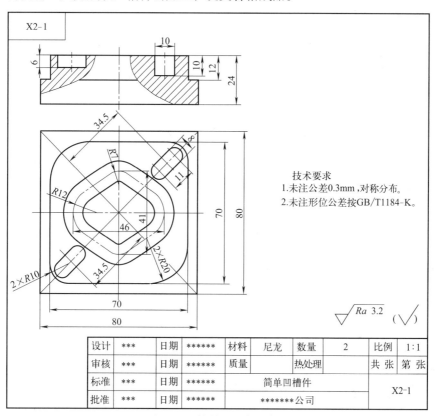

技术要求
1.未注公差0.3mm，对称分布。
2.未注形位公差按GB/T1184-K。

$\sqrt{Ra\ 3.2}$　$(\sqrt{\ })$

设计	***	日期	******	材料	尼龙	数量	2	比例	1:1
审核	***	日期	******	质量		热处理		共 张	第 张
标准	***	日期	******	简单凹槽件				X2-1	
批准	***	日期	******	*******公司					

图 3.2.1　简单凹槽件零件图

表 3.2.1　简单凹槽件机械加工工艺过程卡

零件名称		凹槽件	机械加工工艺过程卡		毛坯种类	方料	共 1 页
					材料	尼龙	第 1 页
工序号	工序名称		工 序 内 容			设备	工艺装备
1	备料	80mm×80mm×25mm 方料					
2	数铣	精铣顶面；粗铣和精铣台阶、凹槽到图样要求				VMC650	平口钳
3	检查	按图样要求检查					
编制	***	日期	******	审核	***	日期	******

工具 / 设备 / 材料

1. 设备：数控铣床 VMC650。
2. 刀具：ϕ16mm 立铣刀、ϕ8mm 立铣刀、ϕ6mm 立铣刀。
3. 量具：游标卡尺。
4. 工具：平口钳、平口钳扳手、BT40 刀柄，以及 ϕ16mm、ϕ8mm、ϕ6mm 刀夹头。
5. 材料：80mm×80mm×25mm 尼龙方料。

任务要求

1. 编写凹槽件的工序卡、刀具卡、程序单。
2. 编制凹槽件的数控铣削加工程序。
3. 完成凹槽件的数控铣削加工。

 【工作准备】

一、铣削内腔轮廓的进刀与下刀方式

引导问题 1：铣削如图 3.2.2 所示零件的内腔，如何选择进、退刀点？_____

图 3.2.2　典型型腔件

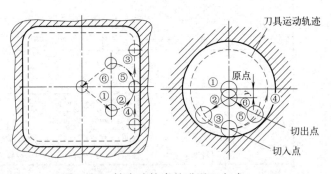

图 3.2.3　铣内腔轮廓的进退刀方式

相关技能点

　　铣削工件内腔时，因无法实现沿轮廓切线方向切入、切出，最好安排从圆弧过渡切入、切出的加工路线，如图 3.2.3 所示。当受工件结构等因素影响，铣刀只能沿法线方向切入和切出时，切入切出点应选在工件轮廓两几何要素的交点上，在切入工件前的切向延长线上另找一点作为完成刀具半径补偿的点，而且进给过程中要避免停顿。

　　此外，为了消除由于系统刚度变化引起的进退刀时的痕迹，可采用多次走刀的方法，减小最后精铣时的余量，以减小切削力。

引导问题2：铣削内腔轮廓时，如何安排走刀路线？_____

 相关技能点

　　铣削内腔轮廓（挖槽）时，一般先铣内腔，后铣轮廓。生产中广泛采用行切、环切和混合切的方法，如图3.2.4所示。其中，行切法走刀路线短，但在相邻两行的转接处会产生滞留刀痕，故多用于粗加工；环切法走刀路线长但获得的表面质量高，主要用于精加工；混合切法综合了行切法、环切法的特点，先用行切去除中间大部分余量，最后环切精铣一刀，总的刀具路径较短，又能获得较好的表面质量。此外，形状复杂的二维型腔大多采用大直径铣刀粗铣、小直径铣刀精铣的方法加工。

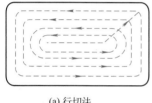

(a) 行切法　　　　　　　　(b) 环切法　　　　　　　　(c) 混合切法

图 3.2.4　内腔轮廓加工的走刀路线

引导问题3：铣削零件内腔手工编程时，一般采用哪种下刀方式？_____

 相关技能点

1. 垂直下刀

直线进刀-
动画

　　传统机械加工中，铣削内腔轮廓（挖槽）大多采用垂直下刀。一般先钻一个比立铣刀大的孔，然后立铣刀在这个孔上垂直进刀加工型腔轮廓。对于小面积铣削的内腔，也可以使用键槽铣刀直接在零件上进刀加工。

2. 螺旋下刀

螺旋下刀-
动画

　　螺旋下刀是立铣刀挖槽时使用得最广泛的一种下刀方式。该方式充分利用了立铣刀的外侧刃口和端部刃口螺旋向下逐渐切削，在进刀过程中很好地解决了机床的平稳性和刀具的磨损问题。需要注意的是螺旋半径不能过小，否则和直接下刀没有区别；另外，速度如果过快，也容易造成刀尖磨损或崩刃。编程时刀具用G02/G03指令做圆弧插补的同时，沿垂直于圆弧插补平面的直线轴同步运动，来构成螺旋线插补运动，如图3.2.5所示。G02、G03分别表示顺时针、逆时针螺旋线插补，判断方向的方法与圆弧插补相同。

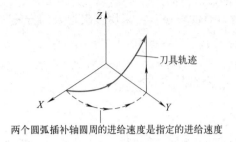

两个圆弧插补轴圆周的进给速度是指定的进给速度

图 3.2.5　螺旋线插补进刀

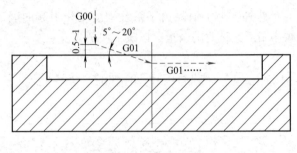

图 3.2.6　斜线下刀

XY 平面的螺旋线插补程序段为

【格式】 $G17 \begin{Bmatrix} G02 \\ G03 \end{Bmatrix} X\_ \ Y\_ \begin{Bmatrix} I\_ \ J\_ \\ R\_ \end{Bmatrix} Z\_ \ F\_$

说明：
① X、Y、Z 是螺旋线的终点坐标。
② I、J 是圆心在 XY 平面上相对螺旋线起点在 X、Y 方向的增量坐标。

3. 斜线下刀

铣削狭窄的长槽时，因其切削范围过小而无法实现螺旋下刀，宜使用沿形状斜下刀。下刀时，刀具先移动到加工表面上方一定距离，再用 G01 或 G02、G03 指令以与工件表面成一角度的斜插方式切入工件，达到 Z 向进刀的目的，如图 3.2.6 所示。斜下刀的起始高度一般设在加工面上方 $0.5 \sim 1\text{mm}$，切入角度一般为 $5° \sim 20°$。

沿形状斜下刀 -
动画

二、简化编程的指令

引导问题 4：图 3.2.1 所示凹槽件中的两个凹槽是否可以用同一个程序加工？

CNC **相关知识点**

生产中经常会遇到某些零件在不同部位有形状相同或相似的区域需要加工，例如要精铣如图 3.2.7 所示的 4 个 80mm × 80mm × 8mm 的方形型腔。除用子程序调用指令外，还可以借助数控系统提供的镜像、旋转、比例缩放等指令来简化程序。

1. 坐标系旋转指令 G68/G69

坐标系旋转指令可将工件坐标系旋转某一指定的角度。当工件结构具有多个形状相同且相对于一点在不同角度分布的区域时，可以把图形单元编成子程序，再利用主程序中的旋转指令调用子程序加工出其他相同的部分。

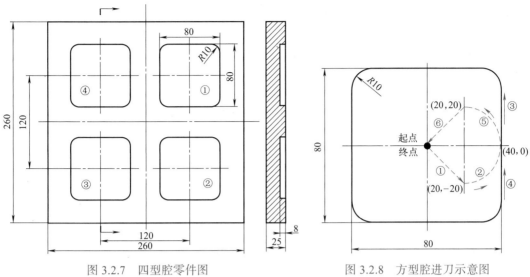

图 3.2.7　四型腔零件图　　　　　　　图 3.2.8　方型腔进刀示意图

【格式】　G68 X_ Y_ P_　　　// 建立旋转变换
　　　　　　…　　　　　　　　// 加工
　　　　　　G69　　　　　　　// 取消旋转变换

式中　X、Y——指定旋转中心坐标点。无论是绝对方式或相对方式，均为指定工件坐标系
　　　　　　中的绝对位置，若不指定则为刀具当前点；
　　　　P——旋转角度，(°)，取值范围为 -360°～360°，逆时针为正，顺时针为负，
　　　　　　G90 或 G91 方式下，P 始终是参考指定平面内第一轴正方向的角度绝对值，
　　　　　　不足 1°的角度以小数点表示，如 8°30′用 8.5°表示。

　　在坐标旋转方式下，不能指定与参考点相关的 G 代码（G28、G29、G30 等）和用来改
变坐标系的指令（G52、G54～G59、G92 等）；若需要采用刀具半径补偿，其补偿平面必
须与旋转平面一致。特别需要注意的是：坐标系旋转取消指令 G69 后的第一个移动指令必
须用绝对值指定；如果用增量值指令，将不执行正确的移动。表 3.2.2 是在数控铣床上采用
圆弧进刀方式（图 3.2.8），使用子程序和旋转指令精铣四个方形凹槽（图 3.2.7）的加工程
序清单。

表 3.2.2　旋转指令铣方槽的程序清单

程序	程序注解
%3207	// 主程序名
G54 G17 G90	// 初始化，选择工件坐标系
M03 S3500	// 主轴正转，转速为 3500r/min；冷却液开
G00 X0 Y0 Z100 M08	// 快移至安全高度
M98 P1001	// 调用子程序，精铣方槽①
G68 X0 Y0 P90	// 坐标系旋转 90°
M98 P1001	// 调用子程序，精铣方槽④
G68 X0 Y0 P180	// 坐标系旋转 180°
M98 P1001	// 调用子程序，精铣方槽③
G68 X0 Y0 P270	// 坐标系旋转 270°
M98 P1001	// 调用子程序，精铣方槽②
G69	// 取消旋转

续表

程序	程序注解
G90 G00 Z100 M09	// 快速抬刀至安全高度；冷却液关
M05	// 主轴停转
M30	// 程序结束
%1001	// 子程序名
G41 G00 X60 Y60 D01	// 快移至方槽①的中心点上方
G00 Z2	// 快速下刀至工件上表面
G01 Z-8 F500	// 慢速垂直下刀至方槽底面
G91 X20 Y-20 F1000	// 以增量值方式编程移动并加入刀具半径左补偿
G03 X20 Y20 R20	// 圆弧进刀
Y30	// 铣右上直边
G03 X-10 Y10 R10	// 铣右上圆弧
G01 X-60	// 铣上侧直边
G03 X-10 Y-10 R10	// 铣左上圆弧
G01 Y-60	// 铣左侧直边
G03 X10 Y-10 R10	// 铣左下圆弧
G01 X60	// 铣下侧圆弧
G03 X10 Y10 R10	// 铣右下圆弧
G01 Y30	// 铣右下直边
G03 X-20 Y20 R20	// 圆弧退刀
G01 X-20 Y-20	// 直线退刀至方槽中心，取消刀具半径左补偿
G90 G00 Z100	// 以绝对值方式编程抬刀至安全高度
G40 G00 X0 Y0	// 快移到原点上方
M99	// 子程序结束，返回主程序

2. 镜像指令 G24/G25

当工件的一部分结构相对于某一轴或某点具有对称形状时，只需对工件的这一部分进行编程，再利用镜像指令加工出对称部分。需要注意的是，当某一轴的镜像有效时，该轴执行与编程方向相反的运动。

【格式】　G24 X_Y_　　　　// 建立镜像
　　　　　 …　　　　　　　　// 加工内容
　　　　　 G25 X_Y_　　　　// 取消镜像

式中　X、Y——镜像轴位置，省略时，默认为刀具当前位置，若指定了非选定平面的轴，则程序报警。

表 3.2.3 是将表 3.2.2 主程序中部分程序段改为镜像指令的程序列表。

表 3.2.3　镜像指令铣方槽的程序清单

程序	程序注解
%3027	// 主程序名
G54 G17 G90	// 初始化，选择工件坐标系
M03 S3500	// 主轴正转，转速为 3500r/min；冷却液开
G00 X0 Y0 Z100 M08	// 快移至（0，0，100），安全高度
M98 P1001	// 调用子程序，精铣方槽①
G24 X0	// 相对于 Y 轴镜像
M98 P1001	// 调用子程序，精铣方槽④
G25 X0	// 取消镜像
G24 X0 Y0	// 相对于原点镜像，镜像位置在（0，0）

续表

程序	程序注解
M98 P1001	// 调用子程序，精铣方槽③
G25 X0 Y0	// 取消原点镜像
G24 Y0	// 相对于 X 轴镜像
M98 P1001	// 调用子程序，精铣方槽②
G25 Y0	// 取消 X 轴镜像
G90 G00 Z100 M09	// 快速抬刀至安全高度；冷却液关
M05	// 主轴停转
M30	// 主程序结束
%1001	// 子程序名
G41 G00 X60 Y60 D01	// 快移至方槽①的中心点上方
G00 Z2	// 快速下刀至工件上表面
G01 Z-8 F500	// 慢速垂直下刀至方槽底面
G91 X20 Y-20 F1000	// 以增量值方式编程移动并加入刀具半径左补偿
G03 X20 Y20 R20	// 圆弧进刀
Y30	// 铣右上直边
G03 X-10 Y10 R10	// 铣右上圆弧
G01 X-60	// 铣上侧直边
G03 X-10 Y-10 R10	// 铣左上圆弧
G01 Y-60	// 铣左侧直边
G03 X10 Y-10 R10	// 铣左下圆弧
G01 X60	// 铣下侧圆弧
G03 X10 Y10 R10	// 铣右下圆弧
G01 Y30	// 铣右下直边
G03 X-20 Y20 R20	// 圆弧退刀
G01 G40 X-20 Y-20	// 直线退刀至方槽中心，取消刀具半径左补偿
G90 G00 Z100	// 以绝对值方式编程抬刀至安全高度
G40 G00 X0 Y0	// 快移到原点上方
M99	// 子程序结束，返回主程序

 【任务实施】

一、简单凹槽件数控铣削工艺的制定

本任务的凹槽件由平面、台阶面、环形窄槽、对称的两个腰槽构成，结构较为简单。图样中的零件结构、尺寸标注等符合制图标准，数控铣削之前的工序已完成该件的六面加工。因此，数铣加工仅需完成顶面精铣以及凸台和各槽的粗、精铣加工。加工时应遵循工序集中原则，以底面和两相邻侧壁为基准，采用台虎钳一次装夹由大到小、由外向内完成各型面的加工。铣削工艺路线：精铣顶面→粗、精铣凸台→铣环槽→铣两个腰槽。

1. 选择刀具

该件为尼龙件，选用高速钢刀具加工即可。参考图 3.2.9 的标注，为方便手工编程，粗、精铣 70mm×70mm 凸台使用 ϕ16mm 立铣刀，宽 10mm 的环槽使用 ϕ8mm 立铣刀加工，两个腰槽使用 ϕ6mm 立铣刀加工。

2. 编写凹槽件铣削程序单

切削参数参照任务一，此处不再计算。依据前面给出的铣削工艺路线，编写凹槽件程序单（表 3.2.4）与刀具卡（表 3.2.5）。

表 3.2.4　简单凹槽件程序单

数控加工程序单		产品名称			零件名称	简单凹槽件	共 1 页
		工序号		2	工序名称	数铣	第 1 页
序号	程序编号	工序内容	刀具	切削深度（相对最高点）/mm	备注		
1	0321	铣顶面	T01	1			
2	0322	粗、精铣 70mm×70mm 台阶	T01	12			
3	0323	粗铣环槽内、外侧	T02	10			
4	0324	精铣环槽内、外侧	T02	10			
5	0325	粗铣两个腰槽	T03	6			
6	0326	精铣两个腰槽	T03	6			

装夹示意图：

装夹说明：

以底面找正；确保图示 X、Y 轴方向与程序中的一致；毛坯高出平口钳台面不小于 14mm

编程／日期		审核／日期	

表 3.2.5　简单凹槽件刀具卡

零件名称		简单凹槽件	数控加工刀具卡				工序号		2
工序名称		数铣	设备名称	数控铣床			设备型号		VMC650
工步	刀具号	刀具名称	刀柄型号	刀具			补偿量/mm	备注	
				直径/mm	刀长/mm	刀尖半径/mm			
1	T01	立铣刀	BT40	16					
2	T01	立铣刀	BT40	16					
3	T02	立铣刀	BT40	8					
4	T03	立铣刀	BT40	6					
编制	***	审核	***	批准	***		共 1 页	第 1 页	

二、简单凹槽件数控铣削程序的编制

工件坐标系零点设于工件上表面中心，此凹槽件顶部铣削工艺设计和程序参照任务一。

1. 铣削 70mm×70mm 台阶的工艺设计与程序编制

凹槽件的 70mm×70mm 台阶四个凸圆角处为避免进刀和退刀时的刀痕，进刀时采用圆弧进刀，切削起点选右下圆角，如图3.2.9 所示。凸台深度方向粗铣采用分层加工，每层切削 2mm，分 6 层加工，底面留0.5mm 精铣余量，则 Z 向下刀点为 Z0.5。侧面单边留 0.3mm 精铣余量，编程时不用考虑，加工时设置刀补半径值 R8.3（D01）留

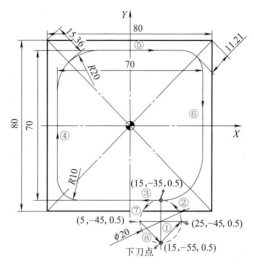

图 3.2.9　凸台圆弧进刀设计

出。精铣一刀到底切削，侧面尺寸通过测量凸台长度或宽度的实际尺寸，再设置刀补半径值（D01）来保证。起刀点为（0，0，100），下刀切入点为（15，-55，0.5）。分层粗铣凸台程序清单见表 3.2.6。

表 3.2.6　分层粗铣凸台程序清单

程序	程序注解
%0322	// 主程序名
G54 G17 G90	// 初始化，选择编程原点
G00 X0 Y0 Z100 M03 S3000	// 快移铣刀至起刀点；主轴正转，转速为 3000r/min
G00 G41 X15 Y-55 D01	// 快移至下刀点（15，-55）点并建立刀具半径左补偿
Z10	// 快速下刀至工件上方
G01 Z0.5 F1200	// 下刀至高度起点
M98 P1001 L6	// 调用 6 次子程序 %1001 粗铣凸台
G90 G00 Z100	// 抬刀到安全高度
G00 G40 X0 Y0 M05	// 退刀至起刀点，取消刀具半径左补偿
M00	// 程序暂停，工序间检查，设置刀具半径补偿值，准备精铣底面
G00 G41 X15 Y-55 D01 M08	// 快移至下刀点（15，-55）点并建立刀具半径左补偿，冷却液开
Z2	// 快速下刀至工件上方
M03 S3500	// 主轴正转，转速为 3500r/min
G01 Z-10 F900	// 下刀至 Z-10
M98 P1001	// 调用子程序 %1001，精铣底面
G90 G00 Z100	// 快速抬刀至安全高度
G00 G40 X0 Y0	// 快移铣刀至起刀点，取消刀具半径左补偿
M30	// 主程序结束
%1001	// 子程序名
G91 G01 Z-2	// 增量值编程方式下刀 2mm
G90 X25 Y-45	// 绝对值编程方式直线进刀至（25，-45）点
G03 X15 Y-35 R10	// 圆弧进刀至（15，-35）点
G01 X-25	// 铣凸台前侧直边
G02 X-35 Y-25 R10	// 铣凸台左前 R10mm 圆弧

程序	程序注解
G01 Y15	// 铣凸台左侧直边
G02 X-15 Y35 R20	// 铣凸台左后 R20mm 圆弧
G01 X25	// 铣凸台后侧直边
G02 X35 Y25 R10	// 铣凸台右后侧 R10mm 圆弧
G01 Y-15	// 铣凸台右侧直边
G02 X15 Y-35 R20	// 铣凸台右前侧 R20mm 圆弧
G03 X5 Y-45 R10	// 圆弧退刀
G01 X15 Y-55	// 直线退刀至下刀点
M99	// 子程序结束，返回主程序

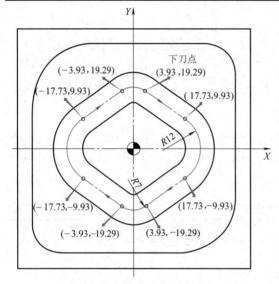

图 3.2.10　环槽下刀点设置

2. 铣削宽 10mm 环槽的工艺设计与程序编制

（1）粗铣槽内、外侧　环槽宽 10mm 属于窄槽加工，宜使用斜线下刀方式。槽深（10mm）方向粗铣采用分层加工，每层切削 1.5mm，分 7 层加工，底面留 0.3mm 精铣余量，则 Z 向下刀点为 Z0.8。侧面单边留 0.3mm 精铣余量，编程时不用考虑，加工时设置刀补半径值 R0.7（D01）留出。精铣一刀到底切削，侧面尺寸通过测量槽宽实际尺寸，再设置刀补半径值保证。为减小进刀和退刀时的刀痕影响，选择切点处进刀，如图 3.2.10 所示。

槽两侧的粗、精铣各分两次完成，编程时以槽中心线为加工尺寸，通过设置刀具半径左补偿（D01）和右补偿（D01）实现槽内、外侧面的加工。加工时起刀点为（0，0，100），下刀切入点为（3.93，19.29，0.8）。分层粗铣环槽外侧程序清单见表 3.2.7。

表 3.2.7　分层粗铣环槽外侧程序清单

程序	程序注解
%0323	// 主程序名
G54 G17 G90	// 初始化，选择编程原点
G00 X0 Y0 Z100 M03 S3000	// 快移铣刀至起刀点；主轴正转，转速为 3000r/min
G00 G41 X3.93 Y19.29 D01 M08	// 快移到下刀点上方，同时建立刀具半径左补偿，冷却液开
Z10	// 快速下刀至工件上方
G01 Z0.8 F500	// 下刀至下刀点
M98 P1002 L7	// 调用 7 次子程序 %1002 粗铣凸台
G90 G01 X17.73 Y9.93 F900	// 铣平斜线下刀处槽底
G02 Y-9.93 R12	// 铣平斜线下刀处槽底
G00 Z100 M09	// 抬刀到安全高度，冷却液关
G40 X0 Y0 M05	// 取消刀具半径左补偿，返回起刀点，主轴停转
M30	// 主程序结束
%1002	// 子程序名

续表

程序	程序注解
G91 G01 X13.8 Y-9.36 Z-1 F200	// 增量值方式编程沿直线形状斜刀 1mm
G02 Y-19.86 Z-0.5 R12	// 增量值方式编程沿圆弧形状斜下刀 0.5mm
G90 G01 X3.93 Y-19.29 F900	// 铣直壁
G02 X-3.93 R7	// 铣前侧 R7mm 圆弧
G01 X-17.73 Y-9.93	// 铣直壁
G02 Y9.93 R12	// 铣左侧 R12mm 圆弧
G01 X-3.93 Y19.29	// 铣直壁
G02 X3.93 R7	// 铣后侧 R7mm 圆弧
M99	// 子程序结束，返回主程序

粗铣槽内侧方法与外侧相同，仅刀具半径补偿方向相反。将表 3.2.7 中的 G41 改为 G42 即可。也可以直接用铣槽外侧程序，加工时将刀具半径补偿设为 -0.7mm 来加工槽内侧。

（2）精铣槽内、外侧　槽内、外侧精铣仍需分两次加工。加工时不分层，一刀下到底切削。表 3.2.8 为精铣环槽外侧程序清单，刀补为 1mm。精铣槽内侧时使用外侧精程序，修改刀具半径补偿方向即可。

表 3.2.8　精铣环槽外侧程序清单

程序	程序注解
%0324	// 主程序名
G54 G17 G90	// 初始化，选择编程原点
G00 X0 Y0 Z100 M03 S3800	// 快移铣刀至起刀点；主轴正转，转速为 3800r/min
G00 G41 X3.93 Y19.29 D01 M08	// 快移到下刀点上方，同时建立刀具半径左补偿，冷却液开
Z10	// 快速下刀至工件上方
G01 Z0 F400	// 下刀至下刀点
M98 P1002 L1	// 调用 1 次子程序 %1002 粗铣凸台
G90 G01 X17.73 Y9.93 F800	// 铣平斜线下刀处槽底
G02 Y-9.93 R12	// 铣平斜线下刀处槽底
G00 Z100 M09	// 抬刀到安全高度，冷却液关
X0 Y0 G40 M05	// 取消刀具半径左补偿，返回起刀点，主轴停转
M30	// 主程序结束
%1002	// 子程序名
G91 G01 X13.8 Y-9.36 Z-5 F200	// 增量值方式编程沿直线形状斜线下刀 5mm，精铣侧面
G02 Y-19.86 Z-5 R12	// 增量值方式编程沿圆弧形状斜线下刀至槽底，精铣侧面
G90 G01 X3.93 Y-19.29 F900	// 精铣直壁
G02 X-3.93 R7	// 铣前侧 R7mm 圆弧
G01 X-17.73 Y-9.93	// 铣直壁
G02 Y9.93 R12	// 铣左侧 R12mm 圆弧
G01 X-3.93 Y19.29	// 铣直壁
G02 X3.93 R7	// 铣后侧 R7mm 圆弧
M99	// 子程序结束，返回主程序

3. 铣削两个腰槽的工艺设计与程序编制

槽深（6mm）方向粗铣采用分层加工，每层切削 1.5mm，分 4 层加工，底面留 0.3mm 精铣余量，则 Z 向下刀点为 Z0.3。先粗铣右后方腰槽，下刀点取腰槽一端圆弧圆心，先沿中心线斜下刀（0.5mm）至下一端圆心，然后沿径向继续斜下刀（0.5mm）至切点，同时加入刀具半径补偿。再沿一侧轮廓斜下刀（0.5mm）铣削后按轮廓线铣削。加工一层后，返回下刀点并取消刀具半径补偿,下刀点设置如图 3.2.11 所示。侧面单边留 0.3mm 精铣余量,编程时不用考虑,通过加工时设置刀补半径值 R3.3(D01)留出。精铣一刀到底切削,侧面尺寸通过测量槽宽实际尺寸,再设置刀补半径值保证。另一侧腰槽使用旋转指令或镜像指令完成。加工起刀点为(0,0,100),加工过程详见表 3.2.9 所示的粗铣腰槽程序清单。

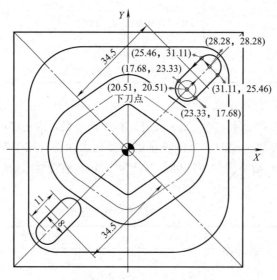

图 3.2.11　腰槽下刀点设置

表 3.2.9　粗铣腰槽程序清单

程序	程序注解
%0325	// 主程序名
G54 G17 G90	// 初始化,选择编程原点
G00 X0 Y0 Z100 M03 S3800	// 快移铣刀至起刀点,主轴正转 3800r/min
X20.51 Y20.51	// 快移铣刀至下刀点
Z10	// 快速下刀
G01 Z0.3 F800	// 下到至切削高度
M98 P1003 L4	// 调用 4 次铣腰槽子程序 %1003 粗铣腰槽
G90 G00 Z100	// 抬刀到安全高度
X-20.51 Y-20.51	// 快移铣刀至左下角腰槽起刀点
Z10	// 快速下刀
G01 Z0.3 F800	// 下到至切削高度
G68 X0 Y0 P180	// 建立旋转变换
M98 P1003 L4	// 调用 4 次铣腰槽子程序 %1003 粗铣对称腰槽
G69	// 取消旋转变换
G90 G00 Z100	// 抬刀到安全高度
X0 Y0 M05	// 返起刀点,主轴停转
M30	// 主程序结束
%1003	// 子程序名
G91 G01 X7.77 Y7.77 Z-0.65 F200	// 沿中心线斜下刀 0.65mm 至圆心
G41 X-3.36 Y2.83 Z-0.2 D01	// 沿径向斜下刀 0.2mm 至切点,同时建立刀具半径左补偿
G90 X17.68 Y23.33 F600	// 铣直边
G03 X23.33 Y17.68 R4	// 铣圆弧
G01 X31.11 Y25.46	// 铣直边
G03 X25.46 Y31.11	// 铣圆弧

续表

程序	程序注解
G40 G01 X28.28 Y28.28	// 回圆心，同时取消刀具半径补偿
X20.51 Y20.51	// 回下刀点
M99	// 子程序结束，返回主程序

腰槽精铣加工不分层，一刀下到底切削。表 3.2.10 为精铣腰槽程序清单，刀补半径为 3mm。

表 3.2.10　精铣腰槽程序清单

程序	程序注解
%0326	// 主程序名
G54 G17 G90	// 初始化，选择编程原点
G00 X0 Y0 Z100 M03 S3800	// 快移铣刀至起刀点，主轴正转 3800r/min
X20.51 Y20.51	// 快移铣刀至下刀点
Z10	// 快速下刀
M98 P1003	// 调用 1 次子程序 %1003 精铣腰槽
G90 G00 Z100	// 抬刀到安全高度
X-20.51 Y-20.51	// 快移铣刀至左下角腰槽起刀点
Z10	// 快速下刀
G68 X0 Y0 P180	// 建立旋转变换
M98 P1003	// 调用 1 次子程序 %1003 精铣对称腰槽
G69	// 取消旋转变换
G90 G00 Z100	// 抬刀到安全高度
X0 Y0 M05	// 返起刀点，主轴停转
M30	// 主程序结束
%1003	// 子程序名
G90 G01 Z-5.5 F800	// 下刀
G01 X7.77 Y7.77 Z-6 F200	// 沿中心线斜下刀至圆心
G41 X-3.36 Y2.83 D01	// 沿径向进刀至切点，同时建立刀具半径左补偿
G90 X17.68 Y23.33 F600	// 铣直边
G03 X23.33 Y17.68 R4	// 铣圆弧
G01 X31.11 Y25.46	// 铣直边
G03 X25.46 Y31.11	// 铣圆弧
G40 G01 X28.28 Y28.28	// 回圆心，同时取消刀具半径补偿
X20.51 Y20.51	// 回下刀点
M99	// 子程序结束，返回主程序

三、简单凹槽件的数控铣削加工

1. 安装工件与刀具

（1）工件装夹与找正　以方料毛坯两侧面在机用虎钳中定位并夹牢，毛坯伸出钳口高度不小于 14mm。

（2）刀具装夹与对刀　将 ϕ16mm 立铣刀在刀夹中装好，再将刀柄安装到铣床主轴，用手转动 1～2 圈，检查刀具装夹是否牢固可靠。然后进行对刀操作，设置工件坐标系。

2. 调用程序

建议用 U 盘或在线传输方式输入程序，首件加工时需通过刀路轨迹校验或空运行对程序进行校验。

3. 铣削加工

（1）精铣顶面　调用程序 0321 加工。

（2）粗、精铣 70mm×70mm 凸台　调用铣程序 0322，刀具半径输入"8.3"。程序运行到 M00 时，粗铣结束，检测轮廓尺寸。若轮廓的单侧精铣余量为 0.3mm，则在刀具半径中输入"8"，按"循环启动"键，完成凸台的精铣加工。若轮廓的单侧精铣余量不是 0.3mm，则需要根据实际值输入刀具半径。例如，单侧精铣余量为 0.4mm，则在刀具半径中输入"7.9"。

（3）粗、精铣环槽　换 φ8mm 立铣刀并安装好，使用滚刀法对刀，刀具半径输入 0.7mm。调用粗铣环槽外侧程序 0323 粗铣外槽。再次调用并编辑粗铣环槽外侧程序，将 G41 改为 G42，粗铣环槽内侧。

调用精铣环槽程序 0324，刀补半径根据实际槽宽输入适当值。例如，若单侧精铣余量为 0.3mm，刀具半径输入"1"。若单侧精铣余量比 0.3mm 小 L 值，则刀具半径输入"1-L"；反之，则输入"1+L"。参照粗铣环槽内侧方法修改槽外侧程序后精铣内侧。

加工方法和精度调节方法同 70mm×70mm 台阶的加工。

（4）粗、精铣腰槽　换 φ6mm 立铣刀并安装好，使用滚刀法对刀，刀具半径输入"3.3"。调用粗铣腰槽程序 0325 加工。调用精铣腰槽程序 0326，刀补半径根据实际槽宽输入适当值。

【实战演练】

图 3.2.12 是一个 S 槽零件，尼龙材料，生产 2 件。客户提供了 80mm × 80mm × 25mm 毛坯，零件的机械加工工艺过程卡见表 3.2.11。要求铣削的背吃刀量不超过 1.5mm，底面精铣余量为 0.5mm；圆角凸台使用圆弧进刀，S 槽使用沿形状斜下刀；根据工件材料和结构，合理选用铣刀类型、材料和直径；选取合理的工艺参数（如主轴转速、切削速度、切削深度等），手工编写加工程序，并加工出成品。实训上交成果如下。

① 程序单、工序卡、刀具卡。
② S 槽件完整的数控铣削程序。
③ 数铣后的成品。
④ 零件自检表。

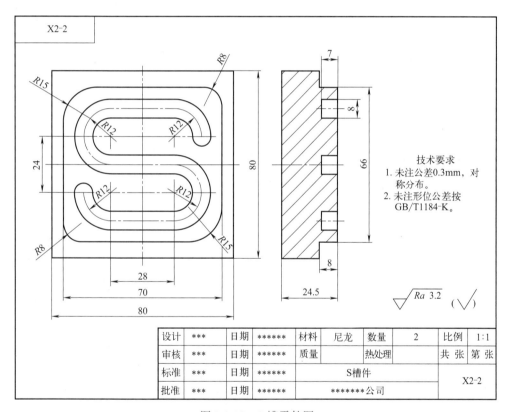

图 3.2.12 S 槽零件图

表 3.2.11 S 槽零件机械加工工艺过程卡

零件名称		S 槽零件	机械加工工艺过程卡	毛坯种类	方料	共 1 页
				材料	尼龙	第 1 页
工序号	工序名称	工 序 内 容			设 备	工艺装备
1	备料	80mm × 80mm × 25mm 方料				
2	数铣	精铣顶面；粗铣、精铣凸台、S 槽到图样要求			VMC650	平口钳
3	检查	按图样要求检查				
编制	***	日期	******	审核	***	日期	******

班级：　　　　　　　　　　　姓名：　　　　　　　　　　学号：

零件名称	S槽零件	数控加工刀具卡		工序号		2
工序名称	数铣	设备名称		设备型号		

工步号	刀具号	刀具名称	刀具材料	刀柄型号	刀具			补偿量/mm
					刀尖半径/mm	直径/mm	刀长/mm	
编制		审核		批准		共　页	第　页	

班级：　　　　　　　　　　　　姓名：　　　　　　　　　　　学号：

零件名称		数控加工工序卡	工序号		工序名称		共　页
							第　页
材料		毛坯状态	机床设备		夹具名称		

工序简图：

工步号	工步内容	刀具编号	刀具名称	量具名称	主轴转速 r/min	进给量 mm/min	背吃刀量
编制		日期		审核		日期	

班级：　　　　　　　姓名：　　　　　　　　学号：

数控加工程序单	产品名称		零件名称	S 槽零件	共　页
	工序号	2	工序名称	数铣	第　页
序号	程序编号	工序内容	刀具	切削深度（相对最高点）	备注

装夹示意图：　　　　　　　　　　　　　　装夹说明：

编程 / 日期		审核 / 日期	

班级：　　　　　　　姓名：　　　　　　　　学号：

数控加工程序清单	产品名称		零件名称	S 槽零件	共　页
	工序号	2	工序名称	数铣	第　页
程序内容				说明	

S 槽零件数控铣削加工零件自检表

班级：　　　　　　　姓名：　　　　　　　　学号：

零件名称		S 槽零件		允许读数误差			± 0.007mm	
序号	项目	尺寸要求	使用的量具	测量结果				项目判定
				NO.1	NO.2	NO.3	平均值	
1	半径 /mm	70						合　否
2	长度 /mm	60						合　否
3	长度 /mm	槽宽 8						合　否
结论（对上述三个测量尺寸进行评价）			合格品　　次品　　废品					
处理意见								

【评价反馈】

零件名称	S 槽零件					
班级：		姓名：		学号：		
机械加工工艺过程考核评分表						
序号	总配分/ 分	考核内容与要求		完成情况	配分/ 分	得分/ 分	评分标准
1	6	数控加工工序卡	表头信息	□正确 □不正确或不完整	1		1. 工序卡表头信息，1 分。根据填写状况分别评分为 1 分、0.5 分和 0 分
			工步编制	□完整 □缺工步＿个	2.5		2. 根据机械加工工艺过程卡编制工序卡工步，缺一个工步扣 0.5 分，共 2.5 分
			工步参数	□合理 □不合理＿项	2.5		3. 工序卡工步切削参数合理，一项不合理扣 0.5 分，共 2.5 分
		小计得分 / 分					
2	3	数控加工刀具卡	表头信息	□正确 □不正确或不完整	0.5		1. 数控加工刀具卡表头信息，0.5 分
			刀具参数	□合理 □不合理＿项	2.5		2. 每个工步刀具参数合理，一项不合理扣 0.5 分，共 2.5 分
		小计得分 / 分					
3	6	数控加工程序单	表头信息	□正确 □不正确或不完整	0.5		1. 数控加工程序单表头信息，0.5 分
			程序内容	□合理 □不合理＿项	3		2. 每个程序对应的内容正确，一项不合理扣 0.5 分，共 2 分
			装夹图示	□正确 □ 未完成	2.5		3. 装夹示意图及安装说明，0.5 分
		小计得分 / 分					
4	35	数控铣削程序	与工序卡、刀具卡、程序单的对应度	□合理 □不合理＿项			1. 刀具、切削参数、程序内容等对应的内容正确，一项不合理扣 2 分，共 10 分，扣完为止
			指令应用	□正确 □不正确或不完整			2. 指令格式正确与否，共 25 分，每错一类指令按平均分扣除
		小计得分 / 分					
总配分数 / 分		50		合计得分 / 分			

零件名称	S槽零件		

班级：	姓名：	学号：

自检记录评分表

序号	测量项目	配分/分	评分标准	自检与检测对比	得分
1	尺寸测量	3	每错一处扣0.5分，扣完为止	□正确 错误__处	
2	项目判定	0.6	全部正确得分	□正确 □错误	
3	结论判定	0.6	判断正确得分	□正确 □错误	
4	处理意见	0.8	处理正确得分	□正确 □错误	
总配分数/分		5	合计得分/分		

数控铣削加工零件完整度评分表

班级：	姓名：	学号：

零件名称	S槽零件		零件编号		
评价项目	考核内容	配分/分	评分标准	检测结果	得分/分	备注
S槽加工特征完整度	70mm×66mm 大台阶	2	未完成不得分	□完成 □未完成		
	S槽	4	未完成不得分	□完成 □未完成		
	4个凸圆弧	4	未完成不得分	□完成 □未完成		
	小计/分	10				
总配分/分		10	总得分/分			

数控铣削加工零件评分表

班级：	姓名：	学号：

零件名称	S槽零件	零件编号	

检测评分记录（由检测员填写）

序号	配分/分	尺寸类型	公称尺寸/mm	上偏差/mm	下偏差/mm	上极限尺寸/mm	下极限尺寸/mm	实际尺寸/mm	得分/分	评分标准
A—主要尺寸（共17分）										
1	3	L	70	0.1	-0.1	70.1	69.9			超差全扣
2	3	L	66	0.1	-0.1	66.1	65.9			超差全扣
3	3	L	凸台高8	0.1	-0.1	8.1	7.9			超差全扣
4	2	L	槽宽8	0.1	-0.1	8.1	7.9			超差全扣
5	2	L	槽深7	0.1	-0.1	7.1	6.9			超差全扣
6	2	L	28	0.1	-0.1	28.1	27.9			超差全扣
7	2	L	24	0.1	-0.1	24.1	23.9			超差全扣
B—形位公差（共6分）										
8	6	对称度/mm	0.05	0	0.00	0.02	0.00			超差全扣
C—表面粗糙度（共2分）										
9	2	表面质量/μm	Ra3.2	0	0	1.6	0			超差全扣
总配分数/分		25	合计得分/分							

检查员签字：	教师签字：

数控铣削加工素质评分表

零件名称			S 槽零件		
序号	配分 / 分	考核内容与要求	完成情况	得分 / 分	评分标准
职业素养与操作规范					
1	2	按正确的顺序开关机床并做检查，关机时车床刀架停放正确的位置，1 分	□ 正确 □ 错误		完成并正确
2		检查与保养机床润滑系统，0.5 分	□ 完成 □ 未完成		完成并正确
3		正确操作机床及排除机床软故障（机床超程、程序传输、正确启动主轴等），0.5 分	□ 正确 □ 错误		完成并正确
4	3	正确使用虎钳扳手、加力杆安装铣床工件，0.5 分	□ 正确 □ 错误		完成并正确
5		正确安装和校准平口钳等夹具，0.5 分	□ 正确 □ 错误		完成并正确
6		正确安装铣床刀具，刀具伸出长度合理，清洁刀具与主轴的接触面，1 分	□ 正确 □ 错误		完成并正确
7		正确使用量具、检具进行零件精度测量，1 分	□ 正确 □ 错误		完成并正确
8	5	按要求穿戴安全防护用品（工作服、防砸鞋、护目镜等），1 分	□ 符合 □ 不符合		完成并正确
9		完成加工之后，及时清扫数控铣床及其周边，1.5 分	□ 完成 □ 未完成		完成并正确
10		工具、量具、刀具按规定位置正确摆放，1.5 分	□ 完成 □ 未完成		完成并正确
11		完成加工之后，及时清除数控机床和计算机中自编程序及数据，1 分	□ 完成 □ 未完成		完成并正确
配分数 / 分		10	小计得分 / 分		
安全生产与文明生产（此项为扣分，扣完 10 分为止）					
1	扣分	机床加工过程中工件掉落，2 分	工件掉落___次		扣完 10 分为止
2	扣分	加工中不关闭安全门，1 分	未关安全门___次		扣完 10 分为止
3	扣分	刀具非正常损坏，每次 1 分	刀具损坏___把		扣完 10 分为止
4	扣分	发生轻微机床碰撞事故，6 分	碰撞事故___次		扣完 10 分为止
5	扣分	发生重大事故（人身和设备安全事故等）、严重违反工艺原则和情节严重的野蛮操作、违反车间规定等行为			立即退出加工，取消全部成绩
小计扣分 / 分					
总配分数 / 分		10	合计得分 / 分		得分－扣分

任务三

孔系零件的数控铣削编程与加工

【任务导入】

某机械加工车间需加工如图 3.3.1 所示盖板 2 件，其机械加工工艺过程卡见表 3.3.1。要求技术部的编程员在零件加工前提交盖板的数控铣削工序卡、刀具卡、程序单和程序清单；生产部安排工人完成盖板件的加工，提交合格成品。

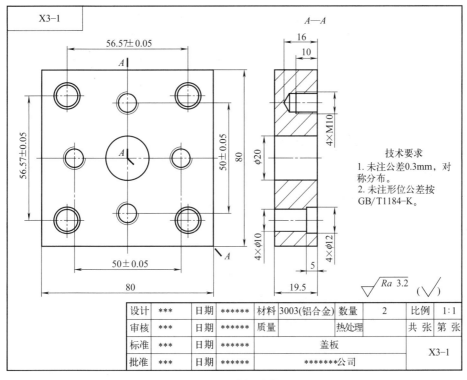

图 3.3.1　盖板零件图

表 3.3.1　盖板机械加工工艺过程卡

零件名称		盖板	机械加工工艺过程卡	毛坯种类	铸件	共 1 页
				材料	铝合金	第 1 页
工序号	工序名称	工 序 内 容			设备	工艺装备
1	备料	80mm × 80mm × 20mm 铝合金方料				
2	数铣	以底面和两侧面定位，精铣顶面、钻孔、攻螺纹到图样要求			VMC650	
3	钳	去毛刺			钳工台	平口钳
4	检查	按图样要求检查				
编制		***	日期	****	审核	*** 日期 ****

工具 / 设备 / 材料

1. 设备：数控铣床 VMC650。
2. 刀具： ϕ 8.5mm 麻花钻、ϕ 10mm 麻花钻、ϕ 12mm 锪孔钻和 ϕ 20mm 麻花钻、M10 丝锥。
3. 量具：游标卡尺。
4 工具：平口钳、平口钳扳手、钻夹头。
5. 材料：80mm×80mm×20mm 铝合金方料。

任务要求

1. 编写盖板数铣工序的工序卡、刀具卡。
2. 编制盖板的数控铣削加工程序。
3. 完成盖板的数控铣削加工。

 【工作准备】

一、常规孔的加工工艺

引导问题 1：零件中经常遇到各种精度要求的孔，加工时有什么不同要求？

 相关知识点

1. 常见孔的加工特点

根据孔的类型和结构，孔加工主要有钻、扩、铰、铣、镗和攻螺纹等几种方法。表 3.3.2 给出了一般孔加工方法能达到的精度与表面粗糙度值，仅供参考。

表 3.3.2   不同加工方法能达到的孔径精度与表面粗糙度值

加工方法	孔径精度	表面粗糙度 $Ra/\mu m$
钻	IT13 ~ IT12	12.5
钻→扩	IT12 ~ IT10	3.2 ~ 6.3
钻→铰	IT11 ~ IT8	1.6 ~ 3.2
钻→扩→铰	IT8 ~ IT6	0.8 ~ 3.2
挤光	IT6 ~ IT5	0.025 ~ 0.4
滚压	IT8 ~ IT6	0.05 ~ 0.4

2. 孔加工常用的工艺方案

对于直径小于 $\phi 30mm$ 的普通孔，通常采用"铣端面→钻中心孔→钻底孔→扩孔→孔口倒角→铰孔"的加工方案。沉头孔一般先钻小孔后，再锪沉孔。螺纹孔的加工顺序一般采用"钻中心孔→钻底孔→扩孔→孔口倒角→攻螺纹"的加工方案。

表 3.3.3 给出了中心钻切削用量，表 3.3.4 给出了用高速钢钻头钻削不同材料时的切削用量。以上加工数据仅供参考，实际加工中应根据机床使用手册、机械加工工艺手册及经验确定。

表 3.3.3 中心钻切削用量

中心孔直径 /mm	1.0	1.6	2.0	2.5	3.15	4	5	6.3	8
进给量 f/（mm/r）	0.02	0.02	0.04	0.05	0.06	0.08	0.1	0.12	0.12
切削速度 v_c/（m/min）					$8 \sim 15$				

表 3.3.4 高速钢钻头钻削不同材料时的切削用量

加工材料		布氏硬度（HBS）	切削速度 v_c/（m/min）	钻头直径 d/mm				
				<3	$3 \sim 6$	$6 \sim 13$	$13 \sim 19$	$19 \sim 25$
				进给量 f/（mm/r）				
铝及铝合金		$45 \sim 105$	105	0.08	0.15	0.25	0.40	0.48
铜及铜合金	高加工性	~ 124	60	0.08	0.15	0.25	0.40	0.48
	低加工性	~ 124	20	0.08	0.15	0.25	0.40	0.48
碳钢 $W(C)$/%	~ 0.25	$125 \sim 175$	24	0.08	0.13	0.20	0.26	0.32
	~ 0.50	$175 \sim 225$	20	0.08	0.13	0.20	0.26	0.32
	~ 0.90	$175 \sim 225$	17	0.08	0.13	0.20	0.26	0.32
合金钢 $W(C)$/%	$0.12 \sim 0.25$	$175 \sim 225$	21	0.08	0.15	0.20	0.40	0.48
	$0.30 \sim 0.65$	$175 \sim 225$	$15 \sim 18$	005	0.09	0.15	0.21	0.26
灰铸铁	软	$120 \sim 150$	$43 \sim 46$	0.08	0.15	0.25	0.40	0.48
	中硬	$160 \sim 220$	$24 \sim 34$	0.08	0.13	0.20	0.26	0.32
可锻铸铁		$112 \sim 126$	$27 \sim 37$	0.08	0.13	0.20	0.26	0.32
球墨铸铁		$190 \sim 225$	18	0.08	0.13	0.20	0.26	0.32

二、孔系的走刀路线设计

引导问题 2：钻多个孔时，钻孔顺序有无要求？ _____

　　确定钻孔加工顺序除要考虑能否保证孔的加工精度和表面粗糙度、减少编程工作量、缩短走刀路线等因素外，钻孔时还要避免引入反向间隙误差。数控铣床在反向运动时会出现反向间隙，如果在走刀路线中将反向间隙带入，就会影响刀具的定位精度，增加工件的定位误差。如图 3.3.2 中所示的四个孔，当孔的位置精度要求较高时，安排钻孔路线就显得比较重要。若安排不当，就有可能把坐标轴的反向间隙带入，直接影响孔的位置精度。方案 A 中，由于Ⅳ孔与Ⅰ～Ⅲ孔的定位方向相反，X 向的反向间隙会使定位误差增加，从而影响Ⅳ孔的位置精度。方案 B 中，当加工完Ⅲ孔后并没有直接在Ⅳ孔处定位，而是多运动了一段距离，然后折回来在Ⅳ孔处定位，这样，Ⅰ～Ⅲ孔与Ⅳ孔的定位方向一致，可以避免引入反向间隙的误差，从而提高了Ⅳ孔与各孔之间的孔距精度。

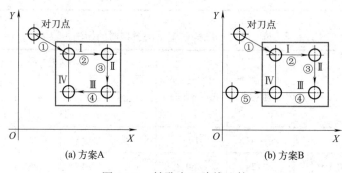

(a) 方案A　　　　　　　　　　　(b) 方案B

图 3.3.2　钻孔走刀路线比较

三、孔加工固定循环指令

引导问题 3：数控铣床或加工中心有专门的钻孔和攻螺纹指令吗？＿＿＿＿＿＿

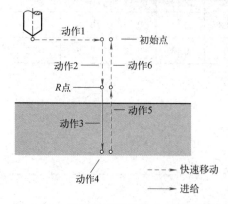

图 3.3.3　孔固定循环加工 6 个典型动作

　　数控加工中，钻孔的加工动作循环已固化为"孔平面定位、快进、工进、快退"等一系列典型的加工动作，系统已预先编好程序存储于内存中，用一个 G 代码程序段即可直接调用钻孔，这一过程称为孔固定循环加工。该过程中，刀具一般有 6 个典型动作，如图 3.3.3 所示。

　　图中各动作的含义如下。

　　动作 1：钻刀在初始平面（也称安全平面）平移到孔位上方的起钻点（初始点）。

　　动作 2：快速下刀移动到孔表面上方的钻孔参

考点，也称 R 点。

动作3：以进给速度钻孔。

动作4：钻头在孔底无进给切削（此动作不是必须项，与指令功能有关）。

动作5：返回到参考点（R 点）。

动作6：快速抬刀返回初始点（此动作不是必须项，与指令功能有关）。

通用孔的固定循环程序段为

【格式】$\begin{Bmatrix} G98 \\ G99 \end{Bmatrix}$ G_ X_ Y_ Z_ R_ Q_ P_ I_ J_ K_ F_ L_

式中，G98 和 G99 两个模态指令控制孔加工结束后刀具沿 Z 向返回的位置。其中，G98 控制刀具返回初始平面，G99 控制刀具返回参考平面（即 R 点平面），如图 3.3.4 所示。

孔加工循环指令 G_ 均为模态指令，一旦某个孔加工循环指令有效，其后所有的（X, Y）位置均采用该指令进行孔加工，直到用孔加工循环取消指令 G80 或同组其他 G 指令如 G00、G01 等，才能终止孔加工。程序段中的其他参数详见各钻孔固定循环指令。华中数控系统（铣）的钻孔循环指令及其功能见表 3.3.5。

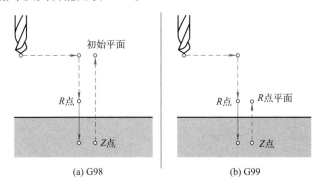

图 3.3.4　G98、G99 控制刀具返回位置示意图

表 3.3.5　铣床钻孔（G17 平面）固定循环指令表

G 指令	功能	钻孔（−Z 方向）	孔底动作	回退（+Z 方向）
G73	深孔钻削循环	间歇切削进给	暂停	快速回退
G74	反攻螺纹循环	切削进给	暂停—主轴正转	快速回退
G76	精镗循环	切削进给	主轴定向	快速回退
G81	钻孔循环	切削进给	—	快速回退
G82	带停顿钻孔循环	切削进给	暂停	快速回退
G83	钻深孔循环	间隙进给	暂停	快速回退
G84	攻螺纹循环	切削进给	暂停—主轴反转	快速回退
G85	镗孔循环	切削进给	—	快速回退
G86	镗孔循环	切削进给	暂停—主轴停止	快速回退
G87	反镗循环	切削进给	主轴正转	快速回退
G88	镗孔循环（手镗）	切削进给	暂停—主轴停止	手动
G89	镗孔循环	切削进给	暂停	切削回退
G80	固定循环取消	—	—	—

注：表中的固定循环指令（不含 G80）如不作特别说明，均有以下特点。

1. 为模态数据存储，在程序中相同的数据可省略。

2. 要求在执行指令之前，主轴应处于旋转状态。当它们和 M 代码在同一程序段中指定时，在第一个定位动作的同时执行 M 代码，然后系统处理下一个孔加工动作。当指定重复次数 L 时只在加工第一个孔执行 M 代码，后续的孔不再执行 M 代码。

1. 钻孔类指令

（1）钻定心孔或短孔循环指令 G81 G81 的钻孔轴必须为 Z 轴，钻孔动作与图 3.3.4 所示相同。当 Z 方向移动量为零时，G81 无动作。

【格式】 $\begin{Bmatrix} G98 \\ G99 \end{Bmatrix}$ G81 X_ Y_ Z_ R_ F_ L_

式中   X、Y ——G90 方式下为孔位坐标，G91 方式下为刀具从当前位置到孔位的有向距离；

Z ——G90 方式下为孔底坐标，G91 方式下为孔底相对于 R 点的有向距离；

R ——G90 方式下为 R 点坐标，G91 方式下为 R 点相对于初始平面的有向距离；

L ——固定循环次数（L1 时可省略。一般用于多孔加工，相应的各参数应采用增量值编程方式）；

F ——钻孔进给速度。

【例 1】 图 3.3.5 所示四个孔钻孔前需要先钻定心孔定位，定心孔深度为 1.5mm，使用 ϕ3mm 中心钻，编程原点取工件上表面中心。

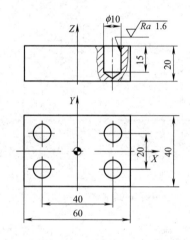

图 3.3.5　例 1 钻中心孔零件图

具体加工程序如下。

%3305	// 程序名
G90 G54	// 初始状态
M03 S600	// 主轴正转，转速为 600r/min
G00 X0 Y0 Z50 M08	// 刀具定位到起刀点（0，0，50），冷却液开
G99 G81 X-20 Y-10 Z-1.5 R5 F40	// 点钻左下角孔，刀位点返至 R 平面
X20	// 点钻右下角孔，刀返至 R 平面
Y10	// 点钻右上角孔，刀返至 R 平面
X-20	// 点钻左上角孔，刀返至 R 平面
G80	// 取消钻孔循环
G00 Z100 M08	// 抬刀，冷却液关
M05	// 主轴停转
M30	// 程序结束

（2）带孔底停顿的钻孔循环指令 G82　G82 指令除有孔底停顿动作外，其他动作与 G81相同。其钻孔至孔底 Z 点后，刀具不做进给运动，保持旋转状态，按参数 P 所指定的时间停留，然后刀具快速回退至 R 点或起始点（依据 G98 或 G99 而定）。G82 指令利于降低孔表面粗糙度值，使孔的表面更加光滑。该指令一般用于扩孔、盲孔和沉头孔加工。

【格式】 $\left.\begin{array}{c}\text{G98}\\\text{G99}\end{array}\right\}$ G82 X_ Y_ Z_ R_ P_ F_ L_

式中　P——刀具在孔底位置的暂停时间，ms；

　　　其他参数同 G81。

【例 2】　编写采用锪孔钻加工如图 3.3.6 所示沉头孔的数控程序。

%3306

N10 G54 G90

N15 M03 S600

N20 G00 Z50 M08

N20 G98 G82 X30 Y25 Z35 R43 P2000 F40　　 // 钻沉头孔，孔底无进给钻削 2s

N30 G00 Z80 M09

N40 M30

（3）钻深孔循环指令 G83　该固定循环用于 Z 轴的间歇进给，G83 的动作序列如图 3.3.7所示。

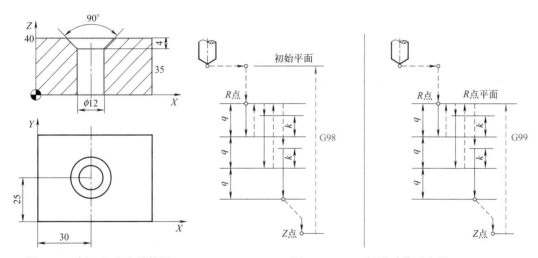

图 3.3.6　例 2 沉头孔零件图　　　　　　　图 3.3.7　G83 钻孔动作示意图

G83 指令钻孔时 Z 轴采用间歇进给，即分多次进给，每向下钻一定深度 q 后，快速退到参考点 R，退刀量较大，便于排屑和冷却。每次进刀位与上一次钻削底部位置的距离由参数 k 控制。q、k 均为增量值。

【格式】 $\left.\begin{array}{c}\text{G98}\\\text{G99}\end{array}\right\}$ G83 X_ Y_ Z_ R_ Q_ K_ F_ L_ P_

式中　Q ——每次向下的钻孔深度 q（为增量值，取负）；

　　　K ——每次进刀位距已加工孔深上方的距离 k（为增量值，取正）；

　　P ——刀具在孔底的停顿时间，ms；

　　其他参数同 G81。

　　G83 指令具体加工过程为：先沿 X 和 Y 轴移动到孔位，然后快速落刀到 R 点，从 R 点向下以 F 速度钻孔，深度为 q 后，向上快速抬刀到 R 点，再向下快移到已加工孔深的上方 k 距离处，继续向下以 F 速度钻孔，深度为（q+k）量。重复以上步骤直至到达孔底 Z 点，主轴维持原旋转状态下延时 P 秒，最后向上快速退到 R 平面（G99）或初始平面（G98）。

　　该程序段中要保证 $|q| > |k|$。另外，如果 Z、Q、K 的移动量为零，该指令不执行。

　　【例 3】 编写采用麻花钻加工如图 3.3.8 所示的两孔的数控程序。

　　图 3.3.8 所示两孔的深径比（深度与直径之比）大于 5，属于细长孔类型，宜使用 φ5mm 钻头采用 G83 指令钻孔。其数控加工程序如下。

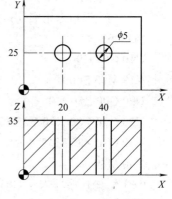

```
%3308
N10 G54 G90
N15 G00 Z50 M08
N20 M03 S600
N20 G98 G83 X20 Y25 R38 P2000 Q-8 K5 Z-3 F50
N30 X40
N40 G90 G00 Z80 M09
N50 M05
N60 M30
```

图 3.3.8　G83 钻孔零件图

　　（4）高速深孔加工循环指令 G73　G73 指令的动作过程及要求与 G83 基本相同，只是每次退刀仅需要向上抬高 k 值，比 G83 的退刀距离短。因此，其钻孔速度较快，可进行深孔的高速加工。G73 钻孔动作过程如图 3.3.9 所示。图中虚线表示快速定位，q 表示每次进给深度，k 表示每次的回退值。

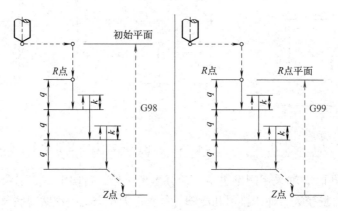

图 3.3.9　G73 钻孔动作示意图

$$
【格式】\quad \begin{Bmatrix} G98 \\ G99 \end{Bmatrix} G73\ X\_\ Y\_\ Z\_\ R\_\ Q\_\ P\_\ K\_\ F\_\ L\_
$$

2. 攻螺纹类指令

　　（1）攻螺纹循环指令 G84　G84 用于攻右旋螺纹。G84 的动作是主轴正转攻螺纹到孔底后反转回退，如图 3.3.10 所示。执行 G84 前，应先钻出螺纹底孔。

【格式】 $\begin{Bmatrix} G98 \\ G99 \end{Bmatrix}$ G84 X_ Y_ Z_ R_ P_ F_ L_

式中　F——螺纹导程，mm；

其他参数的含义与通用钻孔指令相同。

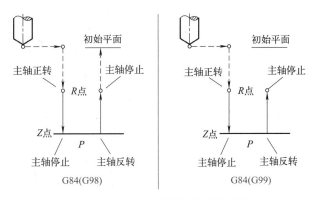

图 3.3.10　G84 攻螺纹循环示意图

G84 指令攻螺纹时，从 R 点到 Z 点主轴正转，在孔底停顿后，主轴反转，以进给速度退回。攻螺纹的 R 点一般选在距工件表面 7mm 以上的地方。

【例4】　设图 3.3.8 所示为两螺纹底孔，现要在其上攻螺纹，螺纹导程为 1mm。其数控程序如下。

%3308

N10 G54 M90

N15 G00 Z80 M08

N20 M03 S300

N30 G98 G84 X20 Y25 Z-3 R42 P3000 F1

N40 X40

N50 G00 Z80 M09

N60 M30

程序中，N30、N40 为 G84 指令攻螺纹至 Z-3 点，停留 3000ms 后，主轴反转，钻刀以进给速度退出至 R 点，主轴停转，再快速退到初始平面（Z80）。

（2）反攻螺纹循环指令 G74　G74 指令用于攻左旋螺纹。G74 螺纹的动作是主轴反转攻螺纹到孔底后正转回退。G74 螺纹使用时的具体要求与 G84 相同。

【格式】 $\begin{Bmatrix} G98 \\ G99 \end{Bmatrix}$ G74 X_ Y_ Z_ R_ P_ F_ L_

3. 镗孔类指令

（1）镗孔循环指令 G85　G85 主要用于精度要求不太高的镗孔或铰孔加工。其动作顺序与通用钻孔相同，整个过程中，主轴一直维持旋转状态。

【格式】 $\begin{Bmatrix} G98 \\ G99 \end{Bmatrix}$ G85 X_ Y_ Z_ R_ F_ L_

（2）镗孔循环指令 G86   G86 功能同 G85，两者之间的区别是 G86 的刀具到达孔底位置后，主轴停转并快速退出。

【格式】 $\begin{cases} G98 \\ G99 \end{cases}$ G86 X_ Y_ Z_ R_ F_ L_

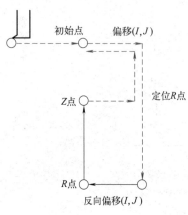

图 3.3.11   G87 指令动作示意图

（3）反镗循环指令 G87   G87 一般用于镗削"上小下大"的孔，其孔底 Z 点通常在参考点 R 的上方，与其他指令不同。G87 指令动作如图 3.3.11 所示，镗刀快移到孔位上方后，主轴准停，镗刀向刀尖反方向快速沿 X 轴移动 I 量（或沿 Y 轴移动 J 量）后，再快移到 R 点，然后镗刀向刀尖正方向快移 I 或 J 量，使刀位点回到孔中心 X、Y 坐标处。主轴开始正转，刀具向上以 F 速度镗孔，到达孔底 Z 点并延时 P 秒后，主轴定向并停止旋转，刀尖再反方向快速移动 I 或 J 量后，向上快速退到初始点，随后向刀尖正方向快移 I 或 J 量。当刀位点回到孔中心上方初始点处后，主轴恢复正转，本次加工循环结束，继续执行下一段程序。

【格式】 G98 G87 X_ Y_ Z_ R_ I_ J_ P_ F_ L_

式中　X、Y ——G90 方式下为孔位坐标，G91 方式下为刀具从当前位置到孔位的有向距离；

　　　　Z ——G90 方式下为孔底坐标，G91 方式下为孔底相对于 R 点的有向距离；

　　　　R ——G90 方式下为 R 点坐标，G91 方式下为 R 点到初始平面的有向距离；

　　　　I ——X 轴方向偏移量；

　　　　J ——Y 轴方向偏移量；

　　　　P ——刀具在孔底的停顿时间，ms；

　　　　L ——固定循环次数，（L1 时可省略，一般用于多孔加工，相应的 X 或 Y 为增量值）；

　　　　F ——进给速度。

采用反镗（也称为背镗）方式时，镗刀杆受拉力作用，有利于增加镗杆刚性。因此，G87 指令也适合用于尺寸精度和形位精度要求较高的孔的镗削加工。

【例 5】 如图 3.3.12 所示孔件，受零件加工位置限制，需要从下向上镗两个 ϕ16mm 沉头孔，编写两沉头孔的数控程序。

两沉头孔的数控程序如下。

%3312

N10 G54 G90

N20 G00 X0 Y0 Z80

N30 M03 S600

N40 G00 Y15 M08

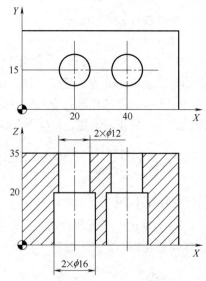

图 3.3.12   例 5 零件图

N50 G98 G87 G91 X20 I-5 R-83 P2000 Z23 L2 // 反镗两沉头孔

N60 G90 G00 Z80 M09

N70 M30

（4）镗孔循环（手镗）指令 G88　执行 G88 指令时，镗孔前系统记忆了初始点或参考点 R 的位置。当镗刀自动加工到孔底后机床停止运行，手动将工作方式转换为"手动"，通过手动操作使刀具抬刀到初始点或 R 点高度上方，并避开工件。然后手动将工作方式恢复为"自动"，再循环启动程序，刀位点回到初始点或 R 点。无主轴准停功能的数控铣床，用 G88 指令就可完成精镗孔。G88 的动作顺序如图 3.3.13 所示。需要注意的是：执行 G88 指令前，主轴应先处于旋转状态。

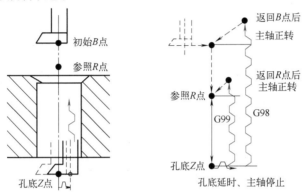

图 3.3.13　G88 指令动作示意图

【格式】 $\begin{Bmatrix} G98 \\ G99 \end{Bmatrix}$ G88 X_ Y_ Z_ R_ P_ F_ L_

（5）镗孔循环指令 G89　G89 一般用于盲孔或台阶孔的镗削。该指令的循环动作几乎与 G86 相同，区别仅在于 G89 在到达孔底位置后，进给停顿，停顿时间由参数 P 限定（单位为 ms）。

【格式】 $\begin{Bmatrix} G98 \\ G99 \end{Bmatrix}$ G89 X_ Y_ Z_ R_ P_ F_ L_

（6）精镗循环指令 G76　G76 指令多用于精度较高的孔的精镗加工。执行 G76 指令时，主轴在孔底定向停止后，向刀尖反方向移动，然后快速退刀。刀尖反向偏移量用地址 I、J 指定，其值只能为正值。I、J 为模态值，位移方向由装刀时确定。其中，刀具沿刀尖的反方向偏移 I、J 值的目的是保证刀具不划伤已加工孔的表面。G76 的动作过程如图 3.3.14 所示。

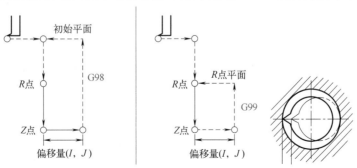

图 3.3.14　G76 指令动作示意图

【格式】 $\begin{Bmatrix} G98 \\ G99 \end{Bmatrix}$ G76 X_ Y_ Z_ R_ I_ J_ P_ F_ L_

式中   I——X 轴方向偏移量；

J——Y 轴方向偏移量；

其余参数略。

4. 取消固定循环指令 G80

【格式】 G80

执行 G80 后，所有钻孔固定循环均被取消，即程序退出循环加工模式，R 平面和 Z 平面被取消，其他钻孔数据均被清除，之后恢复正常操作。此外，使用 01 组 G 代码也可以取消钻孔固定循环。

对于不同的 CNC 系统，即使是同一功能的钻孔加工循环，其指令格式也有一定的差异，编程时应以编程手册的规定为准。

四、刀具长度补偿指令 G43、G44、G49

引导问题 4：编写数控铣削程序时需要考虑实际加工时刀具的长度吗？_____

相关知识点

采用一把铣刀加工时，编写数控程序时不需要考虑刀具的实际长度，加工时通过对刀设置刀具长度即可。如果程序中用到多把刀具，编程时需要考虑刀具长短对坐标值的影响，将其中一把铣刀设为标准刀，其余各铣刀相对标准刀设置长度补偿值就可以了，如图 3.3.15 所示。

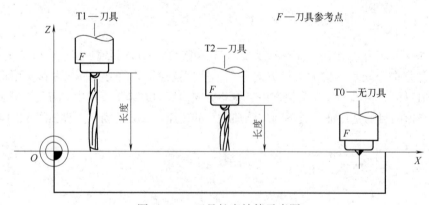

图 3.3.15 刀具长度补偿示意图

【功能】 刀具长度补偿功能用于 Z 轴方向的刀具补偿。例如：

G43——建立刀具长度正补偿值；

G44——建立刀具长度负补偿值；

G49——取消刀具长度补偿。

【格式】　G43/G44 G00/G01 Z_ H_

　　　　　…

　　　　　G49 G00/G01 Z_

式中　Z——补偿轴的终点坐标值；

　　　H——长度补偿值偏置号。

说明：

① 使用 G43、G44 指令时，无论用绝对值编程还是用增量值编程，程序中指定的 Z 轴终点坐标值，都要与 H 所指定的寄存器中的长度补偿值进行运算。执行 G43 指令时两者相加，执行 G44 指令时两者相减，然后将运算结果作为终点坐标值进行加工。例如，设刀具长度补偿量为 30.0，补偿值在 H01 中，执行 G43 和 G44 后，其刀具的位置是不同的。

G90 G43 Z150 H01　　// 执行此程序段后，刀具将移动到 Z180

G90 G44 Z150 H01　　// 执行此程序段后，刀具将移动到 Z120

② 偏置号改变后，新的偏置值并不加到旧的偏置值上。例如，H01 中有刀具长度补偿量 10.0，H2 中有刀具长度补偿量 20.0 。

G90 G43 Z100 H01　　// 执行此程序段后，刀具将移动到 Z110

G90 G43 Z100 H02　　// 执行此程序段后，刀具将移动到 Z120

③ G43、G44、G49 都是模态代码，可相互注销。

④ 加工中因刀具磨损、重磨、换新刀具而使刀具长度发生变化后，也不必修改程序中的坐标值，只要修改刀具参数库中的长度补偿值即可。

 【任务实施】

一、盖板数控加工工艺分析

依据盖板机械加工工艺过程卡，其数控工序主要完成孔的加工。其中，均布的 4 个 M10 螺纹孔，需先钻螺纹底孔 ϕ8.5mm，再攻螺纹；4 个 ϕ10mm 沉头孔钻孔后，再用锪孔钻加工 ϕ12mm 沉头孔；中间 ϕ20mm 孔直接钻孔即可。

加工时，宜以底面为主要基准，以两相邻侧面为第二基准找正，采用平口钳夹两侧面，在一次装夹中完成顶面和所有孔的加工。

为保证各孔加工时定位准确，先用 ϕ3mm 中心钻钻出深 1.5mm 定心孔。

综合考虑刀具与工艺参数选择原则，提交刀具卡（表 3.3.6）与数控工序卡（表 3.3.7）。

表 3.3.6　盖板数铣用刀具卡

序号	刀具号	刀具规格及名称	刀具材料	加工表面
1	T01	ϕ14mm 立铣刀	高速钢	顶面
2	T02	ϕ3mm 中心钻	高速钢	各孔
3	T03	ϕ20mm 麻花钻	高速钢	ϕ20mm 孔
4	T04	ϕ10mm 麻花钻	高速钢	4×ϕ10mm 通孔
5	T05	ϕ12mm 锪孔钻	高速钢	4×ϕ12mm 沉头孔

序号	刀具号	刀具规格及名称	刀具材料	加工表面
6	T06	ϕ8.5mm 麻花钻	高速钢	螺纹底孔
7	T07	M10 丝锥	高速钢	M10 螺纹孔

表 3.3.7　盖板数铣工序卡

序号	工步内容	刀具号	主轴转速 / (r/min)	进给速度 / (mm/min)	背吃刀量 /mm	程序号
1	精铣顶面	T01	3500	1000	0.5	0001
2	定心钻	T02	800	60	1.5	0002
3	钻 ϕ20mm 孔	T03	300	30	6mm/ 次	0003
4	钻 4×ϕ10mm 通孔	T04	500	30	4mm/ 次	0004
5	锪 4×ϕ12mm 沉头孔	T05	1000	100	5	0005
6	4×M10 钻至 ϕ8.5mm	T06	500	30	4mm/ 次	0006
7	攻螺纹	T07	150	1.5mm/r	1.5	0007

二、盖板孔系加工程序的编制

　　盖板上的孔围绕中心分布，编程原点宜选上平面中心位置，既方便计算各孔的孔位，也方便实际加工中的对刀操作。

　　盖板上各孔的位置精度要求中等，机床本身精度已能满足其要求，不需要考虑数控机床的反向间隙误差，且所加工的孔数量较多。因此，编程时主要考虑较短走刀路线，以提高生产效率。

　　综合考虑以上各因素后，取上平面中心为编程原点，精铣顶面程序可参照任务一。盖板孔系在加工中心上加工的程序清单见表 3.3.8 ～表 3.3.13。

表 3.3.8　定心钻程序清单（0002）

程序	程序注解
%0002	// 程序名
G90 G54 G17 G40 G49	// 设置编程原点，设置程序起始状态
M06 T02	// 选择刀具
M03 S800	// 主轴正转，转速为 800r/min
G00 Z100	// 快移至安全高度
G43 Z50 H02 M08	// 建立刀具长度补偿，冷却液开
G99 G81 X-56.57 Y-56.57 Z-1.5 R5 F60;	// 点钻左前沉孔位
X0 Y-25	// 点钻前螺孔位
X56.57 Y-56.57	// 点钻右前沉孔位
X25 Y0	// 点钻右螺孔位
X0 Y0	// 点钻中间 ϕ20mm 孔位
X-25	// 点钻左螺孔位
X-56.57 Y56.57	// 点钻左后沉孔位
X0 Y25	// 点钻后螺孔位

续表

程序	程序注解
X56.57 Y56.57	// 点钻右后沉孔位
G80	// 取消钻孔循环
G00 G49 Z100 M09	// 抬刀至安全高度，同时取消刀具长度补偿
M30	// 程序结束

表 3.3.9　钻 ϕ 20mm 孔程序清单（0003）

程序	程序注解
%0003	// 程序名
G90 G54 G17 G40 G49	// 设置编程原点，设置程序起始状态
M06 T03	// 选择刀具
M03 S300	// 启动主轴
G00 Z100	// 快移至安全高度
G43 Z50 H03 M08	// 建立立刀具长度补偿，冷却液开
G98 G83 X0 Y0 R5 P2000 Q-6 K3 Z-23 F30	// 钻深孔
G80 M09	// 取消钻孔循环，冷却液关
G00 G49 Z100 M09	// 抬刀至安全高度，同时取消刀具长度补偿
M30;	// 程序结束

表 3.3.10　钻 4× ϕ 10mm 通孔程序清单（0004）

程序	程序注解
%0004	// 程序名
G90 G54 G17 G40 G49	// 设置编程原点，设置程序起始状态
M06 T04	// 选择刀具
M03 S500	// 主轴正转，转速为 500r/min
G00 Z100	// 快移至安全高度
G43 Z50 H04 M08	// 建立刀具长度补偿，冷却液开
G99 G83 X-56.57 Y-56.57 R5 P2000 Q-4 K3 Z-23 F30	// 钻深孔
X56.57	// 钻深孔
X-56.57 Y56.57	// 钻深孔
X56.57	// 钻深孔
G80 M09	// 取消钻孔循环，冷却液关
G00 G49 Z100 M09	// 抬刀至安全高度，同时取消刀具长度补偿
M30	// 程序结束

表 3.3.11　锪钻 4× ϕ 12mm 沉头孔程序清单（0005）

程序	程序注解
%0005	/ 程序名
G90 G54 G17 G40 G49	// 设置编程原点，设置程序起始状态
M06 T05	// 选择锪孔钻
M03 1000	// 主轴正转，转速为 1000r/min
G00 Z100	// 快移至安全高度
G43 Z50 H05 M08	// 建立刀具长度补偿，冷却液开
G99 G82 X-56.57 Y-56.57 R5 P2000 Z-5 F100	// 锪沉头孔
X56.57	// 锪沉头孔
X-56.57 Y56.57	// 锪沉头孔
X56.57	// 锪沉头孔
G80 M09	// 取消钻孔循环，冷却液关
G00 G49 Z100 M09	// 抬刀至安全高度，同时取消刀具长度补偿
M30	/ 程序结束

表 3.3.12　钻 4×M10 螺纹底孔程序清单（0006）

程序	程序注解
%0006	// 程序名
G90 G54 G17 G40 G49	// 设置编程原点，设置程序起始状态
M06 T06	// 选择刀具
M03 S500	// 主轴正转，转速为 500r/min
G00 Z100	// 快移至安全高度
G43 Z50 H06 M08	// 建立刀具长度补偿，冷却液开
G99 G83 X-25 Y0 R5 P2000 Q-4 K3 Z-16 F30	// 钻深孔
X25	// 钻深孔
X0 Y-25	// 钻深孔
Y25	// 钻深孔
G80 M09	// 取消钻孔循环，冷却液关
G00 G49 Z100 M09	// 抬刀至安全高度，同时取消刀具长度补偿
M30	// 程序结束

表 3.3.13　4×M10 攻螺纹程序清单（0007）

程序	程序注解
%0007	// 程序名
G90 G54 G17 G40 G49	// 设置编程原点，设置程序起始状态
M06 T07	// 选择刀具
M03 S150	// 主轴正转，转速为 150r/min
G00 Z100	// 快移至安全高度
G43 Z50 H07 M08	// 建立刀具长度补偿，冷却液开
G99 G84 X-25 Y0 R7 P2000 Z-10 F1.5	// 攻螺纹
X25	// 攻螺纹
X0 Y-25	// 攻螺纹
Y25	// 攻螺纹
G80 M09	// 取消钻孔循环，冷却液关
G00 G49 Z100 M09	// 抬刀至安全高度，同时取消刀具长度补偿
M30	// 程序结束

三、盖板件的数控铣削加工

1. 安装工件与刀具

（1）工件装夹与找正　以方料毛坯两侧面在机用虎钳中定位并夹牢。

（2）刀具装夹与对刀　在数控加工中心安装立铣刀、钻头，以立铣刀为标准刀对刀，铣刀与钻头所在刀库位置与程序中的刀号一致。

2. 调用程序

建议用 U 盘或在线传输方式输入程序，进行刀路轨迹校验或空运行对程序进行校验。

3. 铣削加工

按工序卡顺序调用精铣顶面和各钻孔程序加工。加工中应根据实际工况调整工艺参数。

4. 加工后清理环境

按车间要求清理、清扫机床及其周边环境，整理好工具，填写工作记录表，等车间管理员确认后关机，完成加工。

【实战演练】

如图 3.3.16 所示盖板 2 零件，毛坯为 80mm×80mm×20mm 精铝料，零件的机械加工工艺过程卡见表 3.2.14。生产部安排在数控铣床上完成凸台轮廓及孔的加工。要求编写数铣工序卡、刀具卡和数控铣削程序，并操控数控铣床完成该零件的加工。实战上交成果如下。

① 盖板 2 零件数控铣削刀具卡、工序卡、程序单。

② 完整的数控铣削程序。

③ 加工后的成品。

④ 零件自检表。

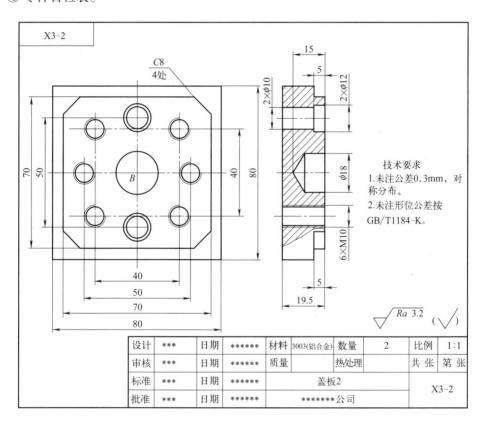

图 3.3.16 盖板 2 零件图

表 3.2.14 盖板 2 机械加工工艺过程卡

零件名称		盖板2	机械加工工艺过程卡	毛坯种类	方料	共1页
				材料	2Al2	第1页
工序号	工序名称	工 序 内 容			设备	工艺装备
1	备料	80mm×80mm×20mm 铝合金方料				
2	数铣	精铣顶面；粗铣、精铣凸台，钻孔、攻螺纹到图样要求			VMC650	平口钳
3	检查	按图样要求检查				
编制	***	日期	******	审核	***	日期	******

班级：　　　　　　　　　　姓名：　　　　　　　　　　学号：

零件名称		数控加工刀具卡				工序号			
工序名称		设备名称				设备型号			
工步号	刀具号	刀具名称	刀具材料	刀柄型号	刀具			补偿量 /mm	
					刀尖半径 /mm	直径 /mm	刀长 /mm		
编制		审核		批准			共　页	第　页	

班级：　　　　　　　　　　姓名：　　　　　　　　　　学号：

零件名称		数控加工工序卡	工序号		工序名称		共　页
							第　页
材料		毛坯状态		机床设备		夹具名称	

（工序简图）

工步号	工步内容	刀具编号	刀具名称	量具名称	主轴转速 r/min	进给量 mm/min	背吃刀量
编制		日期		审核		日期	

班级：　　　　　　　姓名：　　　　　　　　　学号：

数控加工程序单	产品名称		零件名称		共　页
	工序号		工序名称		第　页

序号	程序编号	工序内容	刀具	切削深度（相对最高点）	备注

装夹示意图：　　　　　　　　　　　　　　装夹说明：

编程 / 日期		审核 / 日期	

班级：　　　　　　　姓名：　　　　　　　　　学号：

数控加工程序清单	产品名称		零件名称	盖板 2	共　页
	工序号	2	工序名称	数铣	第　页

程序内容	说明

盖板 2 数控铣削加工零件自检表

班级：　　　　　　　姓名：　　　　　　　　　学号：

零件名称		盖板 2		允许读数误差			± 0.007mm	
序号	项目	尺寸要求	使用的量具	测量结果				项目判定
				NO.1	NO.2	NO.3	平均值	
1	长度 /mm	70						合　否
2	长度 /mm	70						合　否
3	直径 /mm	$\phi 18$						合　否

结论（对上述三个测量尺寸进行评价）	合格品　　次品　　废品
处理意见	

【评价反馈】

零件名称			盖板 2			
班级：			姓名：		学号：	

机械加工工艺过程考核评分表

序号	总配分/分	考核内容与要求		完成情况	配分/分	得分/分	评分标准
1	6	数控加工工序卡	表头信息	□正确 □不正确或不完整	1		1. 工序卡表头信息，1分。根据填写状况分别评分为1分、0.5分和0分
			工步编制	□完整 □缺工步__个	2.5		2. 根据机械加工工艺过程卡编制工序卡工步，缺一个工步扣0.5分，共2.5分
			工步参数	□合理 □不合理__项	2.5		3. 工序卡工步切削参数合理，一项不合理扣0.5分，共2.5分
			小计得分/分				
2	3	数控加工刀具卡	表头信息	□正确 □不正确或不完整	0.5		1. 数控加工刀具卡表头信息，0.5分
			刀具参数	□合理 □不合理__项	2.5		2. 每个工步刀具参数合理，一项不合理扣0.5分，共2.5分
			小计得分/分				
3	6	数控加工程序单	表头信息	□正确 □不正确或不完整	0.5		1. 数控加工程序单表头信息，0.5分
			程序内容	□合理 □不合理__项	3		2. 每个程序对应的内容正确，一项不合理扣0.5分；共2分
			装夹图示	□正确 □未完成	2.5		3. 装夹示意图与安装说明，0.5分
			小计得分/分				
4	35	数控铣削程序	与工序卡、刀具卡、程序单的对应度	□合理 □不合理__项			1. 刀具、切削参数、程序内容等对应的内容正确，一项不合理扣2分，共10分，扣完为止
			指令应用	□正确 □不正确或不完整			2. 指令格式正确与否，共25分，每错一类指令按平均分扣除
			小计得分/分				
总配分数/分		50		合计得分/分			

零件名称	盖板 2		
班级：	姓名：		学号：

自检记录评分表

序号	测量项目	配分 / 分	评分标准	自检与检测对比	得分
1	尺寸测量	3	每错一处扣 0.5 分，扣完为止	□正确 错误　处	
2	项目判定	0.6	全部正确得分	□正确　□错误	
3	结论判定	0.6	判断正确得分	□正确　□错误	
4	处理意见	0.8	处理正确得分	□正确　□错误	
总配分数 / 分	5		合计得分 / 分		

数控铣削加工零件完整度评分表

班级：	姓名：		学号：
零件名称	盖板 2	零件编号	

评价项目	考核内容	配分 / 分	评分标准	检测结果	得分 / 分	备注
S 槽加工特征完整度	70mm × 70mm 大台阶	2	未完成不得分	□完成 □未完成		
	4 个 C8mm 倒角	2	未完成不得分	□完成 □未完成		
	6 个 M10 螺孔	2	未完成不得分	□完成 □未完成		
	2 个沉头孔	2	未完成不得分	□完成 □未完成		
	中间 ϕ18mm 孔	2	未完成不得分	□完成 □未完成		
	小计 / 分	10				
	总配分 / 分	10		总得分 / 分		

数控铣削加工零件评分表

班级：	姓名：		学号：
零件名称	盖板 2	零件编号	

检测评分记录（由检测员填写）

序号	配分 / 分	尺寸类型 /mm	公称尺寸 /mm	上偏差 /mm	下偏差 /mm	上极限尺寸 /mm	下极限尺寸 /mm	实际尺寸 /mm	得分 / 分	评分标准
A—主要尺寸（共 17 分）										
1	1	L	两处 70	0.1	-0.1	70.1	69.9			超差全扣
2	1	L	凸台高 5	0.1	-0.1	5.1	4.9			
3	1	L	4 处 C8	0.1	-0.1	8.1	7.9			超差全扣
4	2	ϕ	ϕ18	0.05	-0.05	18.05	17.95			超差全扣
5	2	ϕ	2 处 ϕ10	0.05	-0.05	10.05	9.95			超差全扣
6	2	ϕ	2 处 ϕ12	0.05	-0.05	12.05	11.95			超差全扣
7	2	L	沉头孔深 5	0.1	-0.1	5.1	4.9			超差全扣
8	2	M	6 处 M10	0.05	-0.05	10.05	9.95			超差全扣
9	2	L	2 处 40	0.1	-0.1	40.1	39.9			
10	2	L	50	0.1	-0.1	50.1	49.9			
B—形位公差（共 6 分）										
11	6	对称度 /mm	0.05	0	0.00	0.02	0.00			超差全扣
C—表面粗糙度（共 2 分）										
12	2	表面质量 /μm	Ra3.2	0	0	1.6	0			超差全扣
总配分数 / 分	25				合计得分 / 分					

检查员签字：	教师签字：

数控铣削加工素质评分表

零件名称			盖板 2			
序号	配分/分	考核内容与要求	完成情况	得分/分	评分标准	
职业素养与操作规范						
1	2	按正确的顺序开关机床并做检查，关机时车床刀架停放正确的位置，1分	□正确 □错误		完成并正确	
2		检查与保养机床润滑系统,0.5分	□完成 □未完成		完成并正确	
3		正确操作机床及排除机床软故障（机床超程、程序传输、正确启动主轴等）,0.5分	□正确 □错误		完成并正确	
4	3	正确使用虎钳扳手、加力杆安装铣床工件,0.5分	□正确 □错误		完成并正确	
5		正确安装和校准平口钳等夹具,0.5分	□正确 □错误		完成并正确	
6		正确安装铣床刀具，刀具伸出长度合理，清洁刀具与主轴的接触面,1分	□正确 □错误		完成并正确	
7		正确使用量具、检具进行零件精度测量,1分	□正确 □错误		完成并正确	
8	5	按要求穿戴安全防护用品（工作服、防砸鞋、护目镜等）,1分	□符合 □不符合		完成并正确	
9		完成加工之后，及时清扫数控铣床及其周边,1.5分	□完成 □未完成		完成并正确	
10		工具、量具、刀具按规定位置正确摆放,1.5分	□完成 □未完成		完成并正确	
11		完成加工之后，及时清除数控机床和计算机中自编程序及数据,1分	□完成 □未完成		完成并正确	
配分数/分		10	小计得分/分			

安全生产与文明生产（此项为扣分，扣完 10 分为止）

1	扣分	机床加工过程中工件掉落，2 分	工件掉落___次		扣完 10 分为止
2	扣分	加工中不关闭安全门，1 分	未关安全门___次		扣完 10 分为止
3	扣分	刀具非正常损坏，每次 1 分	刀具损坏___把		扣完 10 分为止
4	扣分	发生轻微机床碰撞事故，6 分	碰撞事故___次		扣完 10 分为止
5	扣分	发生重大事故（人身和设备安全事故等）、严重违反工艺原则和情节严重的野蛮操作、违反车间规定等行为			立即退出加工，取消全部成绩
小计扣分 / 分					
总配分数 / 分	10		合计得分 / 分		得分 - 扣分

【课后习题】

一、选择题

1. （   ）零件一般只需要两轴半坐标联动就可以加工。

A. 平面类   B. 变斜角类   C. 曲面类   D. 平面和变斜角类

2. 对于二维型腔，主要包括材料去除和轮廓加工，一般采用（   ）或环形刀。

A. 端铣刀   B. 成形铣刀   C. 立铣刀   D. 球刀

3. 三坐标曲面加工时，通常采用（   ）。

A. 插削法   B. 切线法   C. 环切法   D. 行切法

4. 数控铣削时，切削深度（背吃刀量）a_p 和铣削切削层公称宽度（侧吃刀量）a_w 应在（   ）确定。

A. 刀具轨迹生成时   B. 刀具轨迹生成前

C. 刀具轨迹生成后   D. 以上均可

5. 数控铣削加工时，一般应采用（   ）方法。

A. 工序分散   B. 工序集中   C. 工序平衡   D. 以上都可以

6. 箱体类零件一般在（   ）上加工比较方便。

A. 立式数控铣床   B. 卧式数控铣床

C. 仿形数控铣床   D. 卧式数控铣床或仿形数控铣床

7. 数控加工中心换刀指令是（   ）。

A. M03   B. M04   C. M05   D. M06

8. 执行 G91 X10 Y30 Z20 程序段后，以下说法正确的是（   ）。

A. 刀具移动到（10，30，20）点

B. 刀具在 X、Y、Z 方向分别移动了 10mm、30mm、20mm 距离

C. 刀具沿 X、Y、Z 三轴的正方向分别移动了 10mm、30mm、20mm 距离

D. 不能确定刀具移动的方位

9. 以下铣削圆弧的程序段中，（   ）是错误的。

A. $G17 \begin{Bmatrix} G02 \\ G03 \end{Bmatrix} X\_ Y\_ \begin{Bmatrix} I\_ J\_ \\ R\_ \end{Bmatrix} F\_$ B. $G17 \begin{Bmatrix} G02 \\ G03 \end{Bmatrix} X\_ Z\_ \begin{Bmatrix} I\_ J\_ \\ R\_ \end{Bmatrix} F\_$

C. $G19 \begin{Bmatrix} G02 \\ G03 \end{Bmatrix} Y\_ Z\_ \begin{Bmatrix} J\_ K\_ \\ R\_ \end{Bmatrix} F\_$ D. $G18 \begin{Bmatrix} G02 \\ G03 \end{Bmatrix} X\_ Z\_ \begin{Bmatrix} I\_ K\_ \\ R\_ \end{Bmatrix} F\_$

10. 圆弧插补指令中，I、J、K 指的是圆弧（   ）。

A. 圆心相对于圆弧起点的位置   B. 起点位置

C. 终点位置   D. 起点与终点之间的距离

11. 立式数控铣床的刀具长度补偿功能用于（   ）轴方向的刀具补偿。

A. X   B. Y   C. Z   D. 编程时指定的

12. 设寄存器中 H1 的刀具长度补偿量 20.0，H2 的刀具长度补偿量 10.0，则执行 G90 G44 Z100 H02 程序段后，Z 将达到（   ）。

A. 120   B. 110   C. 80   D. 90

13. 以下（   ）是刀具半径补偿取消指令。

A. G41　　　　　　　B. G42　　　　　　　C. G40　　　　　　　D. G49

14. 假定工件不动，刀具半径补偿方向的判断方法是（　　）。

A. 面向第三轴正向，逆着刀具前进方向看

B. 面向第三轴正向，顺着刀具前进方向看

C. 面向第三轴负向，顺着刀具前进方向看

D. B 与 C 都对

15. 建立和取消刀补必须与以下指令中的（　　）指令组合完成。

A. G01　　　　　　　B. G02　　　　　　　C. G03　　　　　　　D. G04

16. 刀具半径补偿量放在（　　）代码中。

A. T　　　　　　　　B. M　　　　　　　　C. D　　　　　　　　D. H

17. 建立刀具半径补偿时，刀具应（　　）。

A. 在工件轮廓上　　　　　　　　B. 接近工件轮廓

C. 离开工件轮廓适当的距离　　　D. 以上均可

18. 对于直径小于 ϕ30mm 的 IT13 ～ IT11 级孔，一般可以（　　）次钻出。

A. 一　　　　　　　　B. 二　　　　　　　　C. 三　　　　　　　　D. 二或三

19. 当（　　）时，若工作台进给存在误差，将直接影响孔中心线的形位误差。

A. 钻孔　　　　　　　B. 扩孔　　　　　　　C. 铰孔　　　　　　　D. 铣孔

20. 数控铣床或镗铣加工中心上，使用孔加工固定循环时，刀具一般分解为（　　）个动作。

A. 四　　　　　　　　B. 五　　　　　　　　C. 六　　　　　　　　D. 七

21. 钻孔固定循环指令中，（　　）是指钻孔后刀具返回初始（点）平面。

A. G96　　　　　　　B. G97　　　　　　　C. G98　　　　　　　D. G99

22. G81 与 G82 指令的主要区别是（　　）。

A. G81 带孔底暂停　　　　　　　B. G82 带孔底暂停

C. G81 一般用于镗孔　　　　　　D. G82 一般用于镗孔

二、判断题

1. 在数控铣床上不能进行孔的加工。　　　　　　　　　　　　　　　　　（　　）

2. 平面类零件的各个加工面为平面，或可以展开为平面。　　　　　　　　（　　）

3. 以尺寸协调的高精度孔和面，一般应安排在数控机床上加工。　　　　　（　　）

4. 按刀具集中分序法安排铣削加工顺序，可减少换刀次数。　　　　　　　（　　）

5. 为保证精加工质量，精铣时宜选用较低的切削速度。　　　　　　　　　（　　）

6. 型腔件加工时，一般分两步切削，即先切轮廓后切内腔。　　　　　　　（　　）

7. 对于同一数控系统而言，其数控车与数控铣的 G 代码功能是完全一样的。（　　）

8. 在 MDI 模式下，可以运行 M 和 T 指令，通过主轴将刀具安装到刀库中。（　　）

9. 执行 G54 指令时，其后面必须有一组 X、Y、Z 值，才能确定工件坐标系。（　　）

10. 在数控铣床上执行 G90 G00 X100 Y50 Z30 时，刀具将从所在点与（100，50，30）点之间的直线方向移动到该点。　　　　　　　　　　　　　　　　　　（　　）

11. 执行 G19 时，系统选择的平面为 YZ 平面。　　　　　　　　　　　　（　　）

12. 整圆编程时不可以用 R 方式编程，只能采用 I、J、K 方式。　　　　　（　　）

13. G41 或 G42 可以不与 G40 成对使用。　　　　　　　　　　　　　　　（　　）

14. 沿着刀具前进方向看，刀具在工件轮廓的左边，就需要用到左补偿。　　（　　）

15. G41、G42、G40 为模态指令，机床的初始状态为 G40。　　（　　）

16. 某铣削加工程序首行为 G41 X50 Y-30 D12，此程序段无法建立刀具补偿。　　（　　）

17. 在补偿状态中不得变换补偿平面，否则将出现系统报警。　　（　　）

18. 取消刀具半径补偿时，终点应放在刀具切出工件之前，否则可能会发生碰撞。

（　　）

19. 孔加工指令中的参数 X、Y 值，在 G91 方式下指定刀具的孔位的距离。　　（　　）

20. G83 一般用于扩孔、盲孔和沉头孔加工。　　（　　）

21. G73 为高速深孔加工循环指令，其每次回退量仅需抬高 k 值，不用回退到工件外表面，因此，其钻孔速度较快。　　（　　）

22. 执行 G84 指令钻孔前，无须先钻出螺纹底孔。　　（　　）

23. 对上部有小孔的台阶大孔进行镗削时，只要上部的小孔能允许镗刀通过，可以采用 G87 指令对孔进行镗削加工。　　（　　）

24. 对于孔位精度要求较高的孔，使用数控铣床加工时，应考虑反向运动时出现的反向间隙。如果在走刀路线中将反向间隙带入，就会影响刀具的定位精度，增加工件的定位误差。　　（　　）

三、填空题

1. 数控铣床与一般铣床的_____基本相同。

2. 带刀库的数控铣床又称为_____。

3. 零件数控铣削加工工艺性分析主要包括____、____、____、____、____和加工方案分析等内容。

4. 数控铣床加工零件时，工序及其工序内工步的安排主要有___、___、___等。

5. 切削内腔区域时，___和___两种进给路线在生产中应用最为广泛。

6. 执行 M06 T02 指令时，表示 02 号刀_____。

7. 使用 G43、G44 指令时，无论是用绝对尺寸编程还是用增量尺寸编程，程序中指定的 Z 轴终点坐标值，都要与 H 所指定的寄存器中的_____值进行运算。

8. 用 G54 ～ G59 指令设定工件坐标系实质上为___。

9. 绝对值编程指令为____，增量值编程指令为____。当图纸尺寸是以轮廓基点之间的间距给出时，采用___方式编程较为方便。

10. ____移动速度是____的空运行速度，与程序中的___无关。

11. 铣削轮廓表面时一般采用_____切削，当刀具沿轮廓面法向切入时，会在切入处产生___。

12. 铣削外轮廓时，应安排刀具沿着外轮廓曲线的_____切入或切出，也可以采用____的方式切入或切出，以保证工件轮廓的光滑过渡。

13. 铣切内表面轮廓形状时，最好安排从___到圆弧切入、切出的加工路线。

14. 加工一个轮廓面时可能采用三种走刀路线，即___、___和___。粗加工大多采用___。

15. 采用立铣刀粗铣内轮廓时，常采用___下刀和___下刀以保护铣刀刃。

16. 在 G98 G91 G81 X20 Y20 Z-20 R-20 F50 程序段中，R-20 指的是 R 点相对于___点的距离为___mm；Z-20 指的是___相对 Z 点的距离为___mm。

17. 进行深孔钻削的指令有___、___。其中，___的钻孔速度较快。

18. 锪孔加工时，宜采用___指令。

19. 对于 IT13 ～ IT11 级、表面粗糙度 $Ra50$ ～ $12.5\mu m$ 的孔，一般直径不超过 $\phi75mm$ 的孔可采用____法加工。其中，对于直径大于 $\phi30mm$ 的孔，为减小进给力，应最少采用___钻削，先用被加工孔径_____倍的钻头，再用孔径合适的钻头第二次扩钻，直到加工到所要求的尺寸。

20. 铣孔时，刀具的___为主运动，工件做___。此种加工方法中，若___进给存在误差，将直接影响孔中心线的形位误差。

四、简答题

1. 普通铣床相比，零件上哪些部位适合在数控铣床上加工？

2. 什么是曲面类零件？简述其加工特点与较优的加工方法。

3. 采用数控铣削加工的零件，在对零件进行工艺性分析时需要关注哪些问题？

4. 若想以工件上表面中心为工件坐标系原点，简述用试切法对刀，采用 G55 指定工件坐标系的方法。

5. 坐标平面选择指令有哪些？

6. 简述刀具补偿使用 G41 或 G42 的判断方法。

7. 在铣床上采用立铣刀进行轮廓加工时，为什么要用到刀具半径补偿？

8. 叙述子程序与主程序之间的关系。

9. G54 ～ G59 指令的含义是什么？如何预置 G54 ～ G59 的值？

五、编程题

1. 按图 1 所示的刀路 $O \rightarrow 1 \rightarrow 2 \rightarrow 3 \rightarrow 4 \rightarrow 5 \rightarrow 6 \rightarrow O$ 编写螺旋槽数控加工程序。槽宽 8mm。其中，1、3、4、6 点的深度为 1mm，O、2、5 的深度为 2mm。要求合理选择刀具和切削参数。

2. 根据图 2 所示环形槽零件，拟定加工路线、合理选择刀具和切削参数，编写加工程序。

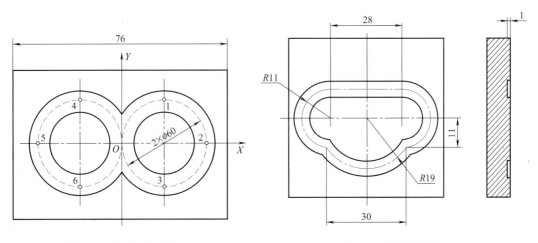

图 1　螺旋型腔零件图　　　　　图 2　环形槽零件图

3. 图 3 所示凸台毛坯采用 100mm × 100mm × 30mm 铝板，所有凸台表面粗糙度均为 *Ra*3.2μm，未注倒角 *C*0.5mm。要求选用合适的刀具并编写精铣凸台的数控加工程序。

4. 图 4 所示零件六面已精铣合格，需要在数控铣床铣削凹槽。要求选用合适的刀具并编写凹槽的数控加工程序，程序中需采用刀具半径补偿指令。

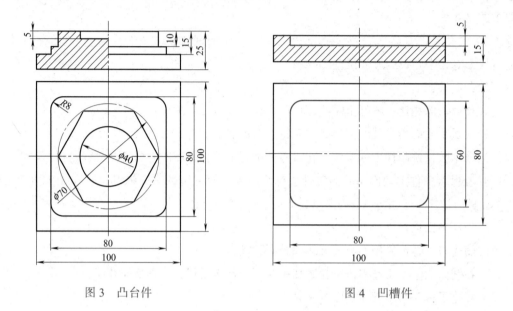

图 3　凸台件　　　　　　　　　　　图 4　凹槽件

5. 图 5 为样板零件图，板厚 5mm，板上的孔均为通孔，外形已加工合格。要求确定板上各孔的加工方案，并合理选刀具和切削参数，编写样板上所有孔的加工程序。

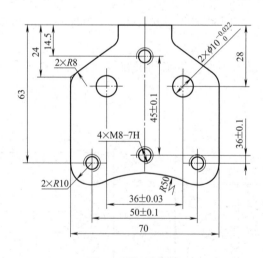

图 5　样板零件图

6. 根据图 6 所示基座零件的加工要求，拟定加工路线、合理选择刀具和切削参数，编写基座上凸台与所有孔的加工程序。

7. 选用合适的简化编程指令，编制图 7 所示各零件中的曲线凸台轮廓的精铣程序。已知曲线凸台厚 5mm，侧壁留有 0.3mm 精铣余量，凸台中的 φ16mm 孔已加工合格。

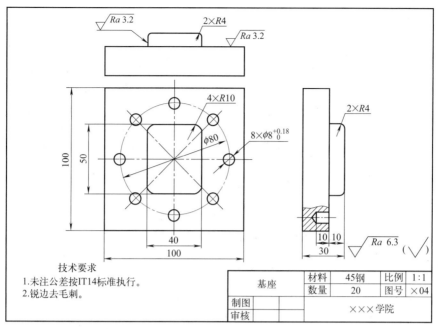

图 6　基座零件图

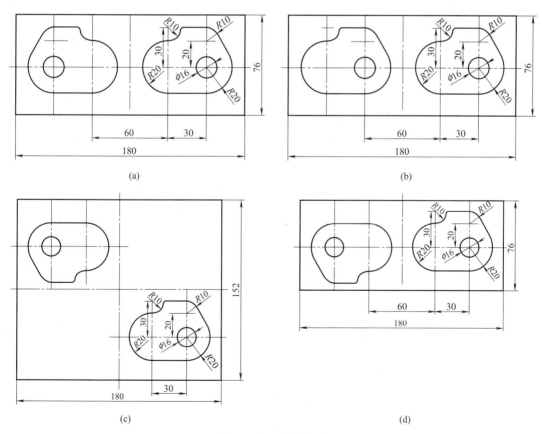

图 7　编程题零件图

📥 【项目总结】

　　本项目主要介绍了数控铣床在零件加工中的应用，分析了简单凸台和型腔类零件以及孔系零件的数控铣削加工工艺特点，给出了常用加工代码的格式、功能和应用。

　　任务一，以简单凸台件的数控铣削加工为例，介绍了数控铣床的组成与特点，分析了数控铣削要解决的主要工艺问题、零件数控铣削加工工艺性分析方法以及工序划分、工序顺序和进给路线的确定原则，给出了数控铣削切削用量与刀具选择的方法。介绍了数控铣床坐标系创建方法，外轮廓进刀方法，铣削直线和圆弧轮廓指令、刀具半径补偿和子程序调用指令。

　　任务二，以简单凹槽件的数控铣削加工为例，介绍了腔体加工的工艺要点、下刀和进刀方式，以及旋转、镜像等多种简化编程的指令及其应用方法与刀具长度补偿指令。

　　任务三，以盖板板孔系加工为例，介绍了通孔、精度孔、深长孔、螺纹孔的加工方法，以及多种孔循环加工指令的具体用法。

　　通过本项目的学习，读者能够掌握数控铣床常用的编程指令及其应用方法，能对中等复杂程度的板块类零件的轮廓、型腔和孔系进行铣削工艺性分析，并编制出较为合理的数铣加工程序。

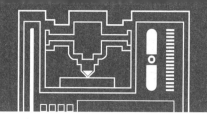

项目四
复杂零件的数控宏程序编程

【项目概述】

　　数控系统通用准备功能指令大多只用于加工固定的几何形状，很难完成复杂曲线和曲面轮廓的编程。另外，对于形状相同而尺寸不同的零件，若能使用改变参数的方法利用同一程序加工，则将有效地缩减编程时间。宏程序是一种类似于高级语言的编程方法，它允许用户使用变量、算术运算和逻辑运算以及条件转移，十分利于各种复杂零件加工程序的编制。另外，还可将某些相同加工操作编制成通用程序，供用户循环调用。相对于CAM生成的程序，宏程序执行起来更为快捷。因此，宏程序特别适合用于数控机床调机、产品工艺优化，以及一些规格不同而结构相同的零件的大批量生产。

　　本项目主要使学生了解宏程序的作用、各类宏变量的含义及其赋值方法，学会自变量参数精度的设置方法；会制定合理的工艺流程和走刀路线、选择合适的加工工艺参数；会采用适当的宏程序指令编制可行的数控加工程序。

【学习目标】

知识目标
1. 了解宏程序的作用。
2. 理解各类宏变量的含义及其赋值方法。
3. 熟悉常用宏语句及其使用场合。
4. 熟悉宏程序的格式。

技能目标
1. 能对非线性和非圆曲线轮廓的零件进行工艺性分析。
2. 能根据零件加工面结构特点确定数控加工方案，并合理选择工具、量具、刃具。
3. 能读懂含宏程序的数控车削和数控铣削加工程序。
4. 能合理使用宏变量编制较复杂的数控车削程序和数控铣削程序。

素质目标
1. 提高逻辑思维能力。
2. 形成严谨的工作态度。
3. 培养专业精神。
4. 培养创新精神。

任务一

椭圆面传动轴的数控车削宏程序编程

【任务导入】

图 4.1.1 所示为带椭圆曲面传动轴零件图,生产 2 件,材料为 2Al2。该轴机械加工工艺过程卡见表 4.1.1。要求规划传动轴数控车削加工方案,确定工艺路线和工艺参数,编制数控车削工序卡,手工编写数控加工程序,操作数控车床加工出成品。

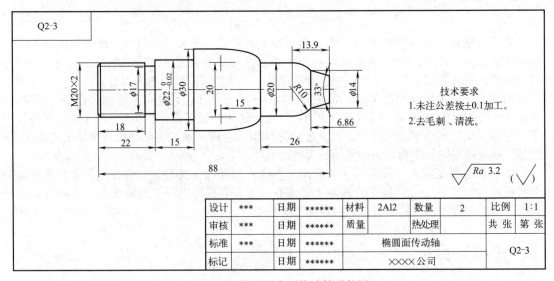

技术要求
1.未注公差按±0.1加工。
2.去毛刺、清洗。

$\sqrt{Ra\ 3.2}$ $(\sqrt{})$

设计	***	日期	******	材料	2Al2	数量	2	比例	1:1
审核	***	日期	******	质量		热处理		共 张	第 张
标准	***	日期	******		椭圆面传动轴			Q2-3	
标记		日期	******		××××公司				

图 4.1.1 带椭圆曲面传动轴零件图

表 4.1.1 带椭圆曲面传动轴的机械加工工艺过程卡

工序号	工序名称	工 序 内 容	设备
1	备料	ϕ35mm×90mm 铝棒料	
2	数车	粗车、精车右半部轮廓到尺寸	数控车床
3	数车	粗车、精车左半部轮廓到尺寸,切槽,车螺纹	数控车床
4	检查	按图样要求检查	

工具/设备/材料

1. 设备:数控车床 CAK6140。
2. 刀具:90° 外圆偏刀、4mm 切断刀、外螺纹车刀。
3. 量具:游标卡尺、M20×2 螺纹环规。

4. 工具：卡盘扳手、刀架扳手。

5. 材料：$\phi 35mm \times 90mm$ 铝合金棒料。

任务要求

1. 编写传动轴的工序卡、刀具卡、程序单。
2. 编制传动轴的数控车削加工程序。
3. 完成传动轴的数控车削加工。

【工作准备】

一、用户宏程序

引导问题 1：本任务中的椭圆曲面是用圆弧加工指令 G02/G03 加工的吗？

_____

_____

相关知识点

在数控机床上加工非直线、非圆弧曲面时，需要将曲面的曲线分解为若干小直线段，再由若干小直线段形成的折线来逼近曲线。要实现这类曲面的加工，需要用到数控系统自带的宏程序。

宏程序是一种类似于高级语言的编程方法，与普通程序一样用于零件的数控加工，它允许用户使用变量、算术运算和逻辑运算以及条件转移，利于编制各种复杂的零件加工程序。宏程序通用性强，易于分析、修改和调整。

1. 变量

宏程序中，用户可以在准备功能指令和轴移动距离的参数中使用变量。

变量用变量符号"#"和后面的变量号指定，如 G00 X[#43]，其中 #43 是变量，用户在调用之前可以对其进行赋值等操作。

（1）将跟随在地址后的数值用变量来代替（即指定了一个变量）　例如：

F[#109]，若赋值 #109=50，表示为 F50；若赋值 #109=100，表示为 F100。

X[-#87]，若赋值 #87=60，表示为 X-60；若赋值 #87=100，表示为 X-100

G[#210]，若赋值 #210=1，表示为 G01；若赋值 #210=2，表示为 G02。

（2）用表达式指定变量　例如：

G01 X[#12+#24] F[#16]，若赋值 #12=20，#24=6，#16=200，则表示为 G01 X26 F200。

（3）未定义变量　对于华中数控系统，其值默认为 0。例如：

G00 X#12 Y#24，若赋值 #12=20，则为 G00 X20 Y0。

（4）变量的赋值方法

① 直接赋值。把常数或表达式的值传送给一个宏变量称为赋值，这条语句称为赋值语句。

常数的赋值方式：#3 = 124.0。

表达式的赋值方式：#2=175/SQRT[2] * COS[55*PI/180]。

变量赋值有以下要求。

a. 赋值号"="的左边只能是变量，右边可以是常数或表达式，两边不可以互换。

b. 一条赋值语句只能给一个变量赋值，整数值的小数点可省略。

c. 可以多次给一个变量赋值，新值取代原变量值。

d. 赋值表达式的运算顺序与数学运算顺序相同。

② 引数（自变量）赋值。宏程序体以子程序的方式出现，所用的自变量可在宏调用时在主程序中赋值。宏变量与自变量的对应关系见表 4.1.2。

【例1】 通过子程序调用，将 10、20、30 分别赋值给变量 #23 、#24、#25。具体程序如下。

%1234   // 主程序

…

M98 P111 X10 Y20 Z30。 // 调用子程序。X、Y、Z 对应于宏程序（即子程序 %111）中的变量号，变量的具体数值由引数后的数值决定，此句中为 X、Y、Z 后的 10、20、30。

…

M30   // 主程序结束

%111   // 子程序

G90 G00 X[#23] Y[#24] Z[#25] //#23=10，#24=20，#25=30

…

M99   // 子程序结束

表 4.1.2 华中数控系统中宏变量与自变量的对应关系

宏变量	自变量名	宏变量	自变量名	宏变量	自变量名
#0	A	#1	B	#2	C
#3	D	#4	E	#5	F
#6	G	#7	H	#8	I
#9	J	#10	K	#11	L
#12	M	#13	N	#14	O
#15	P	#16	Q	#17	R
#18	S	#19	T	#20	U
#21	V	#22	W	#23	X
#24	Y	#25	Z	#26	预留
#27	预留	#28	预留	#29	预留
#30	X 轴位置	#31	Y 轴位置	#32	Z 轴位置
#33	A 轴位置	#34	B 轴位置	#35	C 轴位置
#36	U 轴位置	#37	V 轴位置	#38	W 轴位置

（5）变量种类　　变量分为局部变量、全局变量（有的系统系称为公共变量）和系统变量。各类变量的用途各不相同。另外，对不同变量的访问属性也有所不同，有些变量属于只读变量。不同的数控系统对变量的定义也不同，需要查阅相应的系统操作说明书。下面以华中数控系统为例加以说明。

① 局部变量。局部变量是指在宏程序内部使用的变量，仅在主程序和当前用户宏程序中有效。即在一条宏指令中的 #i 与在另一条宏指令中的 #i 是不一定相同的。多层调用中使用局部变量，例如从宏 A 中调用宏 B 时，若在宏 B 中错误使用了在宏 A 中正在使用的局部变量，将导致该值的破坏。

华中数控系统提供 #0 ～ #49 为局部变量，它们的访问属性为可读可写。华中数控系统 HNC-8 提供了 8 层嵌套，可以实现子程序嵌套调用，调用深度可达 9 层，每一层子程序都有自己独立的局部变量，变量个数为 50。例如，0 层局部变量为 #200 ～ #249，1 层局部变量为 #250 ～ #299，以此类推。具体各层的局部变如下。

#200 ～ #249	0 层局部变量
#250 ～ #299	1 层局部变量
#300 ～ #349	2 层局部变量
#350 ～ #399	3 层局部变量
#400 ～ #449	4 层局部变量
#450 ～ #499	5 层局部变量
#500 ～ #549	6 层局部变量
#550 ～ #599	7 层局部变量

② 全局变量。全局变量在主程序调用各子程序以及在各子程序、各宏程序之间通用，其值不变。即在某一宏中使用的 #i 与在其他宏中使用的 #i 是相同的。此外，由某一宏运算出来的公共变量 #i，可以在其他宏中使用。华中数控系统提供 #50 ～ #199 为全局变量，它们的访问属性为可读可写。

③ 系统变量。系统变量是在系统中有固定用途的变量（即被系统占用的变量），用于系统内部计算的各种数据的存储。系统变量包括刀具偏置、接口的输入 / 输出、位置信号变量等。例如：

#600 ～ #699　刀具长度寄存器 H0 ～ H99

#700 ～ #799　刀具半径寄存器 D0 ～ D99

#800 ～ #899　刀具寿命寄存器

……

2. 常量

常量是系统内部定义的一些值不变的量，类似于高级编程语言中的常量。这些常量的属性为只读。华中数控系统的常量主要有以下三种。

PI：圆周率 π。

TRUE：真，用于条件判断，表示条件成立。

FALSE：假，用于条件判断，表示条件不成立。

3. 运算指令

宏语句中可灵活运用算术运算符、函数等进行操作，可方便地满足复杂的编程需求。

表4.1.3列出了华中数控系统宏运算指令。

表4.1.3　华中数控系统宏运算指令

运算种类	运算指令	含义
算术运算	#i = #i + #j	加法运算，#i 加 #j
	#i = #i - #j	减法运算，#i 减 #j
	#i = #i * #j	乘法运算，#i 乘 #j
	#i = #i / #j	除法运算，#i 除以 #j
条件运算	#i EQ #j	等于判断（=）
	#i NE #j	不等于判断（≠）
	#i GT #j	大于判断（>）
	#i GE #j	大于等于判断（≥）
	#i LT #j	小于判断（<）
	#i LE #j	小于等于判断（≤）
逻辑运算	#i = #i & #j	与逻辑运算
	#i = #i | #j	或逻辑运算
	#i = ~ #i	非逻辑运算
函数	#i = SIN[#i]	正弦（单位：弧度）
	#i=COS[#i]	余弦（单位：弧度）
	#i=TAN[#i]	正切（单位：弧度）
	#i=ATAN[#i]	反正切
	#i=ABS[#i]	绝对值
	#i=INT[#i]	取整（向下取整）
	#i=SIGN[#i]	取符号
	#i=SQRT[#i]	开方
	#i=EXP[#i]	指数，以 e（2.718）为底数的指数

【例2】　用宏运算指令编写数值11～20整数求和的程序。

```
%0412
#1=0                    // 解的初始值
#2=11                   // 加数的初始值
N1 IF[#2 LE20]          // 加数不能超过 20，否则跳转到 ENDIF 后的 N2
#1 =#1+ #2              // 计算解
#2 =#2 +1              // 下一个加数
ENDIF                   // 转移到 N1
N2 M30                  // 程序的结尾
```

4. 常用宏语句

（1）条件判断语句　华中数控系统提供以下两种条件判断语句。

【格式1】　　　　　　　　【格式2】

IF[条件表达式]　　　　　IF[条件表达式]

…　　　　　　　　　　　　…

ENDIF　　　　　　　　　ELSE

　　　　　　　　　　　　…

　　　　　　　　　　　　ENDIF

IF 语句中的条件表达式可以使用简单条件表达式，也可以使用复合条件表达式。

【例 3】 要求当 #1 和 #2 相等时，将 0 赋值给 #3。

IF [#1 EQ #2]

#3 = 0

ENDIF

【例 4】 当 #1 和 #2 相等或 #3 和 #4 相等时，要求将 0 赋值给 #3，否则将 1 赋值给 #3。

IF [#1 EQ #2] OR [#3 EQ #4]

#3 = 0

ELSE

#3 = 1

ENDIF

（2）循环语句 WHILE 的格式如下。

【格式】 WHILE[条件表达式]

　　　　…

　　　　ENDW

在 WHILE 后指定条件表达式，当指定的条件表达式满足时，执行从 WHILE 到 ENDW 之间的程序。当指定的条件表达式不满足时，退出 WHILE 循环，执行 ENDW 之后的程序。

（3）嵌套 对于 IF 语句或者 WHILE 语句而言，系统允许嵌套语句，但每条语句最多支持 8 层嵌套调用，大于 8 层将报错；系统支持 IF 语句与 WHILE 语句混合使用，但是必须满足 IF-ENDIF 与 WHILE-ENDW 的匹配关系。

二、宏程序的调用

引导问题 2：在数控程序中如何使用或调用"宏程序"？＿＿＿＿＿＿＿＿＿＿＿

相关技能点

宏程序既可以在主程序中使用，也可以作为子程序进行调用。

1. 宏指令在主程序中使用

【例 5】 用宏程序编制如图 4.1.2 所示抛物线区间 [0，8] 内的切削程序。程序及注解见表 4.1.4。

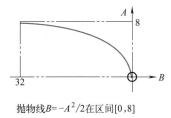
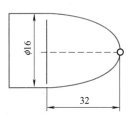

抛物线 $B=-A^2/2$ 在区间 [0,8]

图 4.1.2 抛物线零件图

表 4.1.4　抛物线部分程序

程序	程序注解
%0513	// 程序名
N1 T0101	// 调用 1 号刀，刀补号为 01
N3 #10=0	// 赋（A）X 坐标的初始值 0 给变量 #10
N4 M03 S600	// 主轴正转，转速为 600r/min
N5 WHILE #10 LE 8	// 当坐标值小于等于 8 时顺序执行程序。否则，循环结束，执行 N10
N6 #11=#10*#10/2	// 变量 #11（B）=A²/2，即计算 Z 轴坐标值
N7 G90 G01 X[#10] Z[-#11] F500	// 线性插补，加工椭圆部分
N8 #10=#10+0.08	//X 方向增加背吃刀量 0.08mm，其值小于等于 8 时，循环执行 N6 ～ N8
N9 ENDW	// 循环结束
N10 G00 X80	// 退刀至 X80，主轴停转
N11 X100	// 退刀至 Z100
N12 M30	// 程序结束

2. 当作子程序调用

使用 G65 指令调用。

【格式】　G65 P_ L_ [自变量地址字]

式中　　　　P ——调用的程序号；

　　　　　　L ——重复调用次数；

自变量地址字 ——用户需要传递到宏程序中去的数据（如果没有需要通过自变量传递的数据，此项可以省略）。

指定 G65 时，参数 P 所指定的用户宏程序被调用，同时将自变量与用户宏程序需要用到的变量传递到用户宏程序中去。

G65 是非模态指令，每次调用宏程序都需要在本行中加以指定。执行 G65 时先在本程序段中查找子程序号，如果本程序段中无此子程序号，则会在用户程序区中查找此子程序号。

表 4.1.5 为使用 G65 调用宏程序进行车削加工的程序。其中的宏变量与自变量对应关系见表 4.1.2。

表 4.1.5　宏程序调用示例

程序	程序注解（部分）
%0032	
G54 G00 X100 Z100	
G00 X50 Z10	
G65 P100 L2 X50 Z-30 F1000 U2	// 先在本段程序中找 100 程序号，如果没有 100 这个程序号，则在用户程序区中查找 %100 子程序。调用子程序 2 次，并给宏程序中的 X、Z、F、U 的变量分别赋值 50、-30、1000、2
G00 X50 Z10	
M30	
%100	// 子程序名
G01 X[#23] Z[#25] F[#5]	// 给 #23、#25、#5 分别赋值 50、-30、1000
G01 U[#20]	// 给 #20 赋值 2
G01 X[#23]Z[#25]	
U[#20]	
U[#20]	
M99	

需要注意的是：对于不同的数控系统，其变量的赋值方式与使用方法会有所不同，使用时需详细阅读相关的编程说明书。

【任务实施】

一、传动轴零件数控加工工艺分析

本任务所要加工的传动轴零件，中间直径大而两端直径小，需要调头装夹分两次加工。ϕ30mm 外圆的右端为椭圆曲面，需要利用宏程序编程，其他部分采用直线和圆弧指令编程即可。综上分析，传动轴的数控车削加工工艺路线如下。

① 右端至 ϕ30mm 外圆：粗车→精车。

② 左端至 ϕ22 $^{0}_{-0.02}$ mm 外圆：粗车→精车→车槽→车螺纹

表 4.1.6～表 4.1.9 列出了车削传动轴的刀具卡和工序卡。

表 4.1.6　传动轴右端数车用刀具卡

序号	刀具号	刀具规格与名称	刀具材料	加工表面
1	T01	90°外圆偏刀	硬质合金	外圆

表 4.1.7　传动轴左端数车用刀具卡

序号	刀具号	刀具规格及名称	刀具材料	加工表面
1	T01	90°外圆偏刀	硬质合金	外圆
2	T02	4mm 槽刀	硬质合金	外槽
3	T03	外螺纹刀	硬质合金	螺纹

表 4.1.8　传动轴右端轮廓数车工序卡

序号	工步内容	刀具号	主轴转速 /（r/min）	进给速度 /（mm/min）	背吃刀量 /mm
1	粗车外轮廓	T01	1000	150	1
2	精车外轮廓	T01	1200	100	0.1

表 4.1.9　传动轴左端轮廓数车工序卡

序号	工步内容	刀具号	主轴转速 /（r/min）	进给速度 /（mm/min）	背吃刀量 /mm
1	粗车外轮廓	T01	1000	150	1
2	精车外轮廓	T01	1200	100	0.1
3	切槽	T02	500	50	1.5
4	车螺纹	T03	200	2mm/r	—

二、传动轴数控车削程序的编制

以传动轴 $\phi 30$mm 圆柱面为分界点，其左、右两侧均需切除较大的加工余量。从简化程序出发，宜采用粗车、精车复合循环指令。传动轴的结构特点为长度尺寸大于径向尺寸，且毛坯为圆棒料，因此，选用内（外）径粗车复合循环指令 G71 进行粗车和精车。

1. 传动轴右侧轮廓加工程序

编程原点取工件右端面中心点；起刀点距端面和外径 50 ～ 100mm；循环起点距离毛坯外径 2 ～ 5mm，距端面 1 ～ 2mm。右侧椭圆轮廓的切削采用宏程序编程。

传动轴右侧椭圆轮廓按半径值计算，其中心坐标为（10，-41），椭圆中心与坐标原点关系投影与图 4.1.3 所示偏心椭圆相似。根据解析几何学，其椭圆方程为

$$\frac{(X-X_0)^2}{b^2}+\frac{(Z-Z_0)^2}{a^2}=1$$

该传动轴椭圆的长轴为 15mm、短轴为 5mm，则椭圆弧的方程为

$$(X-10)^2/5^2+(Z+41)^2/15^2=1 \quad (10 \leqslant X \leqslant 15)$$

椭圆弧起点为（10，-26），终点为（15，-41）。若以 Z 为自变量，则椭圆弧 X 坐标值将按椭圆方程产生变化，简化后其值为

$$X=10+\sqrt{[225-(Z+41)^2]/9}$$

编程时，将椭圆曲线按其在 Z 轴方向的投影划分为若干折线，每小段折线取长 0.2mm。宏程序中设变量 #3 为 Z 坐标值，#4 为 X 坐标值。图 4.1.4 所示是车削传动轴右侧的相关尺寸，表 4.1.10 为传动轴右侧数控车削程序清单。

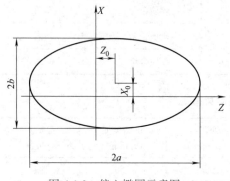

图 4.1.3　偏心椭圆示意图

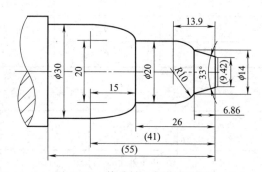

图 4.1.4　传动轴右侧部分尺寸

表 4.1.10　传动轴右侧数控车削程序清单

传动轴右端车削程序	程序注解
%0001	// 程序名（程序头）
M03 S1000 T0101	// 主轴正转 1000r/min，调用 1 号刀，建立工件坐标系
G00 X50 Z1 M08	// 快速定位到循环起点，冷却液开
G71 U1 R0.5 P10 Q20 X0.2 Z0.2 F150	// 执行 G71 循环指令，粗车外轮廓
G00 X100 Z50 M09	// 粗车结束后，快速退刀至换刀点，冷却液停
M05	// 主轴停
M00	// 程序暂停

传动轴右端车削程序	程序注解
M03 S1200	// 主轴正转 1200r/min
G00 X50 Z1 M08	// 快速定位到循环起点，冷却液开
N10 G00 X9.42	// 快移到精车起点
G01 X14 Z6.86 F100	// 精车 33° 圆锥面
G03 X20 Z−13.9 R10	// 精车 R10 圆弧
G01 Z−26	// 精车 φ20 圆柱
#3=26.2	// 为变量【#3】赋值 26.2
WHILE #3 LE 41	// 当变量 #3 小于等于 "41" 之前，一直进行循环加工
G37	// 转换为半径坐标值方式
G01 X[10+SQRT[225−[−#3+41]*[−#3+41]/9]]	从椭圆起点开始直线插补车削椭圆到下一个分割点
#3=#0.2	// 变量 #3 递增 0.2
ENDW	// 条件语句结束
G01 Z−55	// 精车 φ30 圆柱面
N20 X18	// 径向退刀
G36	// 转换为直径坐标值方式
G00 X100 Z50	// 快速回到起刀点（换刀点）
T0100	// 取消刀补
M05	// 主轴停
M30	// 程序结束，机床停

2. 传动轴左侧轮廓加工程序

左侧轮廓较为简单，加工时需注意 $\phi22\ _{-0.02}^{\ 0}$ mm 外圆的尺寸精度，左侧外螺纹大径会因车螺纹时的挤压作用而稍有增加。编程原点取工件左端面中心点，即左侧螺纹的左端面中心。M20 螺纹的基本参数和工艺参数为：

牙高度 $h=0.65P=0.65×2=1.3$（mm）；小径 $d_1=M-1.3P=20-1.3×2=17.4$（mm）；螺纹起点切入段 $\delta_1=2$mm，螺纹终点切出段 $\delta_2=2$mm；无切屑精车走刀 2 次；精加工余量为 0.1mm；最小切削深度为 0.15mm；第一次切削深度为 0.4mm；循环起点为（22，2）。

起刀点（换刀点）距端面和外径 50～100mm；循环起点距离毛坯外径 2～5mm，距端面 1～2mm。为防止已加工的右侧轮廓被夹伤，装夹时需要用软爪夹住 φ20mm 外圆柱面。编制传动轴左侧轮廓的数控车削程序清单见表 4.1.11。

表 4.1.11　传动轴左侧轮廓数控车削程序清单

传动轴左端轮廓加工程序	程序注解
%0002	// 程序名（程序头）
M03 S1000 T0101	// 主轴正转，转速为 1000r/min；调用 1 号刀，建立工件坐标系
G00 X50 Z1 M08	// 快速定位到循环起点，冷却液开
G71 U1 R0.5 P10 Q20 X0.2 Z0.2 F150	// 执行 G71 循环指令，开始粗车外轮廓
G00 X100 Z50 M09	// 粗车结束后，快速退刀至换刀点，冷却液停
M05	// 主轴停转
M00	// 程序暂停
M03 S1200	// 主轴正转，转速为 1200r/min
G00 X50 Z1 M08	// 快速定位到循环起点，冷却液开
N10 G00 X16	// 快进到精车起点
G01 X20 Z−1 F100	// 倒角
G01 Z−22	// 精车螺纹大径至 φ20mm；主轴转速为 800r/min，进给量为 0.1mm/r

传动轴左端轮廓加工程序	程序注解
X22	// 精车台阶面
G91 G01 Z-15	// 精车 $\phi 22_{-0.02}^{0}$ mm 圆柱
N20 X36	// 径向退刀
G00 X100 Z50	// 快速回到换刀点
M05	// 主轴停转
M00	// 程序暂停
M03 S500	// 主轴正转，转速为 500r/min
T0202	// 调换 2 号切槽刀，建立工件坐标系
G00 X36 Z-22	// 快速移刀到槽位
G01 X25 F200	// 快进至切槽循环起点
G75 X17 R3 Q2 F50	// 切槽
G00 X36	// 快速径向退刀
X100 Z50	// 快速回到换刀点
M05	// 主轴停转
M00	// 程序暂停
M03 S200	// 主轴正转，转速为 200r/min
T0303	// 调换 3 号刀
G00 X22 Z2	// 快速移刀到车螺纹循环起点
G76 C2 A60 X17.4 Z-20 K1.3 U0.1 V0.15 Q0.4 F1.5	// 车螺纹
G00 X100 Z50	// 快速退刀至换刀点
M05	// 主轴停转
M30	// 程序结束，机床停

【实战演练】

使用数控车床加工如图 4.1.5 所示的椭圆头传动轴，零件的机械加工工艺过程卡见表 4.1.12。实训上交成果如下。

① 传动轴数控车削刀具卡、工序卡。

② 传动轴完整的数控车削程序。

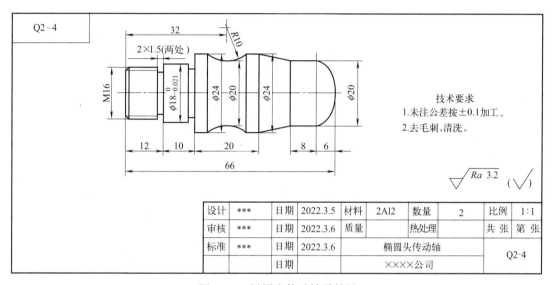

技术要求
1.未注公差按±0.1加工。
2.去毛刺、清洗。

$\sqrt{Ra\ 3.2}$　$(\sqrt{\ })$

设计	***	日期	2022.3.5	材料	2A12	数量	2	比例	1:1
审核	***	日期	2022.3.6	质量		热处理		共 张	第 张
标准	***	日期	2022.3.6	椭圆头传动轴				Q2-4	
		日期		××××公司					

图 4.1.5　椭圆头传动轴零件图

表 4.1.12　椭圆头传动轴机械加工工艺过程卡

工序号	工序名称	工序内容	设备
10	备料	φ35mm×70mm 的 2A12 铝棒料	
20	数车	粗、精车传动轴左端外轮廓、槽、螺纹到尺寸；调头粗、精车右端外轮廓到尺寸	
30	检查	按图样要求检查	

班级：				姓名：		学号：			
零件名称	椭圆头传动轴			数控加工刀具卡		工序号		20	
工序名称	数车		设备名称			设备型号			
工步号	刀具号	刀具名称	刀具材料	刀柄型号	刀具			补偿量 /mm
					刀尖半径 /mm	直径 /mm	刀长 /mm	
编制		审核		批准		共　页		第　页	

班级：　　　　　　　　姓名：　　　　　　　　　学号：

零件名称	椭圆头传动轴	数控加工 工序卡	工序号	20	工序名称	数车	共　页
							第　页
材料		毛坯 状态		机床 设备		夹具名称	

工序简图：

工步号	工步内容	刀具编号	刀具名称	量具名称	主轴转速/（r/min）	进给速度/（mm/min）	背吃刀量/mm

编制		日期		审核		日期	

班级：　　　　　　　　姓名：　　　　　　　　　学号：

数控加工程序单	产品名称		零件名称		共　页
	工序号		工序名称		第　页

序号	程序编号	工序内容	刀具	切削深度（相对最高点）	备注

装夹示意图：　　　　　　　　　　　　　　装夹说明：

编程/日期		审核/日期	

班级：　　　　　　　　姓名：　　　　　　　　　学号：

数控加工程序 清单	产品名称		零件名称	椭圆头传动轴	共　页
	工序号	20	工序名称	数车	第　页

程序内容	说　明

【评价反馈】

零件名称	椭圆头传动轴

班级：　　　　　　　姓名：　　　　　　　学号：

机械加工工艺过程考核评分表

序号	总配分/分	考核内容与要求		完成情况	配分/分	得分/分	评分标准
1	12	数控加工工序卡	表头信息	□正确 □不正确或不完整	2		1.工序卡表头信息，2分。根据填写状况分别评分为2分、1分和0分
			工步编制	□完整 □缺工步__个	5		2.根据机械加工工艺过程卡编制工序卡工步，缺一个工步扣1分，共5分
			工步参数	□合理 □不合理__项	5		3.工序卡工步切削参数合理，一项不合理扣1分，共5分
			小计得分/分				
2	6	数控加工刀具卡	表头信息	□正确 □不正确或不完整	1		1.数控加工刀具卡表头信息，1分
			刀具参数	□合理 □不合理__项	5		2.每个工步刀具参数合理，一项不合理扣1分，共5分
			小计得分/分				
3	12	数控加工程序单	表头信息	□正确 □不正确或不完整	1		1.数控加工程序单表头信息，1分
			程序内容	□合理 □不合理__项	6		2.每个程序对应的内容正确，一项不合理扣1分，共6分
			装夹图示	□正确 □未完成	5		3.装夹示意图与安装说明，5分
			小计得分/分				

序号	总配分 /分	考核内容与要求		完成情况	配分 /分	得分 /分	评分标准
4	70	数控车削程序	与工序卡、刀具卡、程序单的对应度	□合理 □不合理__项	20		1. 刀具、切削参数、程序内容等对应的内容正确，一项不合理扣2分，共20分，扣完为止
			指令应用	□正确 □不正确或不完整	50		2. 指令格式正确与否，共50分，每错一类指令按平均分扣除
				小计得分 /分			
总配分数 /分		100		合计得分 /分			

任务二

双曲线槽板的数控铣削宏程序编程

 【任务导入】

生产图 4.2.1 所示双曲线槽板零件 20 件，其机械加工工艺过程卡见表 4.2.1。要求规划双曲线槽板数控铣削加工方案，确定工艺路线和工艺参数，编写数控加工程序、编制数控铣削工序卡、刀具卡，操作数控铣床加工出成品。

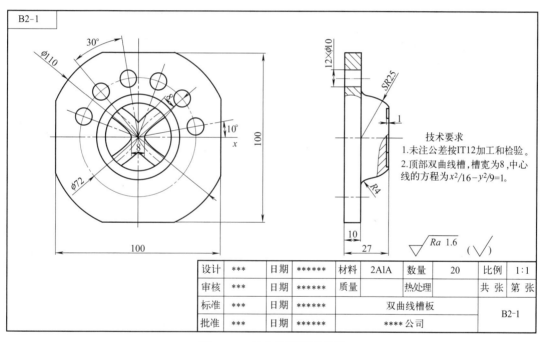

技术要求
1.未注公差按IT12加工和检验。
2.顶部双曲线槽，槽宽为8，中心线的方程为$x^2/16-y^2/9=1$。

图 4.2.1 双曲线槽板零件图

表 4.2.1 双曲线槽板的机械加工工艺过程卡

工序号	工序名称	工序内容	设备
1	备料	110mm×110mm×30mm 铝合金方料	切割机
2	铣	铣上、下平面至27mm，按最大外形尺寸铣四侧轮廓，中间部分铣出 ϕ58mm×17mm 圆台	铣床
3	数铣	钻 12×ϕ10mm 孔，半精铣、精铣球面和双曲线槽到尺寸	VMC650
4	检查	按图样要求检查	

工具 / 设备 / 材料

1. 设备：数控铣床 VMC650。
2. 刀具：ϕ10mm 麻花钻、ϕ8mm 立铣刀、ϕ14mm 球刀、ϕ8mm 球刀。
3. 量具：游标卡尺、球面样板、曲线样板。
4. 工具：平口钳、平口钳扳手、BT40 刀柄、ϕ14 和 ϕ8 刀夹头、钻夹头。
5. 材料：2Al2 铝合金方料 20 块。

任务要求

1. 编写双曲线槽板的工序卡、刀具卡、程序单。
2. 编制双曲线槽板的数控铣削加工程序。
3. 完成双曲线槽板的数控铣削加工。

【工作准备】

引导问题：图 4.2.2 所示零件的螺栓孔在一个圆周上但数量不确定，是否可以编写出一个循环体在程序中调用？_____

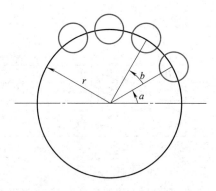

图 4.2.2　螺栓孔圆示意图

 提示　　在数控机床上加工同一类特征时，可以利用数控系统自带的宏程序编制一个通用程序，将实际值赋予变量，再通过算术运算和逻辑运算以及条件转移循环调用，而不需要对每个特征都编一个程序。

【任务实施】

一、双曲线槽板数控铣削的加工方案

1. 零件数控加工工艺分析

　　双曲线槽板由平面、球面、双曲线以及分布于圆周的孔组成，结构较为复杂，需要建立曲线方程，采用宏程序编程加工。各部分的尺寸精度、形状精度和位置精度无特殊要求，采用数控铣床或加工中心加工即可满足要求。

　　双曲线槽板经过工序 2 后，其半成品结构如图 4.2.3 所示。工序 3 需要完成孔、球台和顶端双曲线槽轮廓的铣削加工。加工时，以底面和侧面为精基准，采用平口钳夹两侧面，一次装夹完成 12×ϕ10mm 孔、球台、双曲线轮廓的加工。

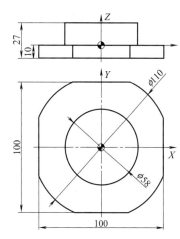

图 4.2.3　双曲线槽板半成品图

2. 确定刀具与工艺参数

　　12×ϕ10mm 孔的位置精度要求不高，直接用 ϕ10mm 麻花钻钻孔；采用 ϕ14mm 球刀粗铣球面，再用 ϕ8mm 球刀精铣球面；顶部双曲线轮廓采用 ϕ8mm 立铣刀铣削。依据刀具及铣削工艺参数选择原则，提交刀具卡（表 4.2.2）与工序卡（表 4.2.3）。

表 4.2.2　双曲线槽板数铣刀具卡

序号	刀具号	刀具规格及名称	刀具材料	加工表面
1	T01	ϕ10mm 麻花钻	硬质合金	12×ϕ10mm 孔
2	T02	ϕ14mm 球刀	硬质合金	球面
3	T03	ϕ8mm 球刀	硬质合金	球面
4	T04	ϕ8mm 立铣刀	硬质合金	双曲线槽

表 4.2.3　双曲线槽板数铣工序卡

工步号	工步内容	刀具号	主轴转速 /（r/min）	进给速度 /（mm/min）	背吃刀量 /mm	程序号
1	钻 12×ϕ10mm 孔	T01	500	50	5	0001
2	半精铣球面	T02	3500	900	1	0002
3	精铣球面	T03	4000	800	0.2	0003
4	精铣双曲线槽	T04	4000	800	1.5	0004

二、双曲线槽板数控铣削程序的编制

1. 钻孔加工程序

（1）12×φ10mm 孔中心位置方程　钻孔的编程原点如图 4.2.4 所示，12 个 φ10mm 孔分布于 φ72mm 的圆周上，两孔之间的夹角为 30°，如图 4.2.4 所示。孔中心所在圆在 G17 平面上的方程为

$$X=36\cos\alpha$$
$$Y=36\sin\alpha$$

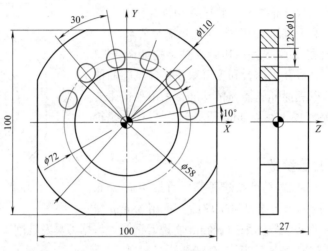

图 4.2.4　孔位示意图

（2）钻孔程序　距 X 轴正向 10° 的孔为第一个孔，依次按逆时针方向钻孔。各变量具体赋值见数控钻孔程序清单（表 4.2.4）。

表 4.2.4　数控钻孔程序清单

钻孔程序	程序注解
%0001	// 程序名（程序头）
#1=36	// 孔中心圆的半径为 36mm
#3=10	// 第 1 个孔位角度为 10°
#4=30	// 孔间角度为 30°
#5=12	// 孔数为 12
#6=3	//R 点（参考点）高度为 3mm
#7=-12	// 孔底 Z 坐标
G54 G90 G17	// 程序初始状态定义
M06 T01	// 调用 1 号刀（φ10mm 麻花钻）
M03 S500	// 启动主轴，转速为 500r/min
G00 X0 Y0 Z50	// 定位于 G54 原点上方的安全高度（50mm）
#8=1	// 钻孔个数赋初值为 "1"
WHIILE[#8 LE #5]	// 若变量 #8 小于等于 #5，继续以下循环
#9=#3+[#8-1]*#4	// 第 #8 个孔对应的角度
#10=#1*cos[#9]	// 第 #8 个孔的 X 坐标值
#11=#1*sin[#9]	// 第 #8 个孔的 Y 坐标值
G98 G83 X#10 Y#11 Z#7 R#6 Q-6 K3 F50	// 钻第 #8 个孔

钻孔程序	程序注解
#8=#8+1	// 孔个数递增 1
ENDW	// 循环结束
G80	// 钻孔循环结束
G00 Z100	// 抬刀
M05	// 主轴停转
M30	// 程序结束，机床停

2. 球面加工程序

（1）球面方程　双曲线槽板中间部分为球台，球心位于球台的底面，顶部平面距球底部 17mm。球面加工时既有平面轮廓（圆）加工，又有高度方向（Z 向）的曲线进给。从简化编程出发，加工时可以沿 Z 轴划分多个不同直径的同心圆曲线来逼近球面，如图 4.2.5 所示。设球半径为 R，则半球的参数方程如下：

$$X=R\cos\alpha\cos\beta$$
$$Y=R\cos\alpha\sin\beta$$
$$Z=R\sin\alpha$$

在 G17（XY）平面内，各同心圆的半径为 $R\cos\alpha$。将双曲线凸板球面半径代入上式中，可得到 SR25mm 球面方程为

$$X=25\cos\alpha\cos\beta$$
$$Y=25\cos\alpha\sin\beta$$
$$Z=25\sin\alpha$$

在 G17 平面内，各同心圆的半径为 $25\cos\alpha$。据图 4.2.6，α 的范围为 $0°\leqslant\alpha\leqslant 43°$。

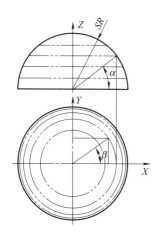

图 4.2.5　半球轮廓示意图

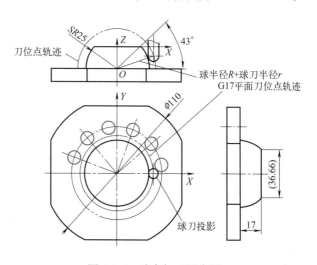

图 4.2.6　球台加工示意图

（2）球面铣削程序　球面半精铣和精铣加工一般采用球头铣刀，其刀位点位于铣刀头部中心，如图 4.2.6 所示。刀位点所在的球面轨迹半径为球半径 R 与球刀半径 r 之和。按不同 Z 坐标同心圆方式铣削时，为简化编程，切削起点选择刀位点各同心圆轨迹在 XY 平面的投影与 X 轴（或 Y 轴）的交点；采用圆心点相对于圆弧起点在 X、Y 轴向的增量值 I、J 进

行整圆插补。在这种方式下，终点与起点重合，不涉及中间点位置坐标；圆心点相对于圆弧起点在 Y 轴（或 X 轴）向的增量值为零，而相对于另一轴的增量值为同心圆的半径。由图 4.2.5 和图 4.2.6 可知，刀位点同心圆半径为 $(R+r)\cos\alpha$。因此，当球半径和球刀半径给定后，按合适的 α 角度增量沿 Z 轴划分出不同的同心圆，即可近似地加工出球面。

基于以上考虑，起点选在 $+X$ 轴上，起点坐标为 $((R+r)\cos\alpha,\ 0,\ (R+r)\sin\alpha)$；G17 平面内，圆心点相对于圆弧起点的增量为 $(I-(R+r)\cos\alpha,\ J0)$。加工时从球台右侧底部向上铣削。

球面精铣使用 ϕ8mm 球刀，底面 R4mm 圆角自然成形；精铣球面的初始切削起点的刀位点如图 4.2.7 所示；Z 方向同心圆之间按每层递增 2° 分割球面，采用宏程序编制球面铣削程序。

球面的半精铣使用 ϕ14mm 球刀加工，留精铣余量为 0.2mm，则半精铣后

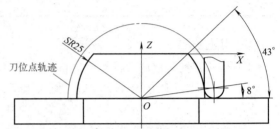

图 4.2.7　球台加工起始刀位点示意图

的球面半径为 R25.2mm，底面自然形成 R7mm 圆弧（可保证精铣余量）。对半精铣程序（表 4.2.5）中相关的变量赋值，可得到球面精铣程序。

表 4.2.5　球面半精铣数控加工程序清单

程序	程序注解
%0002	// 程序名（程序头）
#12=25	// 球面半径 25mm
#13=4	// 球刀半径 4mm
#14=#12+#13	// 球面球心与球刀球心连线长度
#15=8	// 起始刀位点角度
#16=2	// 角度增量，每次递增 2°
#18=43	// 球面终止角度
G54 G90 G17	// 程序初始状态定义
M06 T02	// 调用 2 号刀（球刀）
M03 S3500	// 主轴正转，转速为 3500r/min
G00 X0 Y0 Z50	// 定位于 G54 原点上方的安全高度（50mm）
X[#14+2]	// 快速定位到球右侧
Z[#13+2]	// 快下刀至起点附近
#17=#15	// 角度 α 赋初值为起始刀位点角度
WHIILE[#17 LE #18]	// 若变量 #17 小于等于 #18（43°）时，继续以下循环
#19=#14*cos[#17]	// 球刀球心的 X 坐标
#20=#14*sin[#17]	// 球刀球心的 Z 坐标
G01 X[#19] Y0 Z[#20]	// 移到切削起点
G02I[-#19]	// 铣整圆
#17=#17+#16	// 变量 #17（角度 α）递增一个增量（2°）
ENDW	// 循环结束
G00 Z100	// 抬刀
M05	// 主轴停转
M30	// 程序结束，机床停

3. 双曲线槽轮廓加工

（1）双曲线槽方程　零件图（图 4.2.1）中已给出双曲线槽中心线的曲线方程为

$$\frac{x^2}{16}-\frac{y^2}{9}=1$$

以球台顶面中心为编程原点，建立工件坐标系，如图 4.2.8 所示。以 y 为自变量，则因变量 x 值为

$$x = 1.33\sqrt{y^2 + 9}$$

（2）双曲线槽铣削程序　双曲线槽宽 8mm、深 1mm，且槽的精度无特殊要求，加工时使用 ϕ8mm 立铣刀一次成形，其刀位点轨迹如图 4.2.9 所示。切削起点选右上角槽口处，若 Y 坐标取 20，则切削起点坐标为（$1.33\sqrt{20^2 + 9}$，20）。取曲线在 Y 轴上的投影长度以 0.2mm 为单位将曲线划分为若干小折线，采用宏程序编程。先铣削右侧曲线槽，再用旋转指令加工左侧曲线槽。各变量具体赋值见数控程加工序清单（表 4.2.6）。

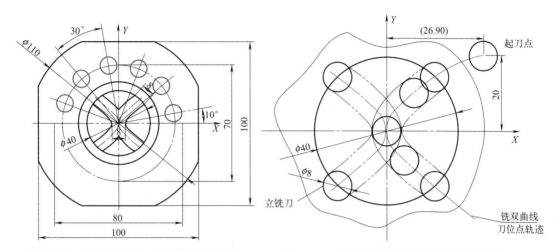

图 4.2.8　双曲线变量 x 取值范围示意图　　　图 4.2.9　双曲线槽铣削刀位点轨迹示意图

表 4.2.6　双曲线槽数控加工程序清单

程序	程序注解
%0004	// 程序名（程序头）
#22=20	// 起点 Y 坐标值
G54 G90 G17	// 程序初始状态定义
G00 X0 Y0 Z100 M03 S4000	// 快移到起刀点，主轴正转，转速为4000r/min
G00 Z20	// 快速下刀
M98 P0429	// 调用子程序 %0429
G17 G68 X0 Y0 P180	// 以（0，0）点为中心旋转180°
M98 P0429	// 调用子程序 %1111
G00 Z100	// 抬刀
M05	// 主轴停转
M30	// 程序结束，机床停
%1111	// 子程序名
G01 X35 Y35 F1200	// 快速定位到圆台外侧（35，35）处
Z-1	// 快速定位到槽底
G01X[1.33*[SQRT[#22]*[#22]+9]] Y[#22] F1200	// 进刀至切削起点
WHILE #22 GE -20	// 当变量 #22 大于或等于 -20，循环以下加工
G01X[1.33*[SQRT[#22]*[#22]+9]] Y[#22] F800	// 铣槽
#22=#22-0.2	// 变量 #22 递减 0.2mm
ENDW	// 条件语句结束
G00 Z20	// 快速抬刀
X0 Y0	// 快速定位到原点上方
M99	// 子程序结束

【实战演练】

　　参照本任务编程方法，采用宏程序编写如图 4.2.10 所示的系列双曲线槽板的数控加工程序。提交成果如下。

　　① 双曲线槽板数控铣削刀具卡、程序单。

　　② 孔、球面、双曲线槽的数控铣削程序。

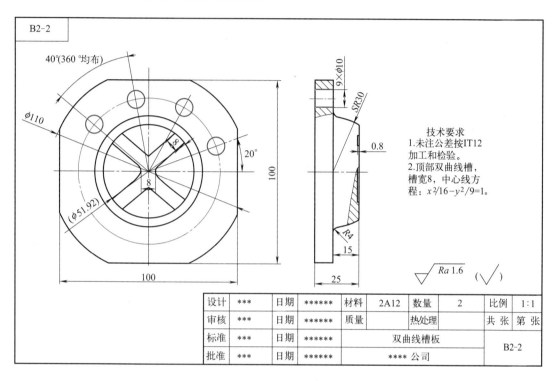

图 4.2.10　双曲线槽板的零件图

班级：			姓名：				学号：	
零件名称		双曲线槽板		数控加工刀具卡		工序号		20
工序名称		数铣		设备名称		设备型号		

工步号	刀具号	刀具名称	刀具材料	刀柄型号	刀具			补偿量/mm
					刀尖半径/mm	直径/mm	刀长/mm	
编制		审核		批准		共　页	第　页	

班级：　　　　　　　　姓名：　　　　　　　　学号：

零件名称		数控加工工序卡	工序号		工序名称		共　页
							第　页
材料		毛坯状态		机床设备		夹具名称	

（工序简图）

工步号	工步内容	刀具编号	刀具名称	量具名称	主轴转速 r/min	进给量 mm/min	背吃刀量
编制		日期		审核		日期	

班级：　　　　　　　　姓名：　　　　　　　　学号：

数控加工程序单		产品名称		零件名称		双曲线槽板	共　页
		工序号	20	工序名称		数铣	第　页
序号	程序编号	工序内容	刀具	切削深度（相对最高点）		备注	

装夹示意图：　　　　　　　　　　　　　　装夹说明：

编程 / 日期		审核 / 日期			

班级：　　　　　　　　姓名：　　　　　　　　学号：

数控加工程序清单	产品名称		零件名称	双曲线槽板	共　页
	工序号	20	工序名称	数铣	第　页
程序内容			说　明		

【评价反馈】

零件名称			双曲线槽板				
班级：			姓名：		学号：		
机械加工工艺过程考核评分表							
序号	总配分/分	考核内容与要求		完成情况	配分/分	得分/分	评分标准
1	12	数控加工工序卡	表头信息	□正确 □不正确或不完整	2		1. 工序卡表头信息，2分。根据填写状况分别评分为2分、1分和0分
			工步编制	□完整 □缺工步__个	5		2. 根据机械加工工艺过程卡编制工序卡工步，缺一个工步扣1分，共5分
			工步参数	□合理 □不合理__项	5		3. 工序卡工步切削参数合理，一项不合理扣1分，共5分
		小计得分/分					
2	6	数控加工刀具卡	表头信息	□正确 □不正确或不完整	1		1. 数控加工刀具卡表头信息，1分
			刀具参数	□合理 □不合理__项	5		2. 每个工步刀具参数合理，一项不合理扣1分，共5分
		小计得分/分					
3	12	数控加工程序清单	表头信息	□正确 □不正确或不完整	1		1. 数控加工程序单表头信息，1分
			程序内容	□合理 □不合理__项	6		2. 每个程序对应的内容正确，一项不合理扣1分，共6分
			装夹图示	□正确 □未完成	5		3. 装夹示意图与安装说明，5分
		小计得分/分					
4	70	数控车削程序	与工序卡、刀具卡、程序单的对应度	□合理 □不合理__项	20		1. 刀具、切削参数、程序内容等对应的内容正确，一项不合理扣2分，共20分，扣完为止
			指令应用	□正确 □不正确或不完整	50		2. 指令格式正确与否，共50分，每错一类指令按平均分扣除
		小计得分/分					
总配分数/分		100		合计得分/分			

【课后习题】

一、判断题

1.用户宏程序不能像普通程序一样用于零件的数控加工。　　　　　　　（　　　）

2.用户宏程序用变量代替具体数值。　　　　　　　　　　　　　　　（　　　）

3.宏程序中用户可以在准备功能指令和轴移动距离的参数中使用变量。　（　　　）

4.未定义变量，对于华中数控系统，其值默认为 1 。　　　　　　　　（　　　）

5.局部变量在主程序调用各子程序以及各子程序、各宏程序之间通用，其值不变。

　　　　　　　　　　　　　　　　　　　　　　　　　　　　　　　（　　　）

6.条件运算指令 #i GT #j ，表示为小于判断。　　　　　　　　　　　（　　　）

二、填空题

1.在数控机床上加工类似椭圆曲线之类的非直线、非圆弧曲面时，需要将曲线分解为若干____，由若干____形成的___来___曲线。

2.宏程序能够利用____实现各种运算、跳步、呼叫功能。

3.用户宏程序功能除可以使用____进行算术运算、逻辑运算和函数的混合运算，还可以使用____语句、____语句和____调用功能，利于编制各种复杂的零件加工程序。

4.变量用变量符号___和后面的____指定。

5.变量的赋值方法有____、____等方法。

6.变量分为____、____（有的系统称为公共变量）和____。

三、编程题

1.编写图 1 所示零件的数控车削程序。零件中间部分曲面为椭圆，长轴为 56mm，短轴为 28mm。

2.编写图 2 所示零件的加工程序。零件右端曲面为抛物线，在数控车床坐标系中，抛物线方程为：$Z=-0.5X^2+5X-12.5$。

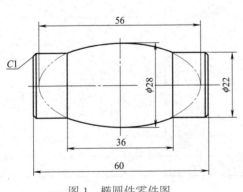

图 1　椭圆件零件图

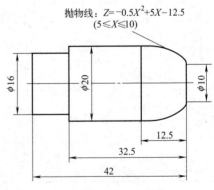

图 2　抛物线曲面轴

【项目总结】

本项目主要介绍了用户宏程序在数控车床和数控铣床中的应用。数控系统提供的用户宏程序功能,使用户可以在数控系统平台进行二次开发,用宏程序编写的程序逻辑严密,通用性强。宏程序不仅可以用到常量,还可以大量使用变量,并给变量赋值、进行变量计算,程序运行可以跳转,这些都是普通数控程序无法实现的。另外,相对于 CAM 生成的程序,宏程序执行起来更为快捷。因此,宏程序特别适合用于数控机床调机、产品工艺优化,以及一些规格不同而结构相同的零件的大批量生产。

任务一,以椭圆面传动轴的数控车削宏程序编程为例,介绍了宏程序的作用、各类宏变量的含义及其赋值方法,以及常用的条件语句和宏程序调用指令。以案例形式介绍了使用用户宏程序时自变量设置的方法,以及在数控车削中的应用。

任务二,以双曲线槽板数控铣削宏程序编程为例,介绍了用户宏程序在数控铣床的应用。

通过本项目的学习,使学生能够理解和熟悉用户宏程序的使用方法与场合,能够根据零件结构特点设置参数;能利用用户宏程序编写球面、椭圆等曲线或曲面的数控车削和数控铣削加工程序;能对零件中某些具有均布特征的结构编写通用性数控加工程序。

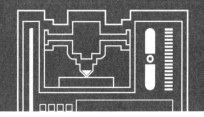

附录

附录Ⅰ 华中数控 HNC-8-T/M 主要指令一览表

附表 1 华中数控 HNC-8-T 主要 G 代码一览表

代码	HNC-8-T 功能含义		格式与简要说明	备注
	组别	HNC-8		
G00	01	定位（快速移动）	G00 X/U_Z/W_	
G01		【直线插补】	G01 X/U_Z/W_F_	
G02		圆弧插补（顺时针）	G02/G03 X_Z_I_K_F_ 或 G02/G03 X_Z_R_F_	
G03		圆弧插补（逆时针）	X、Z 圆弧终点；I、K 圆心相对于圆弧起点的位置	
G04	00	暂停	G04 P_ P：指定时间，单位为 s	
G20	08	英制输入	G20	
G21		【公制输入】	G21	
G28	00	返回到参考点	G28 X_Z_	
G29		从参考点返回	G29 X_Z_	
G32	01	螺纹切削	圆柱螺纹车削：G32 Z_F_P_R_E_K_ 或 G32 W_F_P_R_E_K_ 圆锥螺纹车削：G32 X_Z_F_P_R_E_K_ 或 G32 U_W_F_P_R_E_K_	
G36	17	【直径编程】	G36	
G37		半径编程	G37	
G40	09	【刀具半径补偿取消】	G40	
G41		刀具半径左补偿	G41	
G42		刀具半径右补偿	G42	
G52		局部坐标系设定	设定局部坐标系 G52 X_Z_ 取消局部坐标系 G52 X0 Z0	
G53		直接机床坐标系编程	G53 X_Z_	
G54	11	【工件坐标系 1 选择】	G54	
G55		工件坐标系 2 选择	G55	
G56		工件坐标系 3 选择	G56	
G57		工件坐标系 4 选择	G57	

续表

代码	HNC-8-T 功能含义		格式与简要说明	备注
	组别	HNC-8		
G58	11	工件坐标系 5 选择	G58	
G59		工件坐标系 6 选择	G59	
G65	00	宏非模态指令调用	G65 P_ L_ [自变量地址字]	
G71	06	内（外）径粗车复合循环	无凹槽内（外）径粗车复合循环： G71 U（Δd）R（r）P（ns）Q（nf）X（Δx）Z（Δz）F（f）S（s）T（t） 有凹槽内（外）径粗车复合循环： G71 U（Δd）R（r）P（ns）Q（nf）E（e）F（f）S（s）T（t）	
G72		端面粗车复合循环	G72 W（Δd）R（r）P（ns）Q（nf）X（Δx）Z（Δz）F（f）S（s）T（t）	
G73		封闭轮廓复合循环	无凹槽封闭轮廓复合循环： G73 U（ΔI）W（Δk）R（r）P（ns）Q（nf）X（Δx）Z（Δz）F（f）S（s）T（t） 有凹槽封闭轮廓复合循环： G73 U（ΔI）W（Δk）R（r）P（ns）Q（nf）E（e）F（f）S（s）T（t）	
G76		螺纹复合切削循环	G76 C（c）R（r）E（e）A（a）X（x）Z（z）I（i）K（k）U（d）V（$\Delta d_{\min}$）Q（Δd）P（p）F（L）	
G80		内（外）径切削循环	圆柱面内（外）径切削循环：G80 X/U_Z/W_F_ 圆锥面内（外）径切削循环：G80 X/U_Z/W_I_F_	
G81		端面切削循环	端面切削循环：G81 X_/U_ Z_/W_ F_ 圆锥端面切削：G81 X_/U_ Z_/W_ K_ F_	
G82		螺纹切削单 - 固定循环	圆柱螺纹车削： G82 X_Z_R_E_C_P_F_ 或 G82 U_W_R_E_C_P_F_ 圆锥螺纹车削： G82 X_Z_I_R_E_C_P_F_ 或 G82 U_W_I_R_E_C_P_F_	
G90	13	【绝对值编程】	G90	
G91		增量值编程	G91	
G92	00	坐标系设定	G92 X_Y_	
G94	14	【每分钟进给】	G94（单位为 mm/min）	
G95		每转进给	G95（单位为 mm/r）	
G96	19	恒线速切削	G96 S_	
G97		【恒转速切削】	G97 S_	

注：1. 系统上电后，说明中标注"【 】"符号相对应的代码为同组中初始模态。

2. 00 组为非模态 G 代码。

附表 2　华中数控 HNC-8-M 主要 G 代码一览表

代码	HNC-8-M		格式与简要说明	备注
	组别	功能含义		
G00	01	定位（快速移动）	G00 X_Y_Z_	
G01		【直线插补】	G01 X_Y_Z_	

续表

代码	HNC-8-M		格式与简要说明	备注
	组别	功能含义		
G02		圆弧插补（顺时针）	$G17 \begin{Bmatrix} G02 \\ G03 \end{Bmatrix} X\_ Y\_ \begin{Bmatrix} I\_ J\_ \\ R\_ \end{Bmatrix} F\_$　　$G18 \begin{Bmatrix} G02 \\ G03 \end{Bmatrix} X\_ Z\_ \begin{Bmatrix} I\_ K\_ \\ R\_ \end{Bmatrix} F\_$	
G03	01	圆弧插补（逆时针）	$G19 \begin{Bmatrix} G02 \\ G03 \end{Bmatrix} Y\_ Z\_ \begin{Bmatrix} J\_ K\_ \\ R\_ \end{Bmatrix} F\_$	
G02.4		三维圆弧插补	G02.4/G03.4 X_ Y_ Z_ I_ J_ K_ F_	
G03.4		三维圆弧插补（同 G02.4）		
G04	00	暂停	G04 P_ 或（X_） P：指定时间，s；X：指定时间，ms	
G15		【极坐标编程取消】	G15	
G16	16	极坐标编程开启	$\begin{Bmatrix} G17 \\ G18 \\ G19 \end{Bmatrix}$ G90/G91 G16	
G17		【XY平面选择】	G17	
G18	02	ZX平面选择	G18	
G19		YZ平面选择	G19	
G20	08	英制输入	G20	
G21		【公制输入】	G21	
G24		镜像功能开启	G24 X_ Y_	
G25		【镜像功能关闭】	G25 X_ Y_	
G28	00	返回参考点	G28 X_ Y_ Z_	
G29		从参考点返回	G29 X_ Y_ Z_	
G40		【刀具半径补偿取消】	G40	
G41		左刀补	$G17 \begin{Bmatrix} G41 \\ G42 \\ G40 \end{Bmatrix} G01/G00 X\_ Y\_ D\_$　　$G18 \begin{Bmatrix} G41 \\ G42 \\ G40 \end{Bmatrix} G01/G00 X\_ Z\_ D\_$	
G42	09	右刀补	$G19 \begin{Bmatrix} G41 \\ G42 \\ G40 \end{Bmatrix} G01/G00 Y\_ Z\_ D\_$	
G43		刀具长度正向补偿	G43 G00/G01 Z_ H_	
G44	10	刀具长度负向补偿	G44 G00/G01 Z_ H_	
G49		【刀具长度补偿取消】	G49	
G50		【缩放功能关闭】	G50	
G51	04	缩放功能开启	G51 X_ Y_ M98P	
G52	00	局部坐标系设定	设定局部坐标系：G52 X_ Y_ Z_ 取消局部坐标系：G52 X0 Y0 Z0	
G53		直接机床坐标系编程	G53 X_ Y_ Z_	
G54		【工件坐标系1选择】	G54	

代码	HNC-8-M		格式与简要说明	备注
	组别	功能含义		
G55		工件坐标系 2 选择	G55	
G56		工件坐标系 3 选择	G56	
G57	00	工件坐标系 4 选择	G57	
G58		工件坐标系 5 选择	G58	
G59		工件坐标系 6 选择	G59	
G61	12	精确停止方式	G61	
G64		切削方式	G64	
G65	00	宏非模态指令调用	G65 P_ L_ [自变量地址字]	
G68	05	旋转变换开始	G68 X_ Y_	
G69		【旋转变换取消】	G69	
G73		高速深孔钻削循环	$\begin{Bmatrix} G98 \\ G99 \end{Bmatrix}$ G73 X_ Y_ Z_ R_ Q_ P_ K_ F_ L_	
G74		反攻螺纹循环	$\begin{Bmatrix} G98 \\ G99 \end{Bmatrix}$ G74 X_ Y_ Z_ R_ P_ F_ L	
G76		精镗循环	$\begin{Bmatrix} G98 \\ G99 \end{Bmatrix}$ G76 X_ Y_ Z_ R_ I_ J_ P_ F_ L_	
G80		【固定循环取消】	G80	
G81		钻中心孔循环	$\begin{Bmatrix} G98 \\ G99 \end{Bmatrix}$ G81 X_ Y_ Z_ R_ F_ L_	
G82		带孔底停顿钻孔循环	$\begin{Bmatrix} G98 \\ G99 \end{Bmatrix}$ G82 X_ Y_ Z_ R_ P_ F_ L_	
G83	06	钻深孔循环	$\begin{Bmatrix} G98 \\ G99 \end{Bmatrix}$ G83 X_ Y_ Z_ R_ Q_ K_ F_ L_ P	
G84		攻螺纹循环	$\begin{Bmatrix} G98 \\ G99 \end{Bmatrix}$ G84 X_ Y_ Z_ R_ P_ F_ L_	
G85		镗孔循环	$\begin{Bmatrix} G98 \\ G99 \end{Bmatrix}$ G85 X_ Y_ Z_ R_ F_ L_	
G86		镗孔循环	$\begin{Bmatrix} G98 \\ G99 \end{Bmatrix}$ G86 X_ Y_ Z_ R_ F_ L_	
G87		反镗循环	G98 G87 X_ Y_ Z_ R_ I_ J_ P_ F_ L_	
G88		镗孔循环（手镗）	$\begin{Bmatrix} G98 \\ G99 \end{Bmatrix}$ G88 X_ Y_ Z_ R_ P_ F_ L_	
G89		镗孔循环	$\begin{Bmatrix} G98 \\ G99 \end{Bmatrix}$ G89 X_ Y_ Z_ R_ P_ F_ L_	
G90	13	【绝对编程方式】	G90	
G91		增量编程方式	G91	
G92	00	工件坐标系设定	G92 X_ Y_ Z_	

续表

代码	HNC-8-M		格式与简要说明	备注
	组别	功能含义		
G94		【每分钟进给】	G94（单位为 mm/min）	
G95		每转进给	G95（单位为 mm/r）	
G98	15	【固定循环返回起始点】	G98	
G99		固定循环返回参考点	G99	

注：1. 系统上电后，说明中标注"【 】"符号相对应的代码为同组中初始模态。

2. 00 组为非模态 G 代码。

3. 表中空格，为系统无。

附表 3　华中数控 HNC-8 常用 M 代码一览表

代码	功能含义	格式与简要说明	备注
M00	程序暂停	M00	
M01	任选暂停	M01	
M02	程序结束	M02	
M03	主轴正转	M03	
M04	主轴反转	M04	
M05	主轴停	M05	
M06	换刀	M06 T_	
M08	冷却液开	M08	
M09	冷却液关	M09	
M30	主程序结束	M30	
M98	调用子程序	M98 P□□□□ L△△△	
M99	子程序结束	M99	

附录Ⅱ　FANUC 0i-TF/MF 系统主要 G 代码一览表

附表 1　FANUC-0i-TF 主要 G 代码一览表

代码	FANUC 0i-TF 功能含义		格式与简要说明	备注
	组别	功能含义		
G00	01	定位（快速移动）	G00 X/U_ Z/W_	
G01		【直线插补】	G01 X/U_ Z/W_F_	
G02		圆弧插补（顺时针）	G02（G03）X_Z_I_K_F_ 或 G02（G03）X_Z_R_F_	
G03		圆弧插补（逆时针）	X、Z：圆弧终点；I、K：圆心相对于圆弧起点的位置	
G04	00	暂停	G04 X_ 或 G04 U_ 或 G04 P_ X、U：指定时间（允许小数点），s；P：指定时间（不允许小数点），ms	
G20	06	英制输入	G20	
G21		公制输入	G21	

续表

代码	FANUC 0i-TF 功能含义		格式与简要说明	备注
	组别	功能含义		
G28	06	自动返回到参考点	G28 X_Z_	
G29		从参考点移动	G29 X_Z_	
G32	01	螺纹切削	G32 X/U_Z/W_F_Q	
G40		【刀具半径补偿取消】	G40	
G41	07	刀具半径左补偿	G41	
G42		刀具半径右补偿	G42	
G50		设定工件坐标系	G50 X_Z_	
G52	00	局部坐标系设定	设定局部坐标系：G52 X_Z_ 取消局部坐标系：G52 X0 Z0	
G53		机械坐标系选择	G53 X_Z_	
G54		工件坐标系 1 选择	G54	
G55		工件坐标系 2 选择	G55	
G56	14	工件坐标系 3 选择	G56	
G57		工件坐标系 4 选择	G57	
G58		工件坐标系 5 选择	G58	
G59		工件坐标系 6 选择	G59	
G65	00	宏程序调用	G65 P_ L_ [自变量地址字]	
G70		精车循环	G70 P（ns）Q（nf）	
G71		内、外径粗车复合循环	G71 P（ns）Q（nf） G71U（Δu）W（Δw）I（Δi）K（Δk）D（Δd）F（f）S（s）T（s）	
G72		端面粗车复合循环	G72 P（ns）Q（nf） G72 U（Δu）W（Δw）I（Δi）K（Δk）D（Δd）F（f）S（s）T（s）	
G73	00	闭合车削复合循环	G73 P（ns）Q（nf） G73U（Δu）W（Δw）I（Δi）K（Δk）D（d）F（f）S（s）T（s）	
G74		端面切断循环	G74 Re G74 X /U_Z/W_PΔiQΔkRΔdFf	
G75		内、外径切断循环	G75 RΔe G75 X_Z_P_Q_R_F_	
G76		螺纹切削复合循环	G76 P（m）（r）（a）Q（Δd_{min}）R（d） G76 X/U_Z/W_R（i）P（k）Q（Δd）F（L）	
G90	01	内、外径切削循环	直线切削循环：G90 X/U_Z/W_F 锥度切削循环：G90 X/U_Z/W_R_F	
G92		螺纹切削循环	G92 X/U_Z/W_F_Q	
G94	01	端面切削循环	正面切削循环：G94 X/U_Z/W_F_ 锥度切削循环：G90 X/U_Z/W_R_F	
G96	02	恒线速切削	G96 S_	
G97		恒转速切削	G97 S_	
G98	05	【每分钟进给】	G98（单位为 mm/min）	
G99		每转进给	G99（单位为 mm/r）	

注：1. 系统上电后，说明中标注"【 】"符号相对应的代码为同组中初始模态。

2. 00 组为非模态 G 代码。

附表 2　FANUC 0i-MF 主要 G 代码一览表

代码	FANUC 0i-MF		格式与简要说明	备注
	组别	功能含义		
G00	01	定位（快速移动）	G00 X_ Y_ Z_	
G01		【直线插补】	G01 X_ Y_ Z_	
G02		圆弧插补（顺时针 CW）	G17 $\begin{Bmatrix} G02 \\ G03 \end{Bmatrix}$ X_ Y_ $\begin{Bmatrix} I\_J\_ \\ R \end{Bmatrix}$ F_　G18 $\begin{Bmatrix} G02 \\ G03 \end{Bmatrix}$ X_ Z_ $\begin{Bmatrix} I\_K\_ \\ R \end{Bmatrix}$ F_	
G03		圆弧插补（逆时针 CCW）	G19 $\begin{Bmatrix} G02 \\ G03 \end{Bmatrix}$ Y_ Z_ $\begin{Bmatrix} J\_K\_ \\ R \end{Bmatrix}$ F_	
G04	00	暂停	G04 X__ 或 G04 P__ X: 指定时间（允许小数点），s P: 指定时间（不允许小数点），ms	
G15	17	【极坐标指取消】	G15	
G16		极坐标指令	$\begin{Bmatrix} G17 \\ G18 \\ G19 \end{Bmatrix}$ G90/G91 G16	
G17		XY 平面选择	G17	
G18		ZX 平面选择	G18	
G19		YZ 平面选择	G19	
G20	06	英制输入	G20	
G21		公制输入	G21	
G28		自动返回到参考点	G28 X_ Y_ Z_	
G29		从参考点返回	G29 X_ Y_ Z_	
G40	07	【刀具半径补偿取消】	G40	
G41		刀具半径左补偿	G17 $\begin{Bmatrix} G41 \\ G42 \\ G40 \end{Bmatrix}$ G01/G00 X_ Y_ D_　G18 $\begin{Bmatrix} G41 \\ G42 \\ G40 \end{Bmatrix}$ G01/G00 X_ Z_ D_	
G42		刀具半径右补偿	G19 $\begin{Bmatrix} G41 \\ G42 \\ G40 \end{Bmatrix}$ G01/G00 Y_ Z_ D_	
G43	08	刀具长度正向补偿	G43 G00/G01 Z_ H_	
G44		刀具长度负向补偿	G44 G00/G01 Z_ H_	
G49		【刀具长度补偿取消】	G49	
G50	11	【缩放功能关闭】	G50	
G51		缩放功能开启	G51 X_ Y_ M98 P_	
G50.1	22	【镜像功能取消】	G51.1X_ Y_ Z_ M98 P_ G50.1 X_ Y_ Z_	
G51.1		镜像功能开启		
G52	00	局部坐标系设定	设定局部坐标系：G52 X_ Y_ Z_ 取消局部坐标系：G52 X0 Y0 Z0	
G53		机械坐标系选择	G53 X_ Y_ Z_	
G54	14	【工件坐标系 1 选择】	G54	
G55		工件坐标系 2 选择	G55	

代码	FANUC 0i-MF		格式与简要说明	备注
	组别	功能含义		
G56	14	工件坐标系 3 选择	G56	
G57		工件坐标系 4 选择	G57	
G58		工件坐标系 5 选择	G58	
G59		工件坐标系 6 选择	G59	
G61	15	精确停止方式	G61	
G64		【切削方式】	G64	
G65	00	宏程序调用	G65 P_ L_ [自变量地址字]	
G68	16	旋转变换开始	$\begin{Bmatrix} G17 \\ G18 \\ G19 \end{Bmatrix}$ G68 $\begin{Bmatrix} X\_Y\_R\_ \\ X\_Z\_R\_ \\ Y\_Z\_R\_ \end{Bmatrix}$	
G69		【旋转变换取消】	G69	
G73	09	钻深孔循环	$\begin{Bmatrix} G98 \\ G99 \end{Bmatrix}$ G73 X_Y_Z_R_F_Q_K_	
G74		反攻螺纹循环	$\begin{Bmatrix} G98 \\ G99 \end{Bmatrix}$ G74 X_Y_Z_R_P_F_L	
G76		精细钻孔循环	$\begin{Bmatrix} G98 \\ G99 \end{Bmatrix}$ G76 X_Y_Z_R_F_P_Q_	
G80		【固定循环取消】	G80	
G81		钻孔循环	$\begin{Bmatrix} G98 \\ G99 \end{Bmatrix}$ G81 X_Y_Z_R_F_K_	
G82		钻孔循环、镗阶梯孔循环	$\begin{Bmatrix} G98 \\ G99 \end{Bmatrix}$ G82 X_Y_Z_R_P_F_L_	
G83		钻深孔循环	$\begin{Bmatrix} G98 \\ G99 \end{Bmatrix}$ G83 X_Y_Z_R_Q_K_F_L_P_	
G84		攻螺纹循环	$\begin{Bmatrix} G98 \\ G99 \end{Bmatrix}$ G84 X_Y_Z_R_P_F_K_	
G85		镗孔循环	$\begin{Bmatrix} G98 \\ G99 \end{Bmatrix}$ G85 X_Y_Z_R_F_	
G86		镗孔循环	$\begin{Bmatrix} G98 \\ G99 \end{Bmatrix}$ G86 X_Y_Z_R_F_	
G87		回程镗孔循环	$\begin{Bmatrix} G98 \\ G99 \end{Bmatrix}$ G87 X_Y_Z_R_F_P_Q_	
G88		镗孔循环	$\begin{Bmatrix} G98 \\ G99 \end{Bmatrix}$ G88 X_Y_Z_R_P_F_L_	
G89		镗孔循环	$\begin{Bmatrix} G98 \\ G99 \end{Bmatrix}$ G89 X_Y_Z_R_F_P_	

续表

代码	FANUC 0i-MF		格式与简要说明	备注
	组别	功能含义		
G90	03	绝对值编程	G90	
G91		增量值编程	G91	
G92	00	工件坐标系设定	G92 X_Y_Z_	
G94		【每分钟进给】	G94（单位为 mm/min）	
G95		每转进给	G95（单位为 mm/r）	
G98	05	【固定循环初始平面返回】	G98	
G99		固定循环 R 点平面返回	G99	

注：1. 系统上电后，说明中标注"【　】"符号相对应的代码为同组中初始模态。
2. 00 组为非模态 G 代码。

附表 3　FANUC Oi- F 系统主要 M 代码一览表

代码	功能含义	格式与简要说明	备注
M00	程序暂停	M00	
M01	任选暂停	M01	
M02	程序结束	M02	
M03	主轴正转	M03	
M04	主轴反转	M04	
M05	主轴停转	M05	
M06	换刀	M06 T_	
M08	冷却液开	M08	
M09	冷却液关	M09	
M30	主程序结束	M30	
M98	调用子程序	M98 P×××　×××	
M99	子程序结束	M99	

参考文献

［1］ 王平 . 数控机床与编程实用教程［M］.2 版 . 北京：化学工业出版社，2007.

［2］ 顾晔，卢卓 . 数控编程与操作［M］.2 版 . 北京：人民邮电出版社，2017.

［3］ 徐刚 . 数控加工工艺与编程技术［M］. 北京：电子工业出版社，2013.

［4］ 北京兆迪科技有限公司 .UG NX8.5 数控加工实例精解［M］.5 版 . 北京：机械工业出版社，2013.

［5］ 熊学慧 . 零件机械加工工艺编制与夹具设计［M］. 北京：电子工业出版社，2016.

［6］ 马金平 . 数控机床编程与操作项目教程［M］. 北京：机械工业出版社，2016.

［7］ 华中 8 型数控系统软件用户说明书 .

［8］ HNC-210 车床操作说明书 .

［9］ HNC-210 铣床操作说明书 .

［10］ FANUC Series 0i-MODEL F 车床系统 / 加工中心系统通用操作说明书 .

［11］ FANUC Series 0i-MODEL F 车床系统操作说明书 .

［12］ FANUC Series 0i-MODEL F 加工中心系统操作说明书 .